JN062444

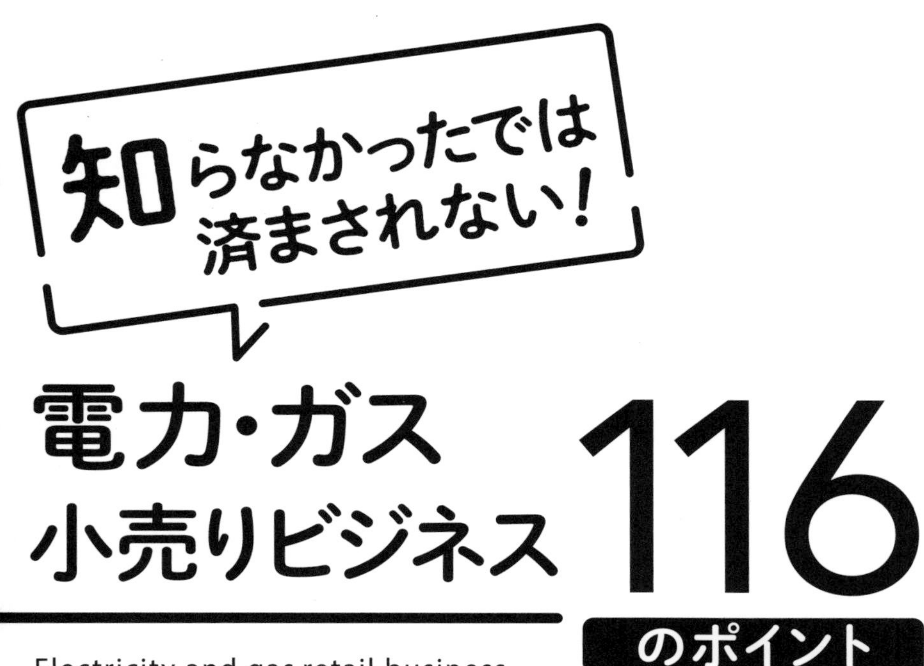

電力・ガス小売りビジネス116のポイント

Electricity and gas retail business points 116

編著
市村拓斗

エネルギーフォーラム

はじめに

電力分野においては、2020年4月に送配電事業者の中立性をより一層確保することを目的として、法的分離が実施されました。また、同年7月からは容量市場のオークションが開始され、ガス分野においてもスタートアップ卸が開始されるなど、電力小売全面自由化から4年、ガス小売全面自由化から3年が経過した今、制度環境は新たなフェーズへ移行しつつあります。

めまぐるしく変わる制度環境の中で、競争に勝ち抜くためには、攻めの営業戦略が必要です。

そして、それは①電力・ガス事業制度に関する正確な理解と②電力・ガス小売事業に関する法律の正確な理解によりはじめて実現することが可能となります。

本書では、この点を踏まえ、これまでの電気事業・ガス事業の歴史にも触れながら、近時の制度改正の概要・ポイントを解説すると共に、電力・ガス小売事業を実施するにあたり押さえておくべき法令の内容を、実際に問題となる場面に即して解説しています。また、2020年6月5日に成立した電気事業法等の改正内容についても触れています。

新たな事業環境に移行する今だからこそ、自社のこれまでの電力・ガス小売ビジネスに関する法令の遵守状況を振り返りつつ、攻めの営業戦略の立案に役立てることができるよいタイミングといえます。このタイミングだからこそ、今後の競争に勝ち抜くための法律武装が必要ではないでしょうか。

既に電力・ガス小売ビジネスに携わっている人、そして、これから携わる人すべての関係者にとって、本書が少しでも役立つものとなれば嬉しく思います。

本書の使い方

01　本書は、Q＆A方式になっています。どこから読んでいただいても構いません。目次を見ていただき、気になるところ、知りたいところから読んでください。

02　その際には、＜本書にて用いる用語＞も併せて確認してください。

03　ガイドライン等が引用されている場合で、より詳しく知りたい方はそちらも併せてご確認ください。

04　それでも、わからない場合、より詳しく知りたい場合は、以下までご連絡ください。

連絡先

森・濱田松本法律事務所
市村 拓斗

03-6266-8772
ichimura.takuto@mhm-global.com

目次

<本書にて用いる用語>

I. 一般用語

(1) **「違約金等」**
質問72をご参照ください。

(2) **「監視等委員会」**
電力・ガス取引監視等委員会をいいます。

(3) **「旧一般電気事業者」**
電力小売全面自由化前に一般電気事業者であった事業者をいいます。

(4) **「旧一般ガス事業者」**
ガス小売全面自由化前に一般ガス事業者であった事業者をいいます。

(5) **「供給約款」**
小売供給契約（電力）の内容を構成する電気需給（供給）約款及び小売供給約款（ガス）の内容を構成するガス供給約款を総称していいます。

(6) **「契約締結前書面」**
（電力の場合）電気事業法第2条の13第2項に基づき小売電気事業者及び媒介等業者が交付することが必要とされる書面並びに（ガスの場合）ガス事業法第14条第2項に基づきガス小売事業者及び媒介等業者が交付することが必要とされる書面を個別に又は総称していいます。質問51もご参照ください。

(7) **「契約締結後書面」**
（電力の場合）電気事業法第2条の14第1項に基づき小売電気事業者及び媒介等業者が交付することが必要とされる書面並びに（ガスの場合）ガス事業法第15条第1項に基づきガス小売事業者及び媒介等業者が交付することが必要とされる書面を個別に又は総称していいます。質問51もご参照ください。

(8) **「広域機関」**
電力広域的運営推進機関をいいます。

(9) **「小売供給契約（電力）」**
電力の小売供給に関する契約をいいます。

(10) **「小売供給契約（ガス）」**
ガスの小売供給に関する契約をいいます。

(11) **「小売供給契約」**
小売供給契約（電力）及び小売供給契約（ガス）を総称していいます。

(12) **「小売事業者」**
小売電気事業者及びガス小売事業者を総称していいます。

(13) **「時間前市場」**
数時間後以降に受け渡される30分単位の電気を対象として，入札の方法により電気の実物取引を行うJEPXにおいて開設されている市場をいいます。現在は、前日の午後5時以降、実需給の1時間前まで取引が行われています。

(14) **「スポット市場」**
翌日に受け渡される30分単位の電気を対象として、入札の方法により電気の実物取引を行うJEPXにおいて開設されている市場をいいます。前日の10時が入札の締め切り時刻となっています。

(15)「スポット市場等」
時間前市場及びスポット市場をいいます。

(16)「代理業者」
小売供給契約締結の代理を業として行う者をいいます。

(17)「適格消費者団体」
消費者契約法第13条第1項に基づき内閣総理大臣による認定を受けた団体をいいます。

(18)「取次業者」
小売供給契約締結の取次ぎを業として行う者をいいます。

(19)「媒介業者」
小売供給契約締結の媒介を業として行う者をいいます。

(20)「媒介等」
小売供給契約締結の媒介、取次ぎ、代理をいいます。

(21)「媒介等業者」
媒介業者、取次業者及び代理業者を総称していいます。

(22)「DR」
ピーク時間帯等必要な時に需要サイドをコントロールすることにより供給力を供出するデマンドレスポンスをいいます。

(23)「FIT 制度」
電気事業者による再生可能エネルギー電気の調達に関する特別措置法（平成23年法律第108号、その後の改正を含みます）に基づき、一定期間、固定価格での買取を一般送配電事業者等に義務付ける制度をいいます。

(24)「FIT 電気」
FIT制度に基づき事業計画の認定を受けた事業に係る発電設備において発電された電気をいいます。

(25)「FIT 賦課金」
FIT制度に基づき需要家から使用量に応じて一律に徴収する再生可能エネルギー発電促進賦課金をいい、FIT電気の調達費用の一部に充てられるものをいいます。

(26)「JEPX」
一般社団法人日本卸電力取引所をいいます。

II．法令等用語

1．電力・ガス

(1)「電気」（条文の引用において、記載する場合に限ります）
電気事業法（昭和39年法律第170号、その後の改正を含みます）

(2)　「ガス」（条文の引用において、記載する場合に限ります）
ガス事業法（昭和29年法律第51号、その後の改正を含みます）

(3)　「電気施行令」
電気事業法施行令（昭和40年政令第206号、その後の改正を含みます）

(4)　「ガス施行令」
ガス施行令（昭和29年政令第68号、その後の改正を含みます）

(5)　「電気省令」
電気事業法施行規則（平成7年通商産業省令第77号、その後の改正を含みます）

(6)　「ガス省令」
ガス事業法施行規則（昭和45年通商産業省令第97号、その後の改正を含みます）

(7)　「電気登録審査基準」
電気事業法に基づく経済産業大臣の処分に係る審査基準等（平成12年5月29日資第16号、その後の改正を含みます）

(8)　「ガス登録審査基準」
ガス事業法に基づく経済産業大臣の処分に係る審査基準等（平成12年9月28日資第8号、その後の改正を含みます）

(9)　「電力小売 GL」
電力の小売営業に関する指針（経済産業省・平成28年1月制定、平成30年12月27日最終改定）

(10)「ガス小売 GL」
ガスの小売営業に関する指針（経済産業省・平成29年1月制定、令和元年9月30日最終改定）

(11)「小売 GL」
電力小売GL及びガス小売GLを総称していいます。

(12)「電力適取 GL」
適正な電力取引についての指針（公正取引委員会、経済産業省・令和元年9月27日）

(13)「ガス適取 GL」
適正なガス取引についての指針（公正取引委員会、経済産業省・平成31年1月15日）

(14)「適取 GL」
電力適取GL及びガス適取GLを総称していいます。

(15)「定款」
定款（電力広域的運営推進機関・平成27年4月1日施行、令和2年5月1日変更）

(16)「業務規程」
業務規程（電力広域的運営推進機関・平成27年4月1日施行、令和2年3月30日変更）

(17)「送配電等業務指針」
送配電等業務指針（電力広域的運営推進機関・平成27年4月28日施行、令和2年4月1日変更）

(18)「連携・協力ガイドライン」

ガス事業者間における保安の確保のための連携及び協力に関するガイドライン（経済産業省・制定平成28年7月29日、改正平成28年12月28日）

2. 独占禁止法・不正競争防止法

(1)「独占禁止法」

私的独占の禁止及び公正取引の確保に関する法律（昭和22年法律第54号、その後の改正を含みます）

(2)「不当廉売ガイドライン」

不当廉売に関する独占禁止法上の考え方（公正取引委員会、平成21年12月18日、その後の改正を含みます）

(3)「一般指定」

不公正な取引方法（昭和57年公正取引委員会告示第15号、その後の改正を含みます）

(4)「不正競争防止法」

不正競争防止法（平成5年法律第47号、その後の改正を含みます）

3. 民法・消費者契約法

(1)「民法」

民法（明治29年法律第89号、その後の改正を含みます）

(2)「改正民法」

平成29年民法の一部を改正する法律（平成29年法律第44号）

(3)「消費者契約法」

消費者契約法（平成12年法律第61号、その後の改正を含みます）

(4)「改正消費者契約法（施行済）」

消費者契約法の一部を改正する法律（平成30年法律第54号）による改正後の消費者契約法（2019年6月15日施行済み）

(5)「注意事項例」

ガスの小売供給契約及び需要家代理契約に当たり注意すべき事項例（令和元年9月30日、ガス小売事業者宛、経済産業省資源エネルギー庁電力・ガス事業部ガス市場整備室）

4. 特商法

(1)「特商法」

特定商取引に関する法律（昭和51年法律第57号、その後の改正を含みます）

(2)　「特商法省令」

特定商取引に関する法律施行規則（昭和51年通商産業省令第89号、その後の改正を含みます）

(3)　「特商法通達」

特定商取引に関する法律等の施行について（平成29年11月1日、各経済産業局長及び内閣府沖縄総合事務局あて、消費者庁次長、経済産業大臣官房商務・サービス審議官）

(4)　「電子メール広告ガイドライン」

特商法通達別添6　電子メール広告をすることの承諾・請求の取得等に係る「容易に認識できるよう表示していないこと」に係るガイドライン

(5)　「インターネット通販ガイドライン」

特商法通達別添7　インターネット通販における「意に反して契約の申込みをさせようとする行為」に係るガイドライン

(6)　「打消し表示に関する留意点」

打消し表示に関する表示方法及び表示内容に関する留意点　（実態調査報告書のまとめ）

5. 景表法

(1)　「景表法」

不当景品類及び不当表示防止法（昭和37年法律第134号、その後の改正を含みます）

(2)　「景表法施行令」

不当景品類及び不当表示防止法施行令（平成21年政令第218号）

(3)　「不実証広告ガイドライン」

不当景品類及び不当表示防止法第7条第2項の運用指針（平成15年10月28日、その後の改正を含みます）

(4)　「価格表示ガイドライン」

不当な価格表示についての景品表示法上の考え方（平成12年6月30日、その後の改正を含みます）

(5)　「比較広告ガイドライン」

比較広告に関する景品表示法上の考え方（昭和62年4月21日、その後の改正を含みます）

(6)　「総付制限告示」

一般消費者に対する景品類の提供に関する事項の制限（昭和52年公取委告示第5号、その後の改正を含みます）

(7)　「懸賞制限告示」

懸賞による景品類の提供に関する事項の制限（昭和52年公取委告示第3号、その後の改正を含みます）

(8) **「懸賞運用基準」**
懸賞制限告示の運用基準

(9) **「定義告示運用基準」**
景品類等の指定の告示の運用基準について（昭和52年4月1日事務局長通達第7号、その後の改正を含みます）

(10) **「管理措置指針」**
事業者が講ずべき景品類の提供及び表示の管理上の措置についての指針（平成26年内閣府告示第276号、その後の改正を含みます）

6. 個人情報保護法

(1) **「個人情報保護法」**
個人情報の保護に関する法律（平成15年法律第57号、その後の改正を含みます）

(2) **「個人情報保護法ガイドライン」**
以下のガイドラインを総称していいます。
①個人情報の保護に関する法律についてのガイドライン（通則編）（個人情報保護委員会・平成28年11月、その後の改正を含みます）
②個人情報の保護に関する法律についてのガイドライン（外国にある第三者への提供編）（個人情報保護委員会・平成28年11月、その後の改正を含みます）
③個人情報の保護に関する法律についてのガイドライン（第三者提供時の確認・記録義務編）（個人情報保護委員会・平成28年11月、その後の改正を含みます）
④個人情報の保護に関する法律についてのガイドライン（匿名加工情報編）（個人情報保護委員会・平成28年11月、その後の改正を含みます）

7. その他

(1) **「高度化法」**
エネルギー供給事業者による非化石エネルギー源の利用及び化石エネルギー原料の有効な利用の促進に関する法律（平成21年法律第72号、その後の改正を含みます）

(2) **「液石法」**
液化石油ガスの保安の確保及び取引の適正化に関する法律（昭和42年法律第149号、その後の改正を含みます）

(3) **「行政手続法」**
行政手続法（平成5年法律第88号、その後の改正を含みます）

(4) **「暴対法」**
暴力団員による不当な行為の防止等に関する法律（平成3年法律第77号、その後の改正を含みます）

(5)　「弁護士法」

弁護士法（昭和24年法律第205号、その後の改正を含みます）

(6)　「温対法」

地球温暖化対策の推進に関する法律（平成10年法律第117号、その後の改正を含みます）

(7)　「排出係数に関する通達」

電気事業者ごとの基礎排出係数及び調整後排出係数の算出及び公表について（20190513産局第2号、20190513資庁第5号、環地温発第1905315号・令和元年6月3日、経済産業省産業技術環境局長、資源エネルギー庁長官、環境省地球環境局長）

III．引用文献

(1)　「電気事業法の解説」

経済産業省資源エネルギー庁電力・ガス事業部、原子力安全・保安院編『2005年版 電気事業法の解説』（平成17年・財団法人経済産業調査会）

(2)　「ガス事業法の解説」

経済産業省資源エネルギー庁ガス市場整備課、原子力安全・保安院ガス安全課、商務情報政策局製品安全課編『ガス事業法の解説』（平成16年・ぎょうせい）

(3)　「逐条解説消費者契約法」

消費者庁消費者制度課編『逐条解説消費者契約法〔第4版〕』（2019年・株式会社商事法務）

(4)　「特商法解説」

消費者庁取引対策課、経済産業省商務・サービスグループ消費経済企画室編『平成28年版特定商取引に関する法律の解説』（2018年・株式会社商事法務）

(5)　「景品表示法の解説」

消費者庁表示対策課長大元慎二編著『景品表示法〔第5版〕』（2017年・株式会社商事法務）

IV．審議会名称・報告書

(1)　「需給調整市場検討小委員会」

広域機関 需給調整市場検討小委員会

(2)　「ガス事業制度検討 WG」

総合資源エネルギー調査会電力・ガス事業分科会電力・ガス基本政策小委員会 ガス事業制度検討ワーキンググループ

(3)　「制度設計専門会合」

監視等委員会 制度設計専門会合

(4)　「制度設計 WG」

総合資源エネルギー調査会基本政策分科会電力システム改革小委員会 制度設計

ワーキンググループ

(5)「ガスシステム改革小委員会」

総合資源エネルギー調査会基本政策分科会 ガスシステム改革小委員会

(6)「制度検討作業部会」

総合資源エネルギー調査会電力・ガス事業分科会電力・ガス基本政策小委員会 制度検討作業部会

(7)「制度検討作業部会中間とりまとめ」

制度検討作業部会中間とりまとめ（平成30年7月、制度検討作業部会）

(8)「制度検討作業部会第二次中間とりまとめ」

制度検討作業部会第二次中間とりまとめ（令和元年7月、制度検討作業部会）

(9)「容量市場に関する既存契約見直し指針（案）」

制度検討作業部会第二次中間とりまとめの148頁以降に記載の、容量市場に関する既存契約見直し指針（案）

(10)「非化石既存契約見直し指針（案）」

第35回制度検討作業部会資料3-2「非化石価値取引市場に関する既存契約見直し指針（案）」

(11)「電力取引報」

電力取引の状況（令和元年11月分）（令和2年2月17日、監視等委員会）

(12)「ガス安全小委員会」

産業構造審議会保安・消費生活用製品安全分科会 ガス安全小委員会

(13)「競争研」

監視等委員会 競争的な電力・ガス市場研究会（事務局長の私的懇談会として設置されたもの）

1

トラブルを回避するために まずは法律武装しよう

(1) 押さえておくべき法令

質問1

電力・ガス小売ビジネスをする上で、最低限押さえておくべき主な法令について、教えてください。

電力・ガス小売ビジネスを実施するにあたっては、まず、電気事業法とガス事業法を押さえておくことが必要となります。

また、小売全面自由化を機に自由化の対象となった需要家に電力・ガスを販売する場合、主に消費者に対して電力・ガスを販売することになるため、消費者保護関連法に関する以下の法律を押さえておく必要があります。

① 消費者契約法
② 特商法
③ 景表法

更に、小売全面自由化を機に自由化の対象となった需要家に電力・ガスを販売する場合は、個人情報を取り扱うことになるため、個人情報保護法も押さえておく必要があります。

なお、広告等の表示については、法人向けであっても、不正競争防止法等の適用もありますので、その点も踏まえた対応も必要となります。

その他、主として電力・ガス市場において市場支配的な事業者である、旧一般電気事業者と旧一般ガス事業者に対して適用される規制として、独占禁止法が挙げられます。もっとも、独占禁止法は、それ以外の事業者にとっても他社の独占禁止法違反によって自社の利益が害されていないかという視点を持つことも重要となるため、旧一般電気事業者や旧一般ガス事業者ではない小売事業者も押さえておく必要があります。

各法律において、押さえておくべきポイントについては、以下本書にて触れたいと思います。

(2) 押さえておくべきガイドライン

質問 2

電力・ガス小売ビジネスをするうえで、最低限押さえておくべき主なガイドライン(GL)について、教えてください。また、ガイドラインの位置づけ、役割や相違点についても教えてください。

❶小売 GL と適取 GL

まず、電力･ガスについて共通して押さえておくべきガイドラインとしては、小売 GL 及び適取 GL が挙げられます。

小売の全面自由化に伴い、様々な事業者が電気事業・ガス事業に参入することが想定されています。小売 GL は、電力・ガスの需要家の保護の充実を図り、需要家が安心して電力・ガスの供給を受けられるようにするとともに、電気事業・ガス事業の健全な発達に資することを目的として小売全面自由化に併せて制定されました。小売 GL においては、関係事業者が電気事業法・ガス事業法やその関係法令を遵守するための指針を示すとともに、関係事業者による自主的な取組を促すための指針が示されています(電力小売 GL 序 (1) (1 頁)、ガス小売 GL 序 (1) (1 頁))。

一方、適取 GL は、電力・ガス市場における公正競争の確保や電力・ガスの適正取引の確保の観点から独占禁止法上問題となる行為と電気事業法及びガス事業法上の業務改善命令等の発動に関する考え方を明らかにしたものです。電力適取 GL については、1999 年 12 月に、ガス適取 GL については、2000 年 3 月に制定されています。そして、それぞれ数次の改正を経た上で小売全面自由化に併せて、2016 年 2 月に電力適取 GL が、2017 年 2 月にガス適取 GL が改訂されています。

小売 GL、適取 GL いずれも小売全面自由化後、その後の状況を踏まえた改訂がされています。

❷小売 GL と適取 GL の相違点

小売 GL と適取 GL との最大の相違点は、以下の 3 点が挙げられます。

① 念頭に置いている主たる事業者が、市場支配的な事業者か否か

② ガイドラインの根拠となる法律

③ 対象分野

すなわち、小売GLは、すべての小売事業者を対象としている一方、適取GLは、主として支配的事業者を対象としている(※)という違いがあります(①)。また、小売GLは電気事業法・ガス事業法を根拠とするものですが、適取GLの根拠となる法律は、電気事業法・ガス事業法に留まらず、公正競争確保等の観点から独占禁止法も含まれています(②)。そして、小売GLは小売分野を対象としている一方、適取GLの対象は、小売分野には限定されず、それぞれ電力は、(ⅰ)小売分野、(ⅱ)卸売分野、(ⅲ)ネガワット取引分野、(ⅳ)託送分野等及び(ⅴ)他のエネルギーと競合する分野の各分野、ガスは、(ⅰ)小売分野、(ⅱ)卸売分野、(ⅲ)製造分野及び(ⅳ)託送供給分野の各分野となっているという違いがあります(③)。

なお、上記のとおり、従来適取GLは支配的事業者である旧一般電気事業者と旧一般ガス事業者を対象としていたものであり、基本的にその対象は小売全面自由化後も引き続き変わらないものの、小売全面自由化に伴い、その対象が小売事業者一般となっているものもあります。

また、旧一般電気事業者と旧一般ガス事業者以外の小売事業者としても、適取GLの違反によって自社の利益が害されていないかという視点を持つことも重要となることから、旧一般電気事業者や旧一般ガス事業者はもちろんのこと、それら以外の小売事業者にとっても、押さえておくべき重要なガイドラインといえます。

※市場支配的事業者は、電力の場合、旧一般電気事業者であり、適取GL上も基本的には旧一般電気事業者の小売部門が市場支配的事業者であることを前提としています。一方、ガスの場合、旧一般ガス事業者が供給区域で有力な地位にあるとは限られないため、旧一般ガス事業者の小売部門とはされておらず、全ガス小売事業者を念頭に置いた記載となっています。

質問3

小売GL・適取GLにおいて、電気事業法・ガス事業法上の「問題となる行為」と「望ましい行為」が示されていますが、その意味について教えてください。また、ガス小売GLにおいては、最近の改正により「行うべきである」という表現が使われている部分がありますが、この意味も併せて教えてください。

❶「問題となる行為」と「望ましい行為」

小売GL・適取GLにおいては、電気事業法・ガス事業法上の観点からは、主として電気事業法・ガス事業法上「問題となる行為」と需要家の利益の保護や電気事業・ガス事業の健全な発達を図る上で「望ましい行為」が示されています。

「問題となる行為」とは、業務改善命令(電気第2条の17等、ガス第20条等)又は業務改善勧告(電気第66条の12第1項、ガス第178条第1項)が発動される原因となり得る行為と位置づけられており(電力小売GL序(1)(1頁)、ガス小売GL序(1)(1頁))、遵守することが必須といえます。

他方、「望ましい行為」については、特に言及はなく、「望ましい行為」を行っていなかったからといって、直ちに業務改善命令等が発動されるということはありません。但し、従来、適取GLにおいて「望ましい行為」は、事実上事業者が遵守すべき規範を構成していたという実態があり、今後もその位置づけは大きく変わらないといえます。このため、遵守できない又は遵守しないことについて合理的な理由がある場合は別ですが、実際の電力・ガス小売ビジネスを行うにあたっては、基本的には「望ましい行為」についても遵守することを念頭において考えることが適切といえます。

なお、業務改善命令と業務改善勧告との違いの一つとしては、業務改善命令は経済産業大臣が発動する権限を有していますが、業務改善勧告は監視等委員会が発動する権限を有している点が挙げられます。詳細は、質問28をご参照ください。

❷「行うべきである」

2019年9月に改正されたガス小売GLにおいては、需要家の代理人による需要家に対する説明・書面交付等について、「望ましい」という表現から「行うべきである」とする改正が行われています(ガス小売GL1(2)イii(9頁)等)。この「行うべきである」とされている行為は、行わなかったからといって直ちに業務改善命令等が発動されるということはないという意味で、「望ましい行為」と同様といえます。もっとも、「望ましい行為」よりも遵守することを強く求める表現となっていますので、実務的にはこの点を踏まえた対応が求められるところです。

(3)　法的対応のための組織づくり、研修、外部機関との連携の在り方

質問 4

電力・ガス小売ビジネスをする上で、法的な対応が必要ですが、具体的にはどのような社内体制を整備すべきでしょうか。また、併せて外部機関との連携の方法等についても教えてください。

電力・ガスの小売事業を行うにあたっては、電気事業法・ガス事業法上はもちろんのことですが、他の法令との関係も押さえておくことが必要となり（質問1をご参照ください）、適用される法律・規制が多岐にわたります。

そのため、まずは、法令上対応が必要となる事項を整理し、必要な書面等を整備することが必要となります。この整理した対応事項や書面等についても、法改正やガイドラインの改正があった場合には、見直すべき事項がないかといった確認が必要となりますし、定期的に（最低でも年に1回程度）、実務フローに照らして問題がないか等の見直しをすることが適切と思われます。

また、実際に小売営業を行う従業員に向けたマニュアルの作成なども必要になります。

代理店を活用する場合、代理店が不適切な行為をした場合において、小売事業者が適切に指導・監督しない行為も「問題となる行為」となることから、必要に応じて代理店の従業員向けのマニュアルを作成のうえ、提供することも有益といえます。

もっとも、各マニュアルを作成しただけでは、それが十分に浸透していないようなケースもあることから、定期的な履行状況の確認、定期的な社内研修等を実施することで、コンプライアンス意識を高めていくことが重要といえます。

外部機関との連携の方法等については、外部の法律事務所の利用が考えられます。電気事業・ガス事業に関連する法制は専門性が高いため、電気事業法・ガス事業法がその実務に精通した弁護士に相談をすることが重要となります。

監視等委員会から業務改善勧告（質問28、2をご参照ください）が出された事案においては、社内の引き継ぎや確認体制が不十分であったことが原因となって、契約締結前書面及び契約締結後書面の交付義務違反が認定されているものがありますので、社内体制の構築及び外部機関との連携は、小売事業を実施するうえで特に重要であるといえます。

2

今さら聞けない 電力・ガスシステム改革

(1) 電力システム改革・ガスシステム改革の全体像

質問5

電力システム改革・ガスシステム改革が東日本大震災を契機に行われていますが、それ以前も改革が行われてきたと聞きます。その沿革について、教えてください。

❶電気事業分野

電力システム改革が行われる前の電気事業分野における改革は、大きく分けて、以下のとおり、4つの段階に分けることができます。

(1) 第一次改革(1995年電気事業法改正)

最初の自由化の波は、1995年に電気事業法が改正されたことに端を発します。

この改正により、①卸電気事業分野における参入許可が原則として撤廃されました。すなわち、一般電気事業者が行う卸電力入札に応募し、落札することにより、一般電気事業者や卸電気事業者以外の独立系の発電事業者(以下「IPP」といいます)の参入が認められることになりました。IPPは、保有する発電所の規模の合計が200万kW以上となれば卸電気事業の許可が必要となりますが、そうならない限りは、特に電気事業のライセンスは必要となりませんでした。但し、10年以上1000kW又は5年以上10万kWを超える相対契約を締結する場合、経済産業大臣への卸供給条件の届出が必要とされていました。この規制は、小売全面自由化まで続くことになります。

また、②いわゆるミニ一般電気事業者といわれる特定電気事業制度が創設されました。特定電気事業を行うためには、経済産業大臣の許可が必要とされていました。特定電気事業制度の創設により、特定の供給地点の需要家に対し、自前の発電設備と送配電設備を持つ事業者が、直接電力供給をすることが可能となりました。特定規模電気事業を営む事業者としてよく例に挙げられるのは、2000年に設立された六本木ヒルズに電気と熱を供給する六本木エネルギーサービス株式会社などです。

更に、③料金規制の見直しも行われています。これは、選択約款の届出制、ヤードスティック規制の導入などが挙げられますが、火力発電の燃料の価格変動を電気料金に迅速に反映させることを目的とした燃料費調整制度の導入（1996年より導入）も第一次改革において行われています。なお、選択約款は、基本的な料金メニューではなく、電力の負荷平準化に資すると見込まれる「時間帯別電灯」「季節別・時間帯別電灯」「深夜電力」といったメニューをいいます。これらのメニューは、小売全面自由化後は、全て自由料金として位置づけられています。

(2) 第二次改革（1999年電気事業法改正）

1999年の電気事業法改正により2000年には、大規模工場等の特別高圧(2,000kW以上）の需要家を対象とした部分自由化が行われました。これに伴い、以下の制度が創設されました。また、自由化分野において一般電気事業者は大きなシェアを有するため、電気事業法のみならず独占禁止法が常に問題となります。そのため、電気事業法と独占禁止法と整合性のとれた規制を行うことの必要性が認識され、部分自由化に合わせて電力適取GLが制定されました。

①特定規模電気事業者制度

部分自由化に伴い、一般電気事業者以外で需要家に対して電力を供給する事業者については、特定の規模（部分自由化された範囲の規模）の需要家に電気を供給する事業という意味で、電気事業法上、特定規模電気事業者と位置づけられました。特定規模電気事業者は、PPS（Power Producer and Supplier）や新電力などと呼ばれていました。特定規模電気事業は届出制とされていましたが、小売全面自由化により、特定の規模の需要家であるかそれ以外の需要家であるかによって事業類型を区別する必要性がなくなり、事業規制の見直しが行われています。

②託送制度

一般電気事業者以外で電力を供給する場合、一般電気事業者の送配電設備を利用することになりますが、その利用のための制度として、託送制度が創設されました。「託送」とあるように、道路のように、特定規模電気事業者が一般電気事業者の送配電設備を使うというよりは、宅配サービスのように、一般送配電事業者にその送配電設備を使って電力を運んでもらうというイメージに近い制度です。30分同時同量制度、託送するための料金その他の条件を定める託送供給約款の届出制等が整備されました。

また、自由化されていない規制分野については、料金値下げなどの改定について認可制から届出制へ移行するなどの改正も行われています。

(3) 第三次改革（2003年電気事業法改正）

2003年電気事業法改正により、電力小売の自由化範囲については、2004年には、中小ビルや中規模工場等の高圧のうち500kW以上の需要家を、2005年には、小規模工場等も含めた全ての高圧（50kW以上）の需要家を対象に段階的に拡大されました。これにより、高圧及び特別高圧の需要家の分野が自由化され、我が国の販売電力量の約6割が自由化の対象となりました。

一般電気事業者の送配電設備は、多数の事業者が利用する「公共インフラ」の性格が強いため、このような自由化の進展に伴い、送配電部門を利用する事業者の公正な競争を確保する必要性がより一層認識されることになりました。その観点から、以下の改正が行われました。

①送配電等業務支援機関（電力系統利用協議会（ESCJ））の設立

送配電設備の利用における公平性・中立性・透明性を確保することを目的に、送配電等業務支援機関として、2004年に有限責任中間法人電力系統利用協議会（ESCJ）(※)が指定されました。電力系統に関するルール策定や監視、給電連絡業務、系統情報の提供、紛争解決等が主な業務でしたが、広域機関の設立により、その役目を終え、2015年3月に解散をしています。

※中間法人法の廃止に伴い、2009年4月より一般社団法人となっています。

②行為規制の創設

送配電設備の利用における公平性・中立性を確保する観点から、送配電部門についての、情報の目的外利用の禁止、内部補助行為の禁止及び差別的取扱いの禁止といった、行為規制が設けられました。

また、電力の調達環境を整備する観点から、JEPXが2003年に設立されました。当初は、スポット市場と先渡市場の２つの市場が開設されました。このJEPXは、電気事業法上の位置づけは特にされておらず、小売全面自由化に合わせて指定法人として指定されるまでは、私設・任意の団体という位置づけとされていました。

いわゆるパンケーキ問題が解消されたのも第三次改革となります。従来、一般電気事業者の供給区域を跨ぐたびに振替供給料金が発生するため、複数の供給区域を跨いで電力を供給しようとする場合、託送料金が膨らむという課題がありましたが、全国規模の電力の流通を活性化することを目的として、振替供給料金が撤廃されました。これにより、同一供給区域内で発電し需要家へ電力を供給する場合と、供給区域を跨いて供給する場合とで、託送料金は同一となりました。

(4) 第四次改革（2008年）

第三次改革において、将来的な検討課題となっていた小売全面自由化については、見送られ、5年後をめどに範囲拡大の是非について改めて検討することとされました。そのため、電気事業法の改正は行われませんでしたが、以下の競争環境が整備されました。

①時間前市場の創設

卸電力取引の更なる活性化の観点から、2009年9月に設けられたものですが、スポット市場の閉場後における不測の需給ギャップに対応するための市場です。当初は、実需給（受け渡し）の4時間前まで取引を行うことができる市場として設計され、現在では、実需給（受け渡し）の1時間まで取引を行うことができます。

②同時同量制度・インバランス料金の見直し

インバランス料金については、実同時同量制度の下、需要と供給との差が±3%の範囲を超えると、変動範囲外インバランスとして割高とされていました。もっとも、新規参入促進策として、新たなエリアに参入したPPSについては、参入後2年間に限り、変動範囲外インバランスの範囲を±10%（但し、1,000kWhがインバランス量の上限となります）とするとされました。なお、変動範囲外インバランスが生じた場合のインバランス料金単価は、同時同量遵守のインセンティブを持たせるため、第四次改革により変動範囲内インバランス料金の3倍とされました。
同時同量制度については、質問15、1もご参照ください。

❷ガス事業分野

ガスシステム改革が行われる前のガス事業分野における改革は、以下のとおり進められてきました。

(1) 1994年ガス事業法改正

電気事業に先駆けること5年、ガス事業法の改正を受けて1995年に大規模工場等の年間契約ガス使用量200万㎥以上(46MJ換算)の大口需要家を対象とした部分自由化が実施されました。
この部分自由化に伴い、一般ガス事業者以外で需要家に対してガスを供給する事業者については、大口(部分自由化された範囲の規模)の需要家にガスを供給する事業という意味で、ガス事業法上、大口ガス事業者と位置づけられました。大口ガス事業は届出制とされていましたが、全面自由化により、大口の需要家であるかそれ以外の需要家であるかによって事業類型を区別する必要性がなくなり、事業規制の見直しが行われています。
原料費の変動を適切に毎月のガス料金に反映させる制度である原料費調整制度が導入されたのもこの時期になります。
なお、大口ガス事業者が一般ガス事業者の導管を利用するためのルールについては、この時点では法定化されず、託送ガイドラインを踏まえて、大手ガス事業者が託送供給約款を自主的に定めるに留まっていました。

(2) 1999年ガス事業法改正

1999年には、部分自由化の範囲が拡大し、大規模工場等の年間契約ガス使用量100万㎥以上(46MJ換算)の需要家が対象となりました。
この改正により、大手ガス事業者が自主的に定めていた託送供給約款が法定化され、東京ガス、大阪ガス、東邦ガス、西部ガスの大手4社を指定一般ガス事業者として、託送供給約款の作成・届出・公表が義務付けられました。
また、自由化されていない規制分野については、ガス事業者の経営自主性を尊重する観点から、全て認可制となっていた供給約款について、料金値下げなどの場合は届出制となりました。また、ガスの利用形態が多様化し、負荷調整に資する需要も広がったことを背景に、利用者の新たなニーズを捉えるため、選択約款を届出により作ることができるといった改正も行われています。なお、これらのメニューは、小売全面自由化後は、規制料金ではなく、全て自由料金として位置づけられています。

上記法改正に関連して、2003年3月にはガス適取GLが制定されました。これは、①自由化分野において一般ガス事業者が大きなシェアを有すること、②新たな導管網の敷設が困難とされる地域があること、および③ガスの原料（LNG及び天然ガス）の入手先が限定されることなどから、ガス事業における競争原理が働いていないのではないかといった懸念に対処し、ガス事業法と独占禁止法と整合性のとれた規制を行う観点から定められたものです。

(3) 2003年ガス事業法改正

2003年ガス事業法改正を受けて、2004年、部分自由化の範囲が更に拡大し、中規模工場等の年間契約ガス使用量50万㎥以上（46MJ換算）の需要家が対象となりました。

一般ガス事業者の導管設備は、多数の事業者が利用する「公共インフラ」の性格が強いため、このような自由化の進展に伴い、導管部門を利用する事業者の公正な競争を確保する必要性がより一層認識されることになりました。そのため、導管の利用における公平性・中立性を確保する観点から、以下の改正が行われました。

① 全ての一般ガス事業者に対して託送供給義務を課す
② 行為規制の創設

②については、導管設備の利用における公平性・中立性を確保する観点から、導管部門についての、情報の目的外利用の禁止、内部補助行為の禁止及び差別的取扱いの禁止といった、行為規制が設けられました。

また、この改正当時、我が国の導管網は一部の長距離導管を除き、大半が需要密集地を核として各々地域的に形成されており、欧米に比べて輸送導管網の発達が不十分であるという状況認識がありました。そして、ガス市場を活性化させ、競争を促進するためには、導管網の設置と独立した相互の連結を促進すると共に、公正で透明な形での第三者による導管網の利用を一層促進することが必要であるとして、ガス導管事業制度が創設されました。

このガス導管事業とは、一般ガス事業及び簡易ガス事業を除き、自らが維持し、及び運用する特定導管（一定規模以上の導管をいいます）により、ガスの供給を行う事業をいいますが、一般ガス事業と異なり、導管網の設置を促すといった観点から届出制とされていました。他方で、公正で透明な形での第三者による導管網の利用を一層促進することも求められており、一般ガス事業者に課された上記①託送供給義務及び②行為規制いずれについても、ガス導管事業者にも課されることとなりました。

なお、ガス導管事業は、小売全面自由化に伴い、ガス導管事業の導管を用いた託送供給の部分が特定ガス導管事業へ、ガス導管事業の大口供給（小売供給）の部分がガス小売事業に位置づけられるといったように、事業規制の見直しが行われています。

（4）2006年ガス事業法改正

2006年ガス事業法改正を受けて、2007年には、小規模工場等の年間契約ガス使用量10万㎥以上（46MJ換算）の需要家を対象に自由化の範囲が更に拡大されました。これにより、都市ガス需要の約6割を占める中圧及び高圧の需要家の分野が自由化されることになりました。

また、これに合わせて、簡易な同時同量制度が導入されました。すなわち、新規参入者の託送供給における同時同量の計測にかかるコストが相対的に大きくなるため、新規参入者のコストを軽減する観点から、年間契約ガス使用量が50万㎥未満の大口供給については、計画ガス払出量を実際の払出量とみなすこと等を可能とする制度が導入されました。なお、2012年からは、対象が100万㎥未満に拡大されました。

（2） 電力市場・ガス市場の相違点

質問６

電気もガスも、それぞれ、電気事業法とガス事業法によって定められていた地域独占が、今回の小売全面自由化により見直されましたが、電気とガスは実態も同じなのでしょうか。電力市場・ガス市場の相違点について教えてください。

電気事業とガス事業については、法律の体系は基本的には同様ですが、大きく分けて以下のような実態面での違いがあります。

① 電力の送配電網は離島を含め、全国を網羅している一方、ガスの導管網は、国土面積の６％強に過ぎないこと

② 旧一般電気事業者が 10 社である一方、旧一般ガス事業者は、196 社（2020年１月時点）にものぼり、かつ中小事業者が大半であること（※）

③ 電力は、ほぼ全ての世帯で使用し、競合が少ない一方、ガスは、LP ガスやオール電化など他の財との競争が激しいこと

④ 電力とは異なり、ガスにおいては、消費者の保安に対する関心が高いこと

実際の法制度の運用にあたっては、このような実態の違いを踏まえた対応がされている部分もあります。このため、電力市場及びガス市場に参入するにあたっては、このような実態の違いは押さえておくことが必要となります。

※旧一般ガス事業者は、同じ旧一般ガス事業者であっても、その規模や保有する設備、事業実態等が異なることから、一般的には、大きく以下の４つのグループに分けて議論されることが多いところです。
(i) 第１グループ（３社）
複数の LNG 基地に接続する大規模導管網を維持及び運用する事業者グループ
(ii) 第２グループ（７社）
1、２か所の LNG 基地に接続する一定規模の導管網を維持及び運用する事業者グループ
(iii) 第３グループ（116 社）
LNG 基地に直接接続せず、第１・第２・第３グループの導管網に接続する導管網を維持及び運用する事業者グループ
(iv) 第４グループ（70 社）
第１・第２・第３グループの導管網に接続しない独立した導管網を維持及び運用し、タンクローリー等で LNG を調達するグループ

（3） 電力小売全面自由化の概要・ポイント

質問 7

電力小売全面自由化の概要・ポイントについて、教えてください。

❶概要

東日本大震災を契機として、電力システム改革専門委員会において、電力システム改革の議論が行われ、2013 年 2 月に報告書が取りまとめられました。そして、同委員会の報告書を踏まえて、2013 年 4 月 2 日に電力システムに関する改革方針が閣議決定され、その後 3 回に分けて国会に電気事業法の改正法案が提出され、それぞれ成立しました。電力システム改革の概要については、表 1 をご覧ください。

電力システム改革の目的としては、①安定供給の確保、②電気料金の最大限の抑制、③需要家の選択肢や事業者の事業機会の拡大の 3 つが挙げられています。

表1．電力システム改革の概要

	成立時期	施行時期	概要
第1段階	平成25年11月13日	平成27年4月1日	広域的運営推進機関の創設（改革プログラムも併せて規定）
第2段階	平成26年6月11日	平成28年4月1日	小売全面自由化の実施
第3段階	平成27年6月17日	令和 2年4月1日	法的分離の実施

電力の小売全面自由化は、第二段階の改正法により措置されており、従来の高圧・特別高圧の分野に加えて、日本全体の消費電力量の 4 割を占める家庭等の低圧分野への電気の供給を自由化することがその内容となっています。小売全面自由化により新たに開放された市場は、約 8 兆円ともいわれています。

❷経過措置料金規制

競争が不十分な中で電気料金の自由化を実施した結果、電気料金の引上げが生じることのないようにするため、経過措置として、一定期間、旧一般電気事業者が行う小売供給のうち、自由料金を選択しない需要家に対するものについては、料金規制（以下「経過措置料金規制（電気）」といいます）を継続することとされています。

この経過措置料金規制（電気）は、2020年4月時点において、解除するか否かの議論が監視等委員会において行われましたが、競争が比較的進んでいる東京・関西エリアを含めてすべてのエリアで引き続き継続することとされています。この経過措置料金規制（電気）に基づく電気の供給を特定小売供給といい、引き続き供給義務を負います。

❸最終保障供給・離島供給

小売全面自由化後においては、経過措置料金規制（電気）に基づき電気を供給する場合を除き、小売電気事業者は、電気を供給する義務を負いません。そのため、誰からも電気の供給を受けられない需要家がいた場合のセーフティーネットとして、電気事業法は、一般送配電事業者に対して、このような需要家に対する電気の供給を行うことを義務付けています（最終保障供給義務、電気第17条第3項）。

また、本土と系統が繋がっていない離島においては、離島におけるディーゼル発電機等を稼働して電気を供給するため、発電原価が高いという特徴があります。そのため、離島における電気の供給を自由競争に任せてしまうと、電気料金が高くなり、かつ、離島において電気を供給する事業者がいなくなってしまう可能性もあります。そのため、電気事業法は、一般送配電事業者に対して、離島の需要家に対しても、他の地域と遜色ない料金水準で電気を供給することを義務付けています（離島供給義務、電気第17条第3項）。

以上のように、小売全面自由化の下では、自由競争を前提としつつも、必要となるセーフティーネット等についての制度的措置が併せて講じられています。

質問８

電気事業分野では、全面自由化後も様々な「市場」設計の議論が行われ、導入が進められていますが、その概要について教えてください。

❶電力小売全面自由化後の状況

小売全面自由化後、新電力のシェアは徐々に増加しており、2020年３月時点では、販売電力量ベースで総需要の約16.1％、特別高圧需要の約5.6%、高圧需要の約23.2％、低圧需要の約16.7％となっています（監視等委員会の電力取引の状況（電力取引報結果））。供給区域毎に競争の進展度合いに違いはありますが、自由化は着実に進展していると評価できると思われます。

この新電力のシェアには、旧一般電気事業者グループの供給区域外におけるシェアも含まれますが、小売全面自由化が決定される前までは、供給区域外の供給が１件しかなかったことを踏まえると、供給区域を越えた旧一般電気事業者同士の競争も進みつつあると評価できるところです。

また、スポット市場を通じた取引についても、小売全面自由化前はわずか総需要の2%程度でしたが、グロスビディング(※)や地域間連系線の利用に関する間接オークションの導入(質問10をご参照ください)等の政策的な措置もあり、現在は、総需要の30～40%程度で推移しており、小売電気事業者にとっては、電力の調達環境は従来に比べて改善されていると評価することができます。

※旧一般電気事業者の自社供給分のうち一定割合について、旧一般電気事業者が取引所を介して売買する取組をいいます。これは、社内取引を透明化するといった意義もあるとされ、各一般電気事業者により自主的に行われています。

もっとも、より一層競争環境を整備することも求められているところであり、また、自由化の下で、安定供給の確保やCO_2の削減等の公益的課題に対してどのように対処をしていくか、といった課題もあります。

❷新たな市場設計のポイント

そこで、経済合理的な電力供給体制と競争的な市場を実現するとともに、引き続き安定供給の確保を図る等といった観点から、更なる市場・ルールの整備に関する制度的措置についての議論が、小売全面自由化の直後（2016年９月）から資源エネルギー庁において開始されました。電力システム改革の目的は、①安定供給の確保、②電気料金の最大限の抑制、③需要家の選択肢や事業者の事業機会の拡大ですが、自由化の中で、更に競争を活性化すると共に、安定供給を確保する事などを目的として、各種制度的措置についての議論が進められています。

ここでの議論のポイントの一つとしては、これまで必ずしも明確に認識して取引されてこなかった電力の価値を明確にして、その価値をそれぞれの市場において取引をすることとされた点が挙げられます。具体的には、電力の価値について、実際に供給される電力の価値である「kWh価値」のみならず、「kW価値」「Δ kW価値」「非化石価値」に区分し、「kWh価値」については、相対、スポット市場等、先渡取引市場、ベースロード市場において取引がされ、「kW価値」については、容量市場において、「Δ kW価値」については、需給調整市場において、「非化石価値」については、相対契約、非化石価値取引市場において取引を行うとされた点がポイントといえます。各価値とそれぞれ取引される市場についてのイメージは図1のとおりです。

図1. 市場で取引される価値

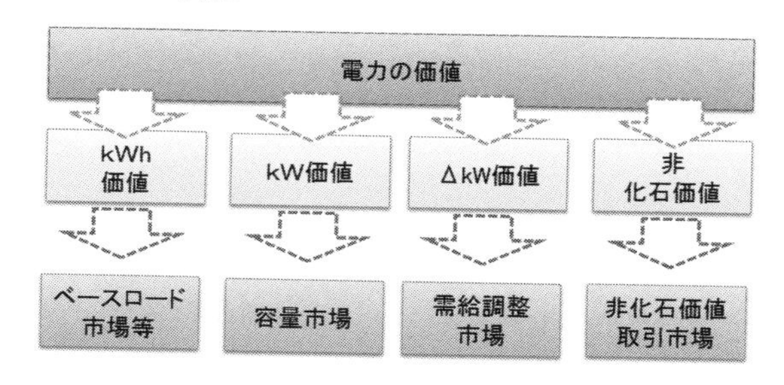

以下では、新たな市場である、ベースロード市場、容量市場、需給調整市場及び非化石価値取引市場について、概略を説明します(※)。

※上記の各市場のうち、主として、競争環境の整備という観点からベースロード市場が、安定供給の確保といった観点から容量市場や需給調整市場が、低炭素化といった観点から非化石価値取引市場が創設されています。

❸ベースロード市場

(1) 導入の背景

石炭火力、大型水力、原子力などといったベースロード電源は、主として、中長期断面でみた需要家のベース需要に対応する、安価で安定的な供給力として位置づけられるものになります。もっとも、これらの電源の大半は旧一般電気事業者が保有している一方、新規参入者はベースロード電源をミドル電源で代替をしているという実態があることから、競争活性化の観点から、主に新規参入者のベースロード電源へのアクセスを確保するための市場として、ベースロード市場が導入されることになりました。

(2) 概要

ベースロード市場の一つのポイントは、沖縄電力を除く旧一般電気事業者と電源開発株式会社（以下、総称して「旧一般電気事業者等」といいます）に対して、一定量のベースロード電源の供出が制度上義務付けられた点にあります。

供出する量については、新規参入者の需要量にベースロード比率（56%）を乗じた量に、一定の調整係数（1 〜 0.67）を乗じた量とされています。当初の調整係数は 1 ですが、新電力のシェアに応じて低下し、新電力シェア 30% 時点で下限値の 0.67 となります。

また、ベースロード市場は、先渡市場の一種であるため、スポット市場で受け渡しがされます。ベースロード市場は、年 3 回（7 月上旬、9 月上旬、11 月上旬）開催され、翌年の 4 月から受渡開始の 1 年単位の商品が取引されますが、市場分断の頻度を考慮し、①北海道エリア、②東北・東京エリア、③西エリアに区分されます。

買い手の購入上限量は、ベースロード市場はベース需要に対応するための電力を調達する市場であることから、自社のベース需要となります。

新電力にとっては、ベースロード電源の調達の選択肢が広がったという意味では意味のある制度といえます。一方で、高圧・特別高圧需要の 3 割、低圧需要の 1 割については、引き続き旧一般電気事業者から常時バックアップ制度に基づき供給を受ける選択肢も現状は残されています。実際に、どの程度ベースロード市場でベースロード電源を調達するかについては、常時バックアップの価格とベースロード市場価格の推移や、スポット市場における価格の見通し及び相対契約(※)により調達できるベース電力の量を踏まえて、判断をすることになるでしょう。

2019 年度は 3 回、2020 年 4 月以降 1 年間の商品を対象とするベースロード市場が開催されましたが、約定量は、2018 年度の常時バックアップの調達料の約 47% となっており、様子見という印象もあります。将来的には常時バックアップも廃止となることになりますので、今後はベースロード市場の重要性も高まるものと思われます。

※新電力（旧一般電気事業者等の子会社・関連会社を除きます）と旧一般電気事業者等が締結するベースロード市場と同等の価値を有する相対契約（負荷率最低70％かつ受給期間6カ月以上）については、その取引量を旧一般電気事業者のベースロード市場への供出義務量から10％を上限として控除することが認められています。そのため、新電力としては旧一般電気事業者等から相対の卸供給を受ける余地も拡大しているといえ、旧一般電気事業者等との間で1年以上の長期間の相対契約を締結することも考えられます。

❹容量市場

（1）導入の背景

小売全面自由化により、電源の投資回収の予見性は、総括原価による確実な投資回収が見込まれた小売全面自由化前と比較して低下しています。加えて、固定価格買取制度等を通じて太陽光を中心に再生可能エネルギーの導入が進んでいますが、太陽光などは、燃料費等がかからないことから限界費用が0円の電源ですので、スポット市場においては競争力の高い電源となり、この電源の導入が進むと、スポット市場の価格が低下することになります。そうなった場合、供給力として必要な火力電源等が競争力を失い、その稼働率が低下することが予想されます。また、優先給電ルールにより、エリア全体の供給量が需要量を上回る場合、太陽光や風力といった自然変動電源より火力電源を先に最低出力まで抑制することが求められます。このため、自然変動電源の導入が進むと、この点からも供給力として必要な火力電源等の稼働率が低下することが予想されます。

このような状況の下では、適切なタイミングにおいて発電投資を行う意欲を減退させる可能性があり、その結果、将来的に供給力が不足することで、市場価格が高止まり、適切な需給調整ができず、安定供給に支障をきたすおそれが生じることになります。

そのため、効率的に中長期的に必要な供給力を確保するための手段として、容量市場が導入されることになりました。

（2）概要

容量市場においては、市場の運営主体である広域機関が一括して必要な供給力をオークションにより調達することになります。調達する供給力は1年単位とし、オークションの実施時期は、実需給の4年前にメインオークションを行い、1年前に追加オークションを行います。2024年度の供給力を対象として、2020年度に第1回のメインオークションが行われる予定となっています。

オークションに参加するためには、参加登録が必要となりますが、1,000kW以上の電源（自家発電源を含みます）のみならず、DRも1,000kW以上にアグリゲートすれば、参加登録が可能となります（以下参加登録の対象となるものを「電源等」といいます）。

オークションで落札した電源等の事業者は、広域機関と容量確保契約を締結し、実需給の断面において、kW価値を広域機関へ提供し、その対価として、広域機関から容量確保契約に基づきオークションにより決定した金額(以下「容量確保契約金額」といいます。）が支払われます。但し、この容量確保契約には、従うことが求められるリクワイアメントとそれに違反した場合の金銭的なペナルティーが定められており、容量確保契約金額も、金銭的ペナルティーが課された場合、その分、減額されます（年間の上限額は、容量確保契約金額の110%となっているため、場合によっては、電源等の事業者が支払いをする場合もありえます）。

他方、小売電気事業者は、実需給の断面において、広域機関の業務規程に基づき、販売電力量に応じて容量拠出金を支払うことになります(※)。この容量拠出金の支払いについては、いわば、会費としての性質を有しており、電気事業法上は、小売電気事業者が負っている中長期的な供給力確保義務履行のための手段として位置づけられることになります。

この容量拠出金の負担については、自らが販売する電力に対応する固定費は自ら負担するというべきという基本的な考え方に則っており、これ自体は本来あるべき姿といえます。もっとも、100%卸電力取引市場で電力を調達していた事業者等、これまで自らが販売する電力に対応する固定費を負担していない事業者の場合は、従来と比較して負担が増えることになります。小売電気事業者に対しては一定の負担の軽減措置（経過措置）が設けられています(※)が、小売電気事業者は、オークションの結果を踏まえ、容量市場の開始前（初年度は2024年度）にその影響の有無及び程度について、十分精査しておく必要があります。

容量市場における契約関係は、図２のとおりです。

図2. 容量市場における契約関係

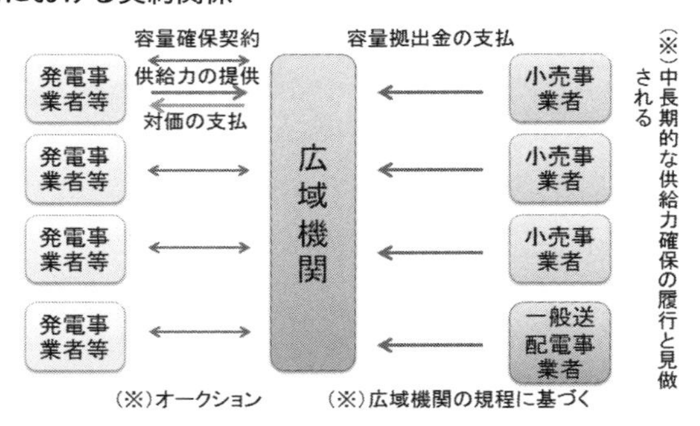

※小売電気事業者による負担の激変緩和措置として、2010 年度以前に建設された電源については、2029 年度まで一定の控除率を設定して支払額を減額することとされており、これにより当初の小売電気事業者の容量供出金支払の負担は減少することになります。

❺需給調整市場

(1) 導入の背景

現在、一般送配電事業者が需給調整に必要な調整力（Δ kW）は、一般送配電事業者が実施する調整力公募により調達しています。現在の調整力公募は、実務面の制約から年間調達が基本となっていますが、これによって、電源等の余力を提供することができず調整力市場の活性化が図られない、実際の需給を反映した調整力コストとなっていないといった課題がありました。また、調整力公募は、一般送配電事業者毎に実施されているため、広域的な調整力の融通を基本的に想定しておらず、広域メリットオーダーが図られていないのではないか、といった課題も指摘されていました。

そこで、これらの課題に対処するため、需給調整市場が導入されることとなりました。

(2) 概要

需給調整市場は、週間調達を基本としています。これにより、調整力コストに実際の需給をより正確に反映することが可能となり、小売供給だけでなく、調整力まで含めた電力市場全体の競争活性化が見込まれることになります。容量市場への参加がメインとなると思われるものの、DR の参入も従来と比較して容易となるといえます。

また、需給調整市場では、広域運用・広域調達を段階的に実施することとしています。これにより、広域化によるメリットオーダーの最適化、調達量そのものの減少が図られることが期待されます。

需給調整市場の商品は、表２のとおり、５つに分かれています。概要は表２のとおりですが、特に再生可能エネルギーの予測誤差を調整するための調整力である三次調整力②は、応動時間が45分以内と比較的長いことから、DR等の参入も期待されるところです。

表2. 商品の概要

	一次調整力	二次調整力①	二次調整力②	三次調整力①	三次調整力②
英呼称	Frequency Containment Reserve (FCR)	Synchronized Frequency Restoration Reserve (S-FRR)	Frequency Restoration Reserve (FRR)	Replacement Reserve (RR)	Replacement Reserve-for FIT (RR-FIT)
指令・制御	オフライン（自端制御）	オンライン（LFC信号）	オンライン（EDC信号）	オンライン（EDC信号）	オンライン
監視	オンライン（一部オフラインも可※2）	オンライン	オンライン	オンライン	専用線：オンライン 簡易指令システム：オフライン
回線	専用線※1 （監視がオフラインの場合は不要）	専用線※1	専用線※1	専用線※1	専用線 または 簡易指令システム
応動時間	10秒以内	5分以内	5分以内	15分以内※3	45分以内
継続時間	5分以上※3	30分以上	30分以上	商品ブロック時間(3時間)	商品ブロック時間(3時間)
並列要否	必須	必須	任意	任意	任意
指令間隔	－（自端制御）	0.5～数十秒※4	1～数分※4	1～数分※4	30分
監視間隔	1～数秒※2	1～5秒程度※4	1～5秒程度※4	1～5秒程度※4	1～30分※5
供出可能量（入札量上限）	10秒以内に出力変化可能な量（機器性能上のGF幅を上限）	5分以内に出力変化可能な量（機器性能上のLFC幅を上限）	5分以内に出力変化可能な量（オンラインで調整可能な幅を上限）	15分以内に出力変化可能な量（オンラインで調整可能な幅を上限）	45分以内に出力変化可能な量（オンライン(簡易指令システムも含む）で調整可能な幅を上限）
最低入札量	5MW （監視がオフラインの場合は1MW）	5MW※1,4	5MW※1,4	5MW※1,4	専用線：5MW 簡易指令システム：1MW
刻み幅（入札単位）	1kW	1kW	1kW	1kW	1kW
上げ下げ区分	上げ／下げ	上げ／下げ	上げ／下げ	上げ／下げ	上げ／下げ

※1 簡易指令システムと中給システムの接続可否について、サイバーセキュリティの観点から国で検討中のため、これを踏まえて改めて検討。
※2 事後に数値データを提供する必要有り（データの取得方法、提供方法等については今後検討）。
※3 沖縄エリアはエリア固有事情を踏まえて個別に設定。
※4 中給システムと簡易指令システムの接続が可能となった場合においても、監視の通信プロトコルや監視間隔等については、別途検討が必要。
※5 30分を最大として、事業者が収集している周期と合わせることも許容。
需給調整市場検討小委員会（第16回）事務局提出参考資料 23頁より引用

商品毎の導入スケジュールは表３を参照してください。

表3. 導入スケジュール

年度	2017	2018	2019	2020	2021	2022	2023	2024	2025	2026
三次調整力②（RR-FIT）			自主的運用	3社広域運用	広域運用＋広域調達					
三次調整力①（RR）			自主的運用	3社広域運用	開始目標 広域運用	広域調達(週間) (2022～2023は年間で電源Ⅰ-b相当の設備を調達)				
二次調整力②（FRR）	調整力公募（電源Ⅰ＋Ⅱ）				エリア内調達※1	開始目標	広域運用	広域調達（週間）		
二次調整力①（S-FRR）					広域化の要否・時期について検討中			調達（週間）		
一次調整力（FCR）					広域化の時期について検討中			調達(週間)		
				▲容量市場初回オークション				▲容量契約発効		

※1　年間を通じて必ず必要となる量は年間で調達し、発電余力を活用する仕組み（現行の電源Ⅱに相当する仕組み）を続ける。
詳細については今後検討。

総合資源エネルギー調査会電力・ガス事業分科会 電力・ガス基本政策小委員会 制度検討作業部会（第28回）事務局提出資料5 5頁より引用

❻非化石価値取引市場

（1）導入の背景

高度化法により、全ての小売電気事業者は、2030年に自ら調達する電気の非化石電源比率を44%以上にすることが求められています(※1)。

もっとも、スポット市場等においては、非化石電源と化石電源の区別がなく取引が行われています。また、FIT電気の持つ環境価値は、賦課金の負担に応じて全需要家に均等に帰属するとされており、それ自体を取引することは認められていません。

そこで、非化石価値を顕在化し、取引を可能とすることで、小売電気事業者の高度化法上の非化石電源調達目標の達成を後押しするとともに、②需要家にとっての選択肢を拡大しつつ、FIT制度による国民負担の軽減に資する(※2)、非化石価値取引市場が創設されることとなりました。

※1　高度化法の目標達成の実効性を担保するため、中間目標が設定されることとなっています。具体的には、3つのフェーズで中間目標を設定することとされており、第一フェーズは、2020～2022年度、中間目標達成状況については、3年度の平均で計算することとされています。第二フェーズ以降の期間は具体的に決まっていません。なお、各フェーズにおいては、各小売電気事業者の足元における非化石電源比率を踏まえ、激変緩和措置として、各小売電気事業者の非化石電源の調達状況に応じて目標値を設定する、化石電源グランドファザリングが導入されることとなっており、第一フェーズは、2018年度の非化石電源比率を基礎とすることとされています。
※2　非化石価値取引市場においてFIT電気を販売したことによる収入は、FIT賦課金の低減へ充てることとされています。

<非化石価値以外の環境価値について>

高度化法の非化石電源目標に活用できるという非化石価値の他、非化石証書((2)(v)をご参照ください。)については、以下の①及び②の価値を有するとされています。この地域で発電されたという「産地価値」やこの発電所で発電されたという「特定電源価値」は、非化石証書には付随しないとされています。

① 「ゼロエミ価値」：温対法上のCO_2排出係数が0kg-CO_2/kWhである価値
② 「環境表示価値」：小売電気事業者が需要家に対して付加価値を表示・主張することができる価値

②については、表4のとおり整理されています。電源構成表示については、併せて質問88もご参照ください。

表4. 環境表示価値について

環境表示価値	結論
電源構成表示	電気価値とは切り離されていることから、影響なし。
電源構成外表示	◆ オフセット等によりCO_2排出係数ゼロと表示することが可能。 ◆ 再エネ由来の非化石証書を購入した場合、再エネ由来の非化石証書を購入していること(実質再エネ100%等)を訴求可能。

(2) 概要

(i) FIT非化石価値取引市場

2018年5月に、JEPXにおいて、先行的にFIT電気を対象とした非化石価値取引市場（以下「FIT非化石価値取引市場」といいます）が創設されました。FIT非化石価値取引市場においては、費用負担調整機関(※1)が証書発行の主体となり、同機関が証書を販売します。その販売収入については、上記のとおり、FIT賦課金の低減へ充てられることとなります。同市場は、年4回、3カ月毎に実施され、価格決定方式は、マルチプライスオークション方式とされており、現在、上限価格は4円／kWh、下限価格は1.3円／kWhとされています。転売はできず、次年度への繰り越しもできません。現状では取引量も増加してきていますが、高度化法の中間目標の設定により、FIT非化石価値取引市場の活性化が見込まれるところです。

また、2019年2月25日～3月1日にかけて開催されたオークションにおいては、FIT電源毎にFIT非化石証書に対応する電源種や発電所所在地等属性のトレーサビリティー（追跡性）を確認できるトラッキング付FIT非化石証書の取引も試行的に実施されました。この取組は、継続されていますが、トラッキング付FIT非化石証書は、近時表明をする企業が増加しているRE100（※2）に活用できることから、非化石証書の活用の幅が広がることが期待されます。

※1　納付金（小売電気事業者、一般送配電事業者及び登録特定送配電事業者（以下「小売電気事業者等」といいます。）が徴収したFIT賦課金が原資となります）の小売電気事業者等からの徴収やFIT制度に基づき再生可能エネルギーを調達した小売電気事業者等に対する交付金の交付業務を行う機関をいい、現在は、一般社団法人低炭素投資促進機構が指定されています。

※2　RE100とは、事業運営を100％再生可能エネルギーで調達することを目標に掲げる企業が加盟する国際的なイニシアチブをいいます。

(ii) 非FIT非化石価値取引市場

2020年4月の発電分以降、卒FIT電源（(iii) で説明します）以外の国が認定をした非FITの非化石電源（原子力、再生可能エネルギーをいいます）について証書の発行がされることが予定されています。その非FIT非化石価値を取引の対象とした非化石価値取引市場（以下「非FIT非化石価値取引市場」といいます）がJEPXにおいて設けられることが予定されています。同市場は、FIT非化石価値取引市場と同様、年4回実施することが予定されており、価格決定方式は、売り入札の主体が多数の事業者にわたり、かつ、FIT非化石価値取引市場と異なりFIT賦課金の低減という目的がないため、スポット市場等と同様にシングルプライスオークション方式とされています。上限価格は4円／kWhとされていますが、FIT非化石価値取引市場と異なり、下限価格は設けないこととされています。これは、もともとFIT非化石価値取引市場では需要家がFIT賦課金として費用負担をしていることから、あまり低い価格で非化石価値を取得することを認めることが適切ではない一方、非FIT非化石価値取引市場ではこのような点が妥当しないためです。

(iii) 卒FIT電源に関する非化石価値の取引

2019年11月以降、順次FIT制度に基づく買取が終了する再生可能エネルギー電源（以下「卒FIT電源」といいます）が出てきています。この卒FIT電源は、住宅用太陽光が中心となっており、その電源を保有する主体が消費者である場合が多い点に特徴があります。このため、発電事業者としての資格を有しない者が保有する非化石価値については、小売電気事業者などの電気事業者やアグリゲーターがまとめて買取った場合に限って、証書化をすることが可能とされています。

このため、このような卒FIT電源については、非FIT非化石価値取引市場での取引はできず、相対で調達することが必要となります。

卒FIT電源については、2019年には約53万件生じることが見込まれており、今後も毎年増加することとなります。小売電気事業者にとっては、電気の供給と買取をセットで行うことで、小売営業戦略にも活用できるところです。

なお、この点に関して、卒FIT電源の買取の多くは、旧一般電気事業者が行っていることから、卒FIT電源の保有者がわかるのがエリアの旧一般電気事業者に限定されており、競争上不公平ではないか、といった指摘があるところです。このため、FIT電源の買取が終了する需要家に向けて旧一般電気事業者が発する文書においては、公平性に配慮した一定の表示に関する規律が設けられるとともに、一定の要件を満たした小売電気事業者が一定の広告を当該文書に同封することができることとなっています。詳細は、卒FIT買取事業者連絡会のホームページをご確認ください。

(iv) 非化石価値の取得方法

高度化法の中間目標の達成のためには、非化石価値を取得することが必要となりますが、非化石価値は、ダブルカウントを防止する観点から、全て国が認定する証書を通じて行うことが必要となります。具体的には、JEPXの非化石証書に関する口座管理システムを通じて取引を行うこととされています。

非化石証書については、それぞれまとめると、以下の方法により取得することができます。

① FIT非化石証書：FIT非化石価値取引市場

② 非FIT非化石証書：自社・相対又は非FIT非化石価値取引市場。但し、卒FIT電源に関する非化石証書は、相対で取得することが必要

なお、②の自社・相対による非化石証書の取得については、第一フェーズにおいては、小売電気事業者に対する非化石価値へのアクセス環境確保の観点から、自社又はグループ内の発電事業者からの取得については、激変緩和量を除き、以下の範囲内でのみ認められています。

(a) 化石電源グランドファザリングを設定されていない事業者
化石電源グランドファザリング設定の基準年の全国平均非化石電源比率

(b) 化石電源グランドファザリングを設定された事業者
化石電源グランドファザリング設定の基準年の当該事業者の非化石電源比率

それを超える部分については、非化石価値取引市場又はグループ外の発電事業者等から調達することが必要となります。

(v) 非化石証書の種類

非化石証書については、非FIT非化石証書のうち、再生可能エネルギーに由来するものについては、「再生可能エネルギー指定」として販売するか、「指定なし」として販売するかの選択が可能とされています。そして、FIT電源の非化石価値については、「再生可能エネルギー指定」の証書が発行されます。そのため、現状では、非化石証書は、3種類に分類されます。

(vi) 非化石価値証書収入の使途

高度化法は、非化石電源の利用の促進を図る法律であることから、非化石証書の取引が、非化石電源の利用の促進につながることが望ましいといえます。また、非化石証書が小売料金の値下げに活用されると、小売競争環境が歪むのではないか、といった指摘もされていたところです。そこで、旧一般電気事業者であった発電事業者と電源開発株式会社を対象に、非化石証書の販売収入を非化石電源の利用促進に充てていくような自主的な取り組みへのコミットメントを、当面の間、求めていくこととされています。

(vii) 小売料金戦略への影響

非化石価値の保有割合が少ない小売電気事業者にとっては、化石電源グランドファザリングが設定されたとしても、一定量の非化石証書を購入しなければならないことから、自社の収益が悪化する要因となります。

このため、調達が必要となる非化石証書の量・価格次第では、小売料金の値上げも検討することが必要になります。国としても、証書購入費用の円滑かつ適正な転嫁を進めるための広報や所要の環境整備を行う方向性が示されていますが、実際には、非化石証書をもともと保有している小売電気事業者とそうではない事業者がいる中では、一律に転嫁できる仕組みとならない限り、小売料金の値上げは競争戦略上難しい判断が迫られるものと思われます。

小売電気事業者としては、まずは購入した非化石証書を活用したメニューを積極的に売り出していくことを検討することが重要といえます。もっとも、非化石価値取引市場は、小売電気事業の競争環境に与えるインパクトは少なくないことから、今後の状況を踏まえ、小売電気事業者一律に非化石電源比率を課す高度化法の目標の見直しを含め、必要に応じて柔軟な制度の見直しが必要と思われます。

質問9

新たな市場の導入に伴い、既存契約については、どのように見直すべきでしょうか。ポイントを教えてください。

❶総論

新たな市場の導入に伴い、既存の相対で締結している卸供給等の契約（以下「既存契約」といいます）の見直しが必要となる場合が生じます。

ここでは、全ての小売電気事業者が検討しておくことが必要となる、容量市場及び非化石価値取引市場の導入による既存契約の見直しの基本的な考え方について、触れたいと思います。

❷容量市場の導入に伴う見直し

(1) 見直し要否のメルクマール

まず、既存契約を見直す必要があるか否かのポイントは、kW価値の取引が既存契約に基づく取引の対象に含まれていたか否か、という点となります。

既存契約には、通常の卸契約として、基本料金及び従量料金を支払うこととなっている二部料金制や従量料金のみを支払う一部料金制があり、また、発電用燃料を自ら調達し、発電所へ供給し、基本料金と燃料費を除く従量料金のみを支払い電気を買い取るトーリング契約等様々な契約形態が存在します。二部料金制やトーリング契約の場合、基本料金相当分は固定費相当額に該当するため、基本的にはkW価値が含まれていることを原則として考えることができます。一方、従量料金のみの一部料金制の場合、kW価値が含まれているか否かはケースバイケースであり、特に、複数の事業者へ売電がされている場合は、既存契約においてkW価値が取引の対象となっていたか否かは小売電気事業者にとっては明らかではなく、この点で協議に時間を要する可能性があります。

仮に、既存契約に基づく取引の対象にkW価値が含まれていない場合は、既存契約の見直しは不要となります。

(2) 見直しのポイント

(i) 基本的な考え方

kW価値が既存契約において取引の対象となっていたとした場合、その契約の見直しが必要となりますが、基本的には、既存契約における月々の料金から、容量確保契約金額を差し引くといった見直しが必要となります。

既存契約見直しの基本的なイメージは、図3のとおりとなります。

図3. 既存契約見直しのイメージ

①二部料金制（基本料金＋従量料金）

従量料金
基本料金
従量料金
基本料金
容量市場での受取り相当額

○基本料金について見直し、容量市場での受取相当額を減額

②一部料金制（従量料金のみ）

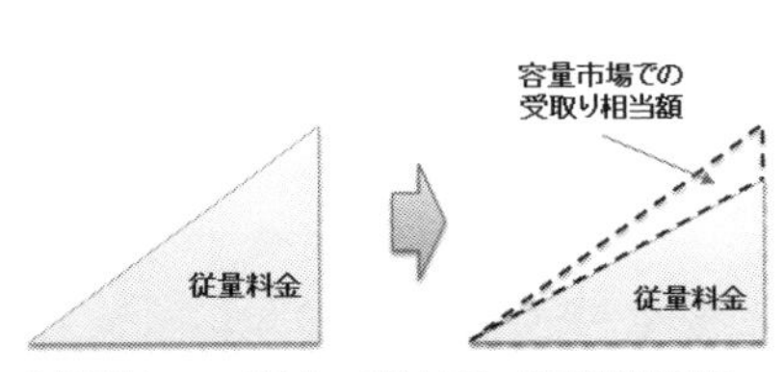

○従量料金について見直し、容量市場での受取相当額を減額
※従量料金に固定費相当額が含まれていないような場合には、見直さないこともあり得る。

(ii) ペナルティーが課されることにより容量市場からの受取額が減少する場合の考え方

もっとも、質問8、4（2）のとおり、容量市場では、容量確保契約を締結した事業者に対して、容量確保契約金額の全額が支払われる場合もあれば、ペナルティーが課されることにより、全額ではなくその一部となる場合もあります。

小売電気事業者が支払う容量拠出金は、ペナルティーが課される前の容量確保契約金額の全額を支払うことを前提とした金額となるため、小売電気事業者としては、ペナルティーが課されることによるリスクは発電事業者が負うべき（＝本来受け取ることができた容量確保契約金額の全額に相当する金額を控除する）と考えるところです。他方、発電事業者としては、ペナルティーを課さ

れたことにより容量市場で受け取れなくなった場合、固定費が回収できなくなるといった問題も生じ得るところです。

このペナルティーを課されたことによるリスクを発電事業者側、小売電気事業者側どちらが負担すべきかという点については、基本的にはペナルティーが課される事象について、既存契約においてどのようなリスク分担がされていたか、といった点を基本として考えるべきと思われます(※)。

※容量市場に関する既存契約見直し指針（案）においては、「収入額の減少が生じた事由ごとに、イ）発電事業者等の収入額変更の原因や背景、ロ）契約締結時における料金やリスク負担の考え方及びハ）いずれか一方に著しい負担が発生しないかといった観点から検討を行いつつ、協議を行うことが適切と考えられる。」（同指針３（3、４頁））とありますが、既存契約との関係では、イ）やハ）についても、基本的には既存契約における整理を踏まえて協議すべき事項と思われます。

(iii) 容量市場へ入札すべきか、落札されなかった場合のリスク分担の在り方

上記は、容量市場で落札したことを前提とした議論ですが、そもそも既存契約の発電事業者は、容量市場に入札すべきでしょうか。

この点、容量市場においては、入札の義務はないものの、落札しないと供給力としてカウントしないこととされています。そのため、小売電気事業者としては、既存契約の発電事業者に対して容量市場へ入札することを求めることになり、事実上、既存契約の発電事業者による入札が求められることになるといえるでしょう。そのため、既存契約を見直す際に、どのような入札行動をするか(※)、といった点も含めて、合意しておくことが適切と思われます。

また、上記の合意をしたにもかかわらず、入札しなかった場合や入札したものの落札されなかった場合のリスク分担については、それが合意した内容を逸脱したことによる場合は、発電事業者がリスクを分担すべき（＝落札すれば受け取ることができた容量確保契約金額の全額に相当する金額を控除する）といえますが、そうでない場合は、発電事業者のみがリスクを負うというのは適切ではないと思われます。

※既存契約を締結している発電事業者としては、確実に落札するためには、０円で入札することは一つの合理的な経済行動といえます。もっとも、合理的な経済行動はこれのみに限られるものではなく、既存契約があったとしても、小売電気事業者の信用リスクや契約継続リスク等を踏まえ、既存契約ではなく、容量市場において、適切に回収することを第一に考えて入札金額を設定するというのも合理的な経済行動の一つと考えられるところです。

❸非化石価値取引市場の導入に伴う見直し

(1) 非 FIT（卒 FIT 以外）の非化石電源に関する既存契約の見直し

非化石価値は、質問８、６（2）（iv）のとおり、全て証書化して取引をする

ことが必要となります。そのため、2020年4月の発電分が取引される、卒FIT以外の非FITの非化石電源に関する既存契約においては、以下の点についての見直し協議が必要となります。

①非化石証書の発行
②非化石証書の移転
③非化石証書の対価

②及び③については、基本的には、これまで明示的には認識して取引されてきてはいないものの、従来から、基本的には電気と一体として取引され、移転してきた価値といえます。そのため、既存契約の対象となっている電源の非化石価値をその相手方以外の第三者に販売しようとする場合、既存契約の見直しが必要となります。また、引き続き既存契約の相手方に非化石価値を移転する場合であっても、今後は非FIT非化石価値取引市場において、明確に非化石価値に対して価格がつくことになりますので、その価格次第では、その価格を踏まえて必要な見直しが必要となることも考えられるところです。この点は、従来の価格の決定方法等（非化石価値に価値を見出して価格を設定していたか等）も踏まえて検討することになると思われます。

また、非化石価値が不要な小売電気事業者であれば、非化石価値分を減額した金額で卸供給を受けることも考えられます。

なお、質問8、6（2）（vi）のとおり、旧一般電気事業者及び電源開発株式会社を発電事業者等とする既存契約の場合、発電事業者等が得る非FIT非化石証書の収入を以下の取り組みに用いることを契約上規定することが望ましいとされています（非化石既存契約見直し指針（案）2（4）（5頁））。

（a）非化石電源設備の新設・出力増
（b）非化石電源を安全に廃棄するための費用等
（c）非化石電源設備の耐用期間延長工事、安全対策費用等

（2）化石電源グランドファザリングの対象となる既存契約の見直し

化石電源グランドファザリングの対象となる既存契約については、化石電源グランドファザリングとの関係を踏まえて対応することが必要となります。

すなわち、2018年度の非化石電源比率の算定の根拠となっている既存契約の解除等によって、小売電気事業者が非化石価値を調達できなくなった場合、申請により化石電源グランドファザリングの設定時の基準から、その契約に基

づき調達していた電力量分を控除することとされています。但し、既存契約の相手先である小売電気事業者に非化石証書が譲渡されなかった場合でも、既存契約の電気料金の割引等が行われる場合は、化石電源グランドファザリングの控除を行わないこととされています（制度検討作業部会第二次中間とりまとめ2.2.1（3）⑥（化石電源グランドファザリング（特例措置）と既存契約との関係について）（34、35頁））。

このため、特に化石電源グランドファザリングの対象となる非FITの非化石電源に関する既存契約については、非化石価値を引き続き移転するのであれば、（1）のとおり、必要な見直しを検討することになると思われます。また、移転しない場合、卸供給料金から非化石価値相当を割り引く又は卸供給料金を変更しない、といった対応を、上記の化石電源グランドファザリングにおける整理を踏まえて検討することが必要となります。

質問10

地域間連系線を利用して電気の受け渡しをする場合、それにより生じるリスクはどのようなものでしょうか。また、そのリスクはどのようにヘッジすることが考えられるでしょうか。

❶先着優先から間接オークションへ

従来、地域間連系線（以下「連系線」といいます）は、先着優先ルールが採用されていました。すなわち、小売電気事業者が先着で連系線の利用枠を押さえていれば、発電事業者との間の相対の卸供給契約（以下「受給契約」といいます）により、供給区域をまたいで供給を受けることが可能とされていました。「供給区域をまたいで供給を受ける」とは、例えば、発電事業者が東北電力株式会社の供給区域で発電した電力を、東京電力パワーグリッド株式会社の供給区域の小売電気事業者が供給を受ける場合などが該当します。

もっとも、先着優先ルールについては、①先着順に容量を割り当てることが公正性を欠く（1分1秒を争う競争の発生）といった指摘や、②先着の事業者は半永久的に連系線の容量の確保が可能となっており、先着の事業者と後着の事業者との間の公平性を欠くといった課題が指摘されていたところでした。

そのような課題に対処すべく、2018年10月から間接オークションルールが導入されました。間接オークションルールは、全ての連系線を利用する権利又は地位をスポット市場の落札者に割り当てるルールをいいます。これにより、連系線の利用率が向上し、市場取引が増加することになります。実際に、間接オークション導入後のスポット市場の取引量は、導入直後で導入前と比較して約 1.5 倍に増加しています。

❷間接オークション導入により生じる２つのリスク・手当て

上記のように、間接オークションルールの下では、連系線を利用するためには全てスポット市場に入札することが求められることから、従来のようにエリアをまたいだ受給契約が締結できなくなります。そのため、連系線を利用する場合、従来のルールと比較すると、以下の２つのリスクが生じることとなります。

① スポット市場を利用することによって生じる電力の販売価格・調達価格の変動（ボラティリティ）リスク

② 市場分断した場合の市場間の値差リスク

これらのリスクについては、それぞれ、以下のような対応が考えられるところです。

(1) ①電力の販売価格・調達価格の変動リスクに対する手当て

まず、一つの方法としては、受給契約を結んでいた発電事業者と小売電気事業者との間で特定契約を締結することが考えられます。特定契約とは、再生可能エネルギーの固定価格買取制度に基づく売電契約ではなく、売り手と買い手が同一価格で市場取引を行ったうえで、あらかじめ合意した固定価格（以下「特定価格」といいます）との差額を精算することにより、実質的に特定価格で電気の売買を行った場合と同様の経済的な効果を得る仕組みとなります。

具体的には、（ア）スポット市場を介して電力を売渡すこと、（イ）特定価格を合意すること、（ウ）特定価格の一部（市場価格）が取引所で決済されること、（エ）特定価格と市場価格の差額を直接支払うことを内容とした契約を言います（制度検討作業部会中間とりまとめ 2、2.2（2）（特定契約の会計上の整理）(39、40 頁))。

特定価格は、受給契約を締結したと仮定した場合における電力量料金（kWh）単価が一つの基準になると思われます。なお、特定契約の締結による方法は、上記のとおり、差金を決済するものであり、先物（デリバティブ）取引に該当するようにも思われますが、上記の特定契約の要件にあるように、電力の取引と一体の契約で行われることとなることから、先物（デリバティブ）取引には該当しないと整理されています（金融商品会計基準上のデリバティブに該当しないことについては、制度検討作業部会中間とりまとめ2、2.2（2）（特定契約の会計上の整理）（39、40頁）をご参照ください）。

この他、①に対応する方法としては、地域間連系線を介して電気の受け渡しを行うのではなく、同一供給区域内で受け渡しをする受給契約を締結し、電力の供給を受けた事業者が供給元エリアでスポット市場の売り入札を行うとともに、供給先エリアでスポット市場の買い入札を行うという方法も考えられるところです。

具体的なイメージは、図４をご覧ください。

図4. 販売価格・調達価格の変動リスクに対する手当て

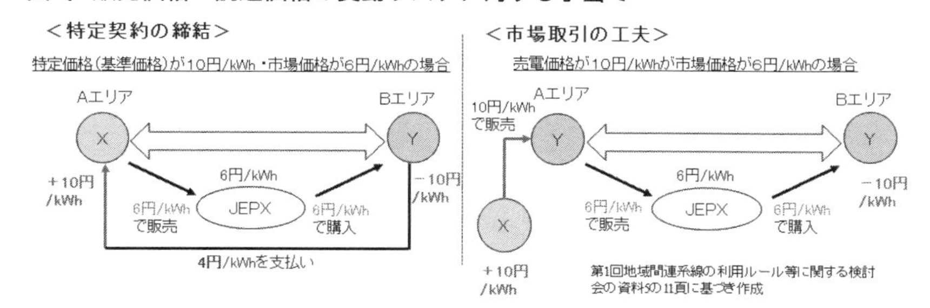

（2）②市場分断した場合の市場間の値差リスクに対する手当て

市場分断が生じた場合、エリア間で市場価格が異なる結果となります。そのため、上記①販売価格・調達価格の変動リスクに対する手当てをしていた場合であっても、市場間の値差に相当する金員の損失を被る可能性があります。図5を例にとると、Yは、市場間値差（Aエリアの６円とBエリアの15円の差額）に相当する９円の損をすることになります。

図5. 市場分断が発生した場合の市場間値差リスク

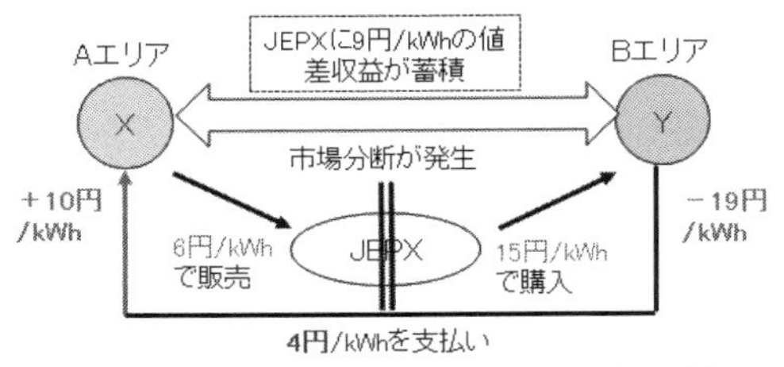

この、市場間値差リスクに対する手当てとしては、以下の方策が考えられます。

(i) 間接送電権

間接送電権とは、市場分断が発生した場合に、スポット市場で実際に約定した電力量の範囲内で、市場間値差に相当する金銭をJEPXから受け取る権利を言います。図6を例にとると、間接送電権を保有するYが市場間値差に相当する金銭（9円）の支払いをJEPXから受け取る権利を言います。

また、この原資は、JEPXにたまった値差収益（図6でいえば、JEPXがYから受け取る15円とXに支払う6円との差の9円をいいます）とされています。

図6. 間接送電権をYが有する場合のイメージ

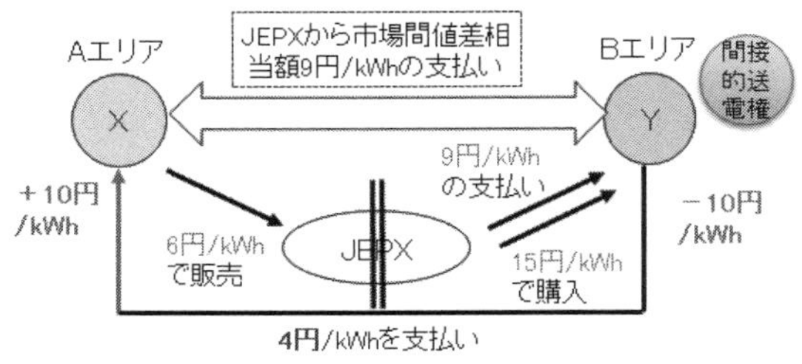

このように、事業者はJEPXが発行する間接送電権を保有することで、市場間値差リスクの手当てができるようになります。

間接送電権については、間接送電権の保有量がスポット市場の売り約定量、買い約定量の合計値を上回る場合には、その上回る部分については間接送電権による精算を行わないとされており、転売も禁止されています（制度検討作業部会中間とりまとめ 2、2.2（5）（値差の決済スキーム）（44 頁））。そのため、間接送電権は電力取引と一体として行われる実態が認められれば、間接送電権も先物（デリバティブ）取引には該当しないと整理されています。

間接送電権は、2019 年 4 月から、取引が開始され、市場分断が生じる可能性の高い、週間・24 時間型の以下の 6 商品が発行されています。「←」「→」は、電気の流れる向きを意味しています。

(a) 北海道エリア ← 東北エリア
(b) 東京エリア → 中部エリア
(c) 東京エリア ← 中部エリア
(d) 関西エリア ← 四国エリア
(e) 中国エリア ← 四国エリア
(f) 中国エリア ← 九州エリア

(ii) 経過措置対象事業者

2016 年 4 月の時点で連系線の利用登録を行っている小売電気事業者に対して、2016 年 4 月から 10 年間、市場間の値差を精算する権利、すなわち、間接送電権類似の権利が経過措置として無償で付与されています。この権利が付与されるためには、小売電気事業者と発電事業者の相対取引が従来と等価になっていること、つまり上記①電力の販売価格・調達価格の変動リスクに対する手当てがされていることが前提となる点には留意が必要となります。

(3) その他の手当ての方法

①電力の販売価格・調達価格の変動リスク及び②市場間値差リスクをヘッジする方法は、上記に限られる訳ではありません。

例えば、①については、市場価格を受け取り固定価格を支払うという取引を行うことでヘッジできますし、②についても、市場間値差を受け払いする取引を行うという方法が考えられます。これらの取引は、いわゆる先物（デリバティブ）取引と言われるものですが、相対契約のデリバティブ（OTC）取引や電力の先物取引市場を通じた取引が考えられるところです。

電力の先物取引市場は、2019 年 9 月にプロ向け（電気事業者及び金融機関等）として開設されました。現時点では、旧一般電気事業者が参加していないなどの課題もあり、3 年間の試験上場となっています。また、2020 年 5 月からは欧州エネルギー取引所（EEX）がOTC取引の清算サービスの提供を行うことが表明されています。先物取引は、多様なリスクヘッジの方法の一つとして、活用が広がることが期待されるところです。

（4） ガス小売全面自由化の概要・ポイント

質問 11

ガス小売全面自由化の概要・ポイントについて、教えてください。

❶概要

電力システム改革専門委員会の報告書においては、同じエネルギー供給システムであるガス事業においても電力システム改革と整合的であるべきとされていました。これを受けて、ガスシステム改革小委員会が設置され、同委員会における議論を踏まえて、ガス小売の全面自由化が電気事業法の第３段階の改正法に合わせて措置されました。

これは、電力・ガス等のエネルギーシステムの一体改革により制度的な「市場の垣根」を撤廃し、エネルギー企業の相互参入や異業種参入を進めることで総合エネルギー市場を創出することを目指したものとされています。ガスシステム改革の概要については、表５をご覧ください。

表5. ガスシステム改革の概要

	成立時期	施工時期	概要
①	平成 27 年6月 17 日	平成 29 年4月1日	小売全面自由化の実施
②		令和　4 年4月1日	導管分離の実施（大手３社）

ガスシステム改革の目的としては、①新たなサービスやビジネスの創出、②競争の活性化による料金抑制、③ガス供給インフラの整備及び④消費者利益の保護と安全確保が挙げられています。

ガスの小売全面自由化は、従来の大口の分野に加えて、日本全体のガス消費量の４割弱を占める家庭等の小口分野へのガスの供給を自由化することがその内容となっています。今回の全面自由化により新たに開放された市場は、約

2.4兆円と言われています。

❷経過措置料金規制

電気の経過措置料金規制と同様の理由で、経過措置として、一定の要件を具備する旧一般ガス事業者及び簡易ガス事業者であった者（以下「旧簡易ガス事業者」といいます）を指定し、その指定された事業者が行う小売供給のうち、自由料金を選択しない需要家に対するものについては、料金規制（以下「経過措置料金規制（ガス）」といいます）を継続することとされています。

電気と異なり、ガスは、旧一般ガス事業者は、203者（全面自由化時点、2020年1月時点では196社）にのぼること、LPガス・オール電化等の他のエネルギーとの競争が激しいこともあり、経過措置料金規制（ガス）の対象となる旧一般ガス事業者は、全面自由化時点で、東京ガス（東京地区等）、大阪ガス、東邦ガスなど12事業者に限定されています。

旧簡易ガス事業者は、全面自由化時点で、432事業者、1,730供給地点群が経過措置料金規制（ガス）の対象となっています。

この経過措置料金規制（ガス）に基づき、旧一般ガス事業者が行う供給を指定旧供給区域等小売供給といい、旧簡易ガス事業者が行う供給を指定旧供給地点小売供給といい、引き続き供給義務を負います。

❸最終保障供給

小売全面自由化後においては、経過措置料金規制（ガス）に基づきガスを供給する場合を除き、ガス小売事業者は、ガスを供給する義務を負いません。そのため、誰からもガスの供給を受けられない需要家がいた場合のセーフティーネットとして、ガス事業法は、一般ガス導管事業者に対して、このような需要家に対するガスの供給を行うことを義務付けています（最終保障供給義務、ガス第47条第2項）。

但し、ガス導管網は、送配電網のように全国土を網羅していないため、ガス事業法上、電力における離島供給義務に相当する規定は設けられていません。

以上のように、ガス小売の分野についても、小売全面自由化の下では、自由競争を前提としつつも、ガス事業における特性を踏まえながら必要となるセーフティーネット等についての制度的措置が併せて講じられています。

質問 12

ガス小売全面自由化後もガス事業制度の改革の議論が進められていると聞いています。その概要について、教えてください。

❶ガス小売全面自由化後の状況・課題

ガス小売全面自由化後、大手の旧一般電気事業者（東京電力エナジーパートナー株式会社・中部電力株式会社・関西電力株式会社・九州電力株式会社）を中心に、ガス小売事業への参入が進み、これらの事業者による参入がされていない地域も含めて新たなサービスや料金メニューが出現してきています。

また、2017 年 8 月、東京電力エナジーパートナー株式会社と LP ガス事業の大手である日本瓦斯株式会社が東京エナジーアライアンス株式会社を設立し、新規参入者に対して、ワンタッチ供給による都市ガスの卸供給や保安業務の受託、機器販売や顧客管理システムといったガス小売事業を行うために必要なプラットフォームを提供する事業が行われています。

更に、首都圏の需要家に向けた電力・ガスの販売をするため、大阪ガス株式会社と中部電力株式会社が CD エナジーダイレクト株式会社を設立し、2018 年 8 月から、小売供給を開始しており、電力分野ほどではないものの、旧一般ガス事業者による従来の供給区域を越えた競争も進みつつあるところです。

このように、ガス小売全面自由化後、競争は一定程度進んでいると評価はできるところですが、これらの競争が大都市圏等の一部地域に限定されているなどの課題や電気事業分野と比較すると新規参入者の数が限定的といった課題があります。

❷規制改革実施計画における課題の提起

ガス小売市場における競争促進の観点から、2018 年 6 月 15 日に閣議決定された規制改革実施計画において、以下の 7 つの事項について検討し、必要に応じて措置を講じることとされました。

①ガス卸供給の促進
②一括受ガスによる小売間競争の促進
③標準熱量制から熱量バンド制への移行

④ LNG 基地の第三者利用の促進
⑤託送料金の適正化
⑥内管保安・工事における競争環境の整備
⑦ LP ガスとのガス保安規制の整合化

これを受けて、ガス事業制度検討 WG や制度設計専門会合において、上記①〜④について、以下のような議論が進められ、一定の方向性が示されています(※)。

※⑥及び⑦については、ガス安全小委員会等にて議論が行われています。⑥については、一般ガス導管事業者から委託する際の要件を透明化することで、消費機器保安を自ら行う新規ガス小売事業者が内管保安も受託する道が開かれています。

❸競争促進のための 4 つの論点

(1) ガス卸供給の促進（スタートアップ卸）

ガス事業制度検討 WG において、主として、一般家庭向けのガス小売事業への新規参入を支援する目的で、第 1 グループ及び第 2 グループの旧一般ガス事業者に対する自主的取り組みとして、以下の卸供給を行うことを求めることとされました。この卸供給促進策は「スタートアップ卸」と呼ばれています。

従来から、ガス適取 GL においては、「LNG や小売供給のための原料となるガスを保有する事業者」に対して、可能な範囲で積極的に必要なガスの卸供給を行うことが望ましい(ガス適取 GL 第二部Ⅱ 2 ア(15 頁))とされており、スタートアップ卸の議論は、特に第 1 グループ及び第 2 グループの旧一般ガス事業者に対して、望ましい卸供給の具体的な在り方を明らかにしたといえます。

スタートアップ卸の概要は、表 6 をご参照ください。

卸供給の形態は、利用者の利便性を考慮し、ワンタッチ供給とされています(ワンタッチ供給については、質問 50 をご参照ください)。また、スタートアップ卸の対象ではない、基地出口卸、利用上限量以上の卸、利用対象外の事業者向け卸等についても、ガス適取 GL の記載やスタートアップ卸を踏まえて、積極的に行われることが期待されるところです。

スタートアップ卸については、2020 年 7 月時点で 3 件（第 1 グループ 1 件、第 2 グループ 2 件）が契約締結済みであり、37 件が交渉中とのことです。定期的にフォローアップを行うこととされていますが、この措置により、卸取引の活性化がより一層進むことが期待されます。

表6. スタートアップ卸の概要

①開始時期
2019年7月までに利用受付開始、2020年3月までに卸供給開始
②利用事業者
対象区域においてガス小売事業に新規参入しようとする又は参入した事業者であって、以下の事業者を除くもの。このため、特定の供給区域において、以下に該当するガス小売事業者であっても、以下の要件を満たさない他の供給区域においては、スタートアップ卸の対象となります。 (i) ガス発生設備を保有する事業者並びにその子会社、親会社、兄弟会社、関連会社及びその他の関係会社 (ii) 対象区域(当該供給区域に導管で接続された供給区域を含む。)における、卸供給契約期間前の直近1年間の需要規模が7,000万㎥以上のガス小売事業者並びにその子会社、親会社、兄弟会社、関連会社及びその他の関係会社 (iii) 自主的取組の利用事業者の子会社、親会社、兄弟会社、関連会社及びその他の関係会社
③契約期間
1年間(更新可能・価格見直し条項あり(※)) ※値上げ予告は、値上げの3か月以上前とすること。 値下げ予告は、値下げ前に行い、卸元事業者の小売料金と卸価格の値下げタイミングを一致させること(卸元事業者の小売料金と卸価格が連動する場合)。
④利用事業者毎の利用上限量
第1グループの供給区域:100万㎥/年 第2グループの供給区域:50万㎥ /年

(2) 一括受ガス(需要家代理モデルの活用)

一括受ガスについては、電力の高圧一括受電が認められていること、及び安価なガスの供給や需要家の利用メニューの多様化に資するという理由で認めるべきとの議論があり、ガス事業制度検討WGで改めて、その可否についての議論が行われてきましたが、結論として認められませんでした。

一括受ガスが認められない理由の詳細は、質問49、2をご確認いただければと思いますが、認められなかった最大の理由としては、ニーズの高いマンションやオフィスビルなどにおいて、その近傍に高圧導管が敷設されていないという実態にあるといえます。

すなわち、一括受ガスを認めるとすると、低圧導管による供給を認めることになってしまい、電力でも受電実態がない場合を認めていない中で受ガス実態のない低圧導管による供給を認めることになってしまいます。また、電力において高圧一括受電が認められる場合、本来低圧による供給であったところを高圧による供給にするため、託送料金が安くなり、少なくともこの託送料金が低減する分、電気料金を下げることが可能となります。一方、ガスの場合は、引き続き低圧導管による供給であり、託送料金の低減効果はありません。そのため、一括受ガスを認めることにより、ガス料金が下がる可能性があることとしては、営業を効率的に行うことができることによる販売経費等の圧縮分となりますが、これによるガス料金の低減効果はわずかといえます。このように、高圧導管による供給が現実的に困難である点が、一括受ガスが認められない最大の理由と思われます。

なお、ガス事業制度検討WGにおいては、需要家代理モデルが同様のニーズを満たす可能性のあるものとして挙げられています。需要家代理モデルが一括受ガスのニーズをどこまで満たすものかについては、議論があるところですが、需要家代理モデルに関する議論については、質問32、1及び質問33をご参照ください。

(3) 標準熱量制から熱量バンド制への移行

現在、ガス事業分野では、標準熱量制が採用されています。すなわち、ガスの単位体積あたり熱量の標準値を定め、熱量の変動を制限する仕組みが採用されており、現在、多くの一般ガス導管事業者の標準熱量は、45MJ/㎥とされています。

現在、主なLNG調達事業者が調達するLNGの熱量の幅は、40～46MJ/㎥となっています。仮に、熱量バンド制の移行により変動を許容するバンド幅が40～46MJ/㎥となった場合、増熱や減熱をする熱量調整設備が不要となりますし、熱量が異なることにより一般ガス導管事業者が維持及び運用するガス導管へつなげることができなかったガス製造設備から延伸している導管を接続することができることになり、競争上のメリットも生じるところです。

もっとも、熱量バンド制へ移行する場合、ガス機器へ与える影響等の懸念も指摘されており、ガス事業制度検討WGにおいては、海外において熱量バンド制が採用されている国々においても、運用上は、最大でも±2%程度とされているとの調査結果が報告されています。また、熱量バンド制を採用する場合、熱量で課金をすることになるため、熱量計等の設置コストもかかるといった課題があります。

この点は、現在、ガス事業制度検討WGにおいて議論がされているところですが、熱量バンド制を導入するとしてもどの幅で導入することが可能なのか、その場合、熱量バンド制を採用する意義がどの程度あるのか、といった点が今後の議論のポイントとなると思われます。

(4) LNG基地の第三者利用の促進

ガス事業法上、ガス製造事業者は、正当な理由なくガス受託製造を拒んだときは、経済産業大臣によるガス受託製造の実施命令の対象とすること（ガス第89条第5項）とされています。この対象となるガス受託製造の設備は、ガス事業の用に供する導管と接続されている貯蔵容量20万kl以上のものとされています（ガス省令第5条）。

この点に関しては、制度設計専門会合において、対象となるガス受託製造の設備に関して、製造設備の余力判定、基地利用料金、事前検討申込時に必要な情報等の在り方などについて議論が行われました。この議論を受けて、2019年1月15日にガス適取GLが改定され、余力見通しの開示方法、基地利用料金の在り方、基地利用料金の情報開示の在り方についての規定が追加されています（ガス適取GL第二部Ⅲ2（1）（18～21頁））。

また、ガス事業法の対象とならない基地については、ガス適取GLにおいて、ガスの卸売市場の活性化を図る観点から、第三者からLNG基地利用の申し出を受けた場合、当事者間の相対交渉を通じて適切な条件で応じることが望ましいとされています（ガス適取GLⅢ1（1）③（17頁））。ガス事業制度検討WGにおいて、ガス事業の用に供する導管と接続されている貯蔵容量20万kl未満の基地についてニーズの調査が行われましたが、ニーズが高いとはいえないことから、今後事例が蓄積し、ガス適取GL以上の措置が求められた際には、具体的な措置を講じることとする方向性が示されているところです。

❹その他（二重導管規制に関する変更中止命令の判断基準）

ガス事業法において、経済産業大臣は、特定ガス導管事業者が導管敷設することにより「一般ガス導管事業者の供給区域内のガスの使用者の利益が阻害されるおそれがあると認めるとき」は、変更中止命令を行うことができるとされています（ガス事業法第72条第5項）。

特定ガス導管事業者が敷設する導管は、熱量調整を行わないでガスを供給する場合が多いところ、一般ガス導管事業者の供給区域内において、この熱量調整を行わないガス（以下「未熱調ガス」といいます）を供給するための特定ガス事業者の導管をどのような場合に敷設することができるか、すなわち、どのような場合であれば、「ガスの使用者の利益が阻害されるおそれ」がないといえるかの判断基準が特定ガス導管事業者にとって重要な論点となります。

この点については、ガス小売全面自由化後3年度（2017年4月～2020年3月）については、旧一般ガス事業者からガスの供給を受けている既存需要について、「原則として、小売全面自由化後3年度間で、ネットワーク需要の4.5%」を超えないかが判断基準とされています。これは、「ガスの使用者の利益が阻害されるおそれ」とは、一般ガス導管事業者の託送料金の値上げが実際に行われるおそれがある場合と考えるべきであるところ、ネットワーク需要の伸び(全旧一般ガス事業者の2006～2014年度のネットワーク需要の伸びは1.5%/年)に相当する既存需要が脱落したとしても、理論上は託送料金の値上げが行われることはないことが理由となっていました(※)。

※新規需要については、託送料金の値上げにつながらないため、変更中止命令が発動されることはありません。

2020年4月以降の3年間においても、この基準を維持すべきかがガス事業制度検討WGにおいて議論されました。

結論としては、同様の考え方を基本としつつも、供給区域毎に、ネットワーク需要の伸びが相当程度異なることを踏まえ、各供給区域におけるネットワーク需要の2006～2018年度までの年平均の伸びの3倍とする方向性が示されました。これは、託送料金が供給区域毎に設定されていることとも整合的な考え方といえます。

もっとも、2020年4月前であれば、4.5%の既存需要の獲得が可能であったにもかかわらず、供給区域毎に獲得可能量を算定することにより2020年4月に獲得可能量が0となる供給区域においては、2020年4月以降一切既存需要を獲得できないということになります。この議論の方向性が示されたのが2019年8月であり、2020年4月までに新たに既存需要を獲得することは現実的には困難であることから、特定ガス導管事業者の予見可能性が確保されているとは言い難い状況といえます。そこで、2020 年 4 月からの獲得可能量が 2017 ～ 2019 年度の獲得可能量（4.5%）の残余分未満となる供給区域においては、激変緩和措置として、2020 ～ 2022 年度に限り、その残余分を獲得可能量とすることとされています。

（5）電力・ガス取引監視等委員会の創設について

質問 13

小売全面自由化にあたって、資源エネルギー庁とは別に電力・ガス取引監視等委員会が設立されたと聞いています。どのような役割の組織なのでしょうか。

❶役割

監視等委員会は、電力、ガス及び熱供給の小売自由化に当たり、市場における健全な競争が促されるよう、市場の監視機能を強化するために設置された経済産業大臣直属の規制組織です。電力の小売全面自由化に合わせて、2015 年 9 月に電力取引監視等委員会として設立され、2016 年 4 月にガス事業及び熱供給事業に関する業務が追加され、現在の電力・ガス取引監視等委員会となっています。

委員会の役割としては、「市場の監視」と「必要なルール作りなどに関して経済産業大臣へ意見・建議を行う」という 2 つがあります。「市場の監視」には、大きく分けると、消費者保護の観点から小売事業者を監視することと、既存事業者・新規参入者間の健全な競争の確保を図る観点から市場を監視することの 2 つに分けることができます。「必要なルール作りなどに関して経済産業大臣へ意見･建議を行う」ことについては､小売 GL や適取 GL 等についてのルール作りを行い、経済産業大臣へ建議することなどが典型的な例として挙げることができます。

なお、監視等委員会には、上記のほか、小売全面自由化を背景とした電力・ガス市場に参入する事業者の増加等に伴い、送配電ネットワークや導管の利用に関する紛争や電力・ガスの卸取引における紛争等、電気供給事業者・ガス供給事業者間における電力・ガスの取引に関する契約等の紛争を公正・中立な手続によって処理し、電力の適正な取引の確保を図るため、あっせん及び仲裁の制度も設けられています。

監視等委員会の役割のイメージは図７のとおりです。

図7. 役割イメージ

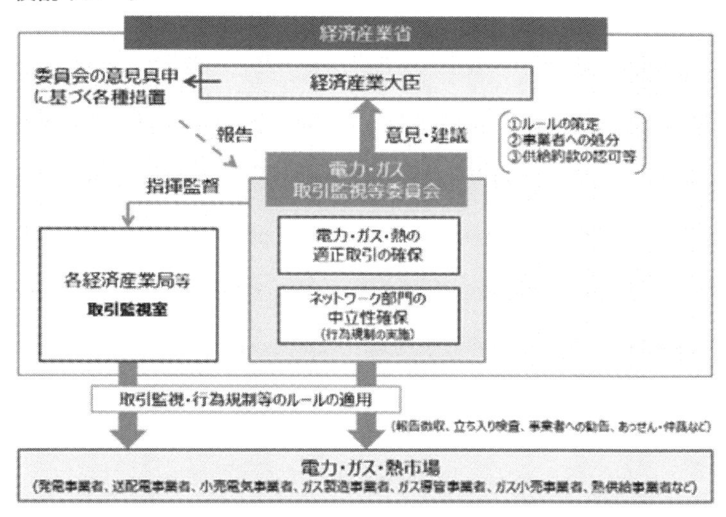

電力・ガス取引監視等委員会ホームページより抜粋

❷資源エネルギー庁との関係

従来、資源エネルギー庁が政策と監視について実施してきたところ、小売全面自由化に伴い、監視の部分を資源エネルギー庁から分離し、より実効的な監視を行うための組織として、監視等委員会が設立されたという経緯があります。そのため、資源エネルギー庁と監視等委員会との関係については、実際は相対的な部分もありますが、大きく分けると、電力・ガス事業政策は資源エネルギー庁が担い、監視及びそれに必要なルール作りは監視等委員会が担うという役割分担となっているといえます。

3

まず、押さえておくべき制度について

質問 14

電気事業法・ガス事業法上の事業類型について、教えてください。

❶電気事業法上の事業類型

電気事業法上、大きく分けて、①発電事業、②送配電事業及び③小売電気事業の３つの事業類型があります。

小売全面自由化前は、部分的に自由化が進められてきたということはあるものの、一般電気事業者を中心に、規模の経済性を前提として、発送電一貫の独占供給を認める一方、料金規制等で独占の弊害を排除するといった垂直一貫型の事業規制が前提となっていました。もっとも、小売全面自由化により、このような前提がなくなったため、①発電事業、②送配電事業及び③小売電気事業といった事業の性質に応じた規制体系に移行されることになりました。

(1) 発電事業について

発電事業は届出制であり、１万ｋW以上の発電設備を維持・運用している場合は、対象となります。発電事業者には、旧一般電気事業者の発電部門も含まれますし、再生可能エネルギー発電事業者も合計で１万 kW 以上の発電設備を維持・運用している場合は、含まれます。

(2) 送配電事業について

送配電事業は、更に（ⅰ）一般送配電事業、（ⅱ）送電事業及び（ⅲ）特定送配電事業の３つの類型に分類されます。

（ⅰ）一般送配電事業について

一般送配電事業は、東京電力パワーグリッド株式会社や関西電力送配電株式会社などの旧一般電気事業者の送配電部門が供給区域における送配電設備についての維持・運用の責任を負う許可制の事業であり、それぞれ供給区域における独占が認められています。一般送配電事業者は供給区域毎に全国で10事業者のみとなります。送配電事業は、引き続き規模の経済性を有していると考えられており、同一の場所に二重に送配電網が張り巡らされると無駄な投資となってしまうため、一般送配電事業者による地域独占を認めつつ、送配電網の利用に対しては、差別的取扱いを禁止する（電気第23条第1項第2号）などの中立性が求められています。なお、より一層の中立性を確保する観点から、2020年4月に、沖縄電力株式会社を除く一般送配電事業者に対して資本関係の維持は認めつつ、発電・小売事業を行う会社と送配電事業を行う会社を別会社することを求める、いわゆる法的分離が実施されました。これは、電力システム改革の第3段階の法律によって措置されています（質問7の表1をご参照ください)。

また、託送料金制度については、これまで総括原価方式を基本としてきましたが、現行制度の下においては、一般送配電事業者のコスト効率化のインセンティブが低いことや、再生可能エネルギー大量導入のための追加投資等、料金認可時には総額を予見することが難しい費用が機動的に回収できていないなど、改善すべき点があるといった課題が指摘されています。そのため、レジリエンス小委員会において、「事業者自らが不断の効率化を行うインセンティブ設計」と「その効率化分を適切に消費者還元させ、国民負担を抑制する仕組み」の両立を図る制度として、総収入に上限を設け、事業者努力による効率化分の一部を事業者の利益とすることを認めることで、コスト削減を促すレベニューキャップを中心とした「インセンティブ規制」を導入すると共に、電力需要の見通しが不透明となるなか、コスト効率化と再生可能エネルギーの導入等を両立させるという課題への対応策として、需要変動や系統増強費用、調整力費用等の外生的な変動要因を機動的に託送料金へ反映させる「期中調整スキーム」を併せて導入する方向性が示され、その後も審議会において議論が重ねられてきました。

期中調整スキームが導入された場合、従来と比較して託送料金の変動が高い頻度で発生することが予想されます。この場合、小売電気事業者としては、託送料金の変更に合わせて需要家への小売料金も機動的に変更するといった対応が考えられるところです[※]。

※小売の経過措置料金においても、機動的に託送料金の変動を反映させるための仕組みについて、今後詳細を検討するとされており、この措置内容を参考にして対応方法を検討することが合理的と思われます。

この託送料金制度改革については、2020 年 6 月 5 日に成立した「強靭かつ、持続可能な電気供給体制の確立を図るための電気事業法等の一部を改正する法律」（以下「強靭化法」といいます）において措置されています。公示の日から 3 年 6 月以内に施行されることになっています。

（ⅱ）送電事業について

送電事業は、旧卸電気事業者の送電部門、すなわち電源開発株式会社の送電部門が対象となる許可制の事業となります。北海道電力株式会社と東北電力株式会社の間をつなぐ北本連系線（60 万 kW 分）などの地域間連系線が代表的ですが、同一又は異なる一般送配電事業者が維持・運用する送電網をつなぐ役割を果たす送変電設備を維持・運用して、電力を橋渡し（振替供給）する事業をいいます。送電事業者が維持・運用する送変電設備は、旧一般電気事業者が維持・運用する送電、変電及び配電設備と同様の役割を果たすことから、送電網の利用に対しては、差別的取扱いが禁止される（電気第 27 条の 11 の 4 第 1 項第 2 号）など中立性が求められております。

また、最近では、北海道北部の風力適地に送電網を敷設するために送電事業が活用されています。通常の送電事業であれば、送電事業者は橋渡しをする一般送配電事業者から振替供給の対価として料金（振替供給料金）の支払いを受けることで、送電網の投資・維持管理費用を賄うことになります。一方、風力のための送電線の敷設は、特定の風力発電事業者が直接的な利益を受けることから、送電網の投資・維持管理費用をその地域で風力発電事業を行う者から料金の支払いを受けることで賄うことが前提となっている点に特徴があります（風況の良い地域は、固定価格買取制度で設定される調達価格の前提となる設備利用率よりもよくなるため、その上回り分を送電網の投資・維持管理費用に充当するというイメージです）。なお、送電事業についても一般送配電事業と同様に、より一層の中立性を確保する観点から、2020 年 4 月に発電・小売事業を行う会社と送電事業を行う会社を別会社とすることを求める法的分離が実施されました。

（iii）特定送配電事業

特定送配電事業は、マイクログリッド、コミュニティグリッドなどを想定した届け出制の事業類型となります。小売全面自由化前は、ミニ一般電気事業者などと呼ばれていた六本木ヒルズ一体に電力を供給する六本木エネルギーサービス株式会社などの特定の区域で発電、送配電、小売事業を一体として行っていた旧特定電気事業者の送配電部門がこれに該当します。なお、特定送配電事業者が、その供給する地点で小売供給を行う場合は、登録特定送配電事業者として小売電気事業の登録と同様の登録が必要となり、小売電気事業者と同様の各種義務が課されることとなります。

（3）小売電気事業について

小売電気事業は、後述するとおり、原則として最終需要家へ電力を供給する場合に必要となる事業類型であり、登録制となります。これは、旧一般電気事業者の小売部門やいわゆる新電力・PPSなどと呼ばれていた旧特定規模電気事業者の小売部門がこれに該当します。小売電気事業の詳細は、本書で別途詳しく解説します。

なお、全面自由化前と全面自由化後のライセンス制のイメージについては、図８をご参照ください。

図8. 全面自由化前と全面自由化後のライセンス制のイメージ

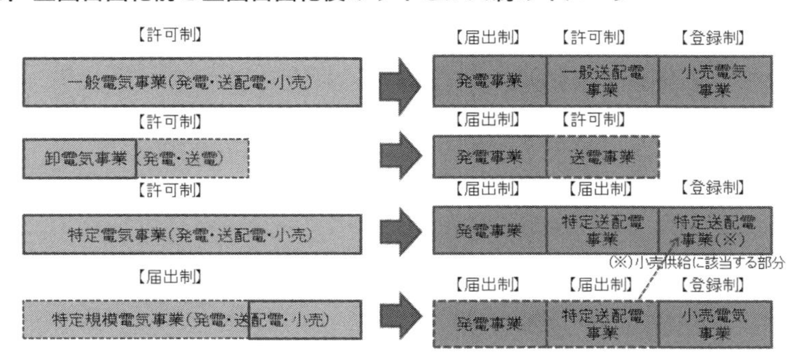

（4）新たな事業類型（配電事業・アグリゲーター）について

多数の分散型リソース（太陽光、燃料電池、DR）が普及するなか、配電分野におけるニーズやビジネスが多様化していくことが予想され、それに対応した新たな事業類型の必要性も議論されています。

具体的には、特定の区域において、コスト効率化や地域のレジリエンスを向上させる新たな事業者の参画を促す観点から、配電系統を維持及び運用し、託送供給及び電力量調整供給を行う事業者を、配電事業者とする新たな事業類型が設けられる予定となっています。特定送配電事業は、①基本的に事業者自身による自営線敷設を前提とし、②需要家毎の供給地点を届け出る仕組みであるのに対し、配電事業は①一般送配電事業者から配電系統等を譲渡又は貸与されることを基本的な前提とし、②面的な広がりを持った供給を行う事業を想定している点で異なるとされています。このように配電事業は、一般送配電事業者の供給区域を一部切り出すことを想定しているため、許可制が取られていますが、許可の審査においては、社会コストの増大を防ぐ観点から、収益性が高い配電エリアが切り出されることで他のエリアの収支が悪化することが生じないことも確認することとされています。また、配電事業者はその業務においては中立性が求められることから、原則として法的分離後の一般送配電事業者と同様の兼業規制や差別的取扱いの禁止、兼職規制等といった行為規制が設けられることが予定されています。なお、社会的コストの増加を抑制する観点から、配電事業者の供給区域においても、最終保障供給義務や離島供給義務は引き続き、一般送配電事業者が負うこととされています。

配電事業者の創設により、新規参入者がAI・IoT等の技術を活用して、系統運用や設備管理を行うことにより、配電網を流れる想定潮流の合理化や、課金体系の工夫等を通じた、設備のサイズダウンやメンテナンスコストの削減が期待され、また、配電事業者が調整可能な分散リソースを確保している場合には、災害時等に独立して緊急対応的な供給が行われることも期待されるところです。

また、DR等の多数の分散型リソースを集約・調整して、小売電気事業者、一般送配電事業者、特定送配電事業者及び配電事業者に対して電力の卸供給を行う事業者、いわゆるアグリゲーターを特定卸供給事業者として電気事業法上位置づけることが予定されています。特定卸供給事業者については、卸供給を行うことに着目して発電事業者と同様に経済産業大臣への届出制とすることが予定されています。また、家庭用のエネルギーリソースを活用する場合はサイバーセキュリティの確保が必要と考えられるところ、特に対策が必要と考えられるサイバーセキュリティについての対策が不十分な場合等電気の使用者の利益保護又は一般送配電事業者又は配電事業者の電気の供給に支障を及ぼす恐れがあるときは、届出から30日以内に限り、届出内容の変更中止命令を出すことができるとされています。

これまでも、DR等の多数の分散型リソースを集約・調整して、小売電気事業者等に対して電力の卸供給を行うこと自体は認められていたものの、このような卸供給を行う事業者を電気事業法上の電気事業者とは位置づけていませんでした。今後、DRをはじめとする分散型リソースの活用を促す観点からも、電気事業者としての位置づけを明確に与えることについては、意義があると思われます。

上記の新たな事業類型については、2020年6月5日に成立した強靭化法において定められており、2022年4月1日に施行予定となっています。

❷ガス事業法上の事業類型

ガス事業法上、大きく分けて、①ガス製造事業、②ガス導管事業及び③ガス小売事業の3つの事業類型があります。

ガス事業も同様に、小売全面自由化により、地域独占を認める前提がなくなったため、①ガス製造事業、②ガス導管事業及び③ガス小売事業といった事業の性質に応じた規制体系に移行されています。

(1) ガス製造事業について

ガス製造事業は届出制であり、輸入してきたLNGを自らが維持・運用するLNGの貯蔵設備（以下「LNGタンク」といいます）とガス発生設備等（以下総称して「LNG基地」といいます）を用いて、受入れ、貯蔵、気化、熱量調整、付臭等を行い、ガスを製造する事業をいいます。ガス製造事業に該当するためには、ガス事業用の導管と繋がっていることと、LNGタンクの規模が20万kl以上であることが要件とされています（ガス第2条第9項、同省令第5条)。そのため、仮にLNGタンクの容量が20万klであったとしても、発電事業のために用いることを想定し、ガス事業用の導管と繋がっていない場合は、LNG基地を維持・運用していたとしても、ガス製造事業には該当しないこととなります。ガス製造事業は、旧一般ガス事業者のガス製造部門や旧一般電気事業者などの旧特定ガス事業者のガス製造部門が対象となりますが、ガス製造部門については、全面自由化前は法律上の事業規制が設けられていませんでした。法律上の事業規制が設けられた最大の理由としては、LNG 基地の第三者利用の促進が挙げられます。すなわち、LNG 基地の建設には多額の費用が必要となります。ガスの卸売市場への参入促進や既存の製造設備の効率的な活用を図ることは卸売市場の活性化とそれによる小売市場の競争促進に繋がります。そのため、従来はガス適取 GL において望ましい行為として定められていた基地の第三者利用について、法律上の事業規制を設け、正当な理由なくガス受託製造を拒んだときは、経済産業大臣によるガス受託製造の実施命令の対象とすること（ガス第 89 条第 5 項）とされているのです。

なお、これまで、第三者利用の実績はありませんが、今後は第三者にとって利用可能な仕組みづくりも重要であり、監視等委員会においても議論が進められているところです。

(2)　ガス導管事業について

ガス導管事業については、更に（ⅰ）一般ガス導管事業及び（ⅱ）特定ガス導管事業の 2 つの類型に分類されます。

（ⅰ）一般ガス導管事業について

一般ガス導管事業は、東京ガス株式会社や大阪ガス株式会社などの旧一般ガス事業者の導管部門が供給区域において高圧から低圧ガス導管まで面的に整備した導管についての維持・運用の責任を負う許可制の事業であり、それぞれ供給区域における独占が認められています。一般ガス導管事業者は、2020 年 1 月時点では、供給区域毎に全国で 196 事業者にのぼります。ガス導管事業は、引き続き規模の経済性を有していると考えられており、同一の場所に二重に導管網が張り巡らされると無駄な投資となります。そのため、一般ガス導管事業者の独占を認めつつ、ガス導管網の利用に対しては、差別的取扱いが禁止される（ガス第 54 条第 1 項第 2 号）など中立性が求められています。

なお、より一層の中立性を確保する観点から、導管総延長の長い旧一般ガス事業者を対象に、2022 年 4 月に、資本関係の維持は認めつつ、製造・小売事業を行う会社と一般ガス導管事業を行う会社を別会社することを求める、いわゆる法的分離を実施することが予定されています。現時点では東京ガス株式会社、大阪ガス株式会社、及び東邦ガス株式会社の 3 社が対象となることが見込まれています。3社に限定されているのは、導管事業はその大半を経営基盤の弱い中小規模の事業者が占めることから、法的分離を実施することによる不利益が利益を上回る場合が多いことが考慮されたためです。これは、電力システム改革の第3段階の法律によって措置されています（質問11の表5をご参照ください）。

（ii）特定ガス導管事業について

特定ガス導管事業は、旧ガス導管事業者の導管部門、すなわち国際石油開発帝石株式会社、関西電力株式会社などの導管部門が対象となる届出制の事業となります。ガスシステム改革小委員会においては、ガス小売全面自由化により一般ガス事業者が行う導管事業とガス導管事業者が行う導管事業を区別する必要がなくなり、新たなガス導管事業者としてまとめることが可能ではないか、といった議論も行われたところですが、最終的には、実態を踏まえ、一般ガス導管事業とは異なる届出制の特定ガス導管事業と位置づけられました。

一般ガス導管事業との違いは、維持・運用する導管の太さであり、特定ガス導管事業は、特定導管、すなわち、中圧以上の導管を維持・運用して、ガスを託送する事業をいいます。実態としては、一般送配電事業を繋ぐ役割を担う送電事業者とは異なり、特定の大口需要家に対してガスを供給することを目的として敷設される場合も多いことから、一般ガス導管導管事業者との二重導管規制が実務的な論点となります。この点の議論については、質問12、4をご参照ください。

なお、特定ガス導管事業者に対しても、導管網の利用に対しては、差別的取扱いが禁止される（ガス第80条第1項第2号）など中立性が求められる点は、一般ガス導管事業者と同様となります。

(3) ガス小売事業について

ガス小売事業は、後述するとおり、原則として最終需要家へガスを供給する事業をいい、登録制となります。これは、旧一般ガス事業者の小売部門や旧特定ガス事業者や旧大口ガス事業者の小売部門がこれに該当します。

また、旧簡易ガス事業者(※)についても、ガス小売事業者に位置づけられています。

ガス小売事業の詳細は、本書で別途詳しく解説します。全面自由化前と全面自由化後のライセンス制のイメージについては、図9をご参照ください。なお、小売電気事業者との一つの大きな違いとしては、ガス小売事業者の場合、以下のようなガス工作物をガス小売事業のために維持・運用する場合があり得る点が挙げられます（保安規制については、質問89をご参照ください）。

① 一定規模以下のガス工作物（例：サテライト基地や小規模導管）
② 旧簡易ガス事業のガス工作物

図9. 全面自由化前と全面自由化後のライセンス制のイメージ

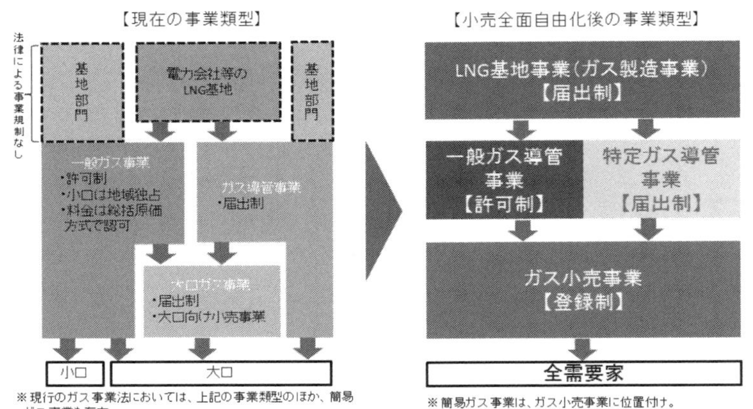

平成27年3月経済産業省作成「電気事業法等の一部を改正する等の法律案について（参考資料集）」17頁を基に当職が作成。

※旧簡易ガス事業者について
ガス小売全面自由化前における簡易ガス事業は、簡易なガス発生設備（特定ガス発生設備）からLPガスを導管により供給する事業のうち、供給の相手方が70戸以上であるものをいいます。これは、昭和45年のガス事業法の改正により設けられた事業類型ですが、当時は大都市への人口集中が著しかったため、大都市及びその周辺の土地の価格が高騰しており、その地域から一足飛びの遠隔地に住宅の集団等が形成され、その後残された中間地帯が市街地化されるといった都市の発展形態が多くみられたところでした。このような都市化の現象に伴い、直ちに都市ガスの導管網を延伸して都市ガスを供給することが困難な遠隔地における住宅の集団等においては、新たなガス供給事業として、特定の箇所に複数のLP等のガスボンベを配置し、簡易な発生方式によりガスを発生させ、これを導管により住宅の集団等に供給する事業が増えてきたことから、簡易ガス事業といった類型が設けられたものです。

旧簡易ガス事業は、ガスの発生源は、LPのガスボンベですが、導管によりガスを供給するという点で旧一般ガス事業と類似の性格を有するため、旧一般ガス事業と同様に許可制とされ、旧一般ガス事業に対する規制よりも緩やかなものの、供給義務を課し、認可を受けた料金その他の供給条件以外での供給が原則認められていませんでした。

ガスシステム改革においては、旧簡易ガス事業については、70戸未満はガス事業法の適用がなく、液石法に基づく保安規制が適用されることから、液石法へ移行することも検討されましたが、最終的には、ガス小売事業者として位置づけ、競争が進んでいない地点においては、経過措置料金規制（ガス）を残すこととなりました。

図10. 旧簡易ガス事業のイメージ

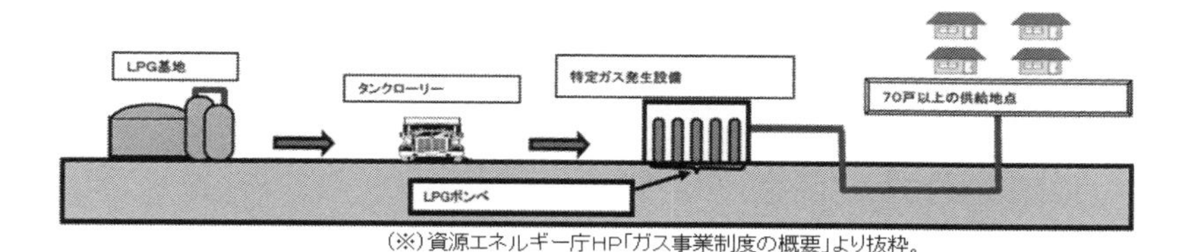

（※）資源エネルギー庁HP「ガス事業制度の概要」より抜粋。

質問 15

小売全面自由化に併せて、電力・ガスそれぞれの同時同量制度は、どのように変わったのか、概要について教えてください。

❶電力の同時同量制度

（1）実同時同量制度

電力小売全面自由化前は、新電力は、実際の需要量と実際の供給量を30分単位で一致させることが求められていました。それを実同時同量制度といいます。また、その不一致（以下「実インバランス」といいます）の量が30分単位のコマにおいて3%を超えると、超えた分について、ペナルティーが課されていました。具体的には、3%を超えて不足の実インバランスが生じた場合は、旧一般電気事業者に対して3%以内の実インバランス料金と比較して3倍の実インバランス料金の支払が必要となり、3%を超えて余剰の実インバランスが生じた場合は、その余剰分は無償で旧一般電気事業者に引き取られることとなっていました。

これは、電気は基本的には貯められないことから、新電力に対しても旧一般電気事業者が供給区域全体で行っている同時同量を厳格に求めるという発想から来ているものであり、それ自体は一つの合理的な考え方ではあるものの、需要の小さい新電力にとっては実インバランスが発生しやすく、かつペナルティー性のある制度であったこともあり、不公平ではないかといった点も指摘されていたところでした。

(2) 計画値同時同量制度への移行

電力の小売全面自由化後は、計画値同時同量制度に変更されました。計画値同時同量制度とは、発電側において、発電計画と発電実績を一致させ、小売側において需要計画と需要実績を一致させるという制度をいいます。

計画値同時同量制度の導入により、同時同量を図る対象が変化したことに加えて、以下の３つの変更が生じました。

① 新電力とのイコールフィッティングを図るため、旧一般電気事業者の発電部門及び小売部門も計画提出義務の主体となったこと。

② 発電側も託送の当事者になり、発電契約者(※)が発電・販売計画の提出義務を負い、発電計画と発電実績に差異が生じた場合には、発電契約者と一般送配電事業者との間でインバランス精算が実施されること。

③ 電源と需要の紐付きが解消されたこと。

※一般送配電事業者と発電量調整供給契約を締結する者をいいますが、必ずしも発電事業者であることは求められていません。

このうち、③について少し解説をすると、実同時同量制度の下では、発電実績を特定する必要があるため、小売電気事業者は調達元の電源を特定する必要がありましたが、計画値同時同量制度の下では、発電契約者と需要との紐付けがあれば足り、個別の電源の特定は不要となります。その結果、託送制度上は、発電契約者による電源の差し替えは自由となっており、例えば、供給する予定の電源の限界費用よりもスポット市場の価格が安いことが見込まれれば、自社電源を稼働させずにスポット市場から調達して供給することもできます。現状は、相対の卸供給契約において供給する電源を特定している場合が多く、なかなか見直しが進んでいません。もっとも、燃料制約等により一定量の稼働が必要な電源でない限り、電源の差し替えにより供給する原価が安くなることによるメリットを発電側・小売側で適切にシェアすれば、両者にとって、Win-Win の関係を築くことができ、ひいては需要家へ供給する電気料金の低減に繋がります。このため、電源の差し替えが認められていることを上手く活用することが、発電事業者・小売電気事業者双方にとってメリットのあることといえます。

(3) インバランス料金制度

計画値同時同量制度の下では、発電計画と発電実績の不一致と需要計画と需要実績の不一致をインバランスといいますが、実同時同量制度の実インバランスとは異なり、ペナルティー性を持たせた設計ではなく、現在は市場（スポット市場等）価格連動をベースとした設計となっています。但し、小売全面自由化の当初は、インバランス料金単価が予測しやすかったため、インバランス料金単価が調達する電力の単価より安いことが見込まれる場合は、意図的に不足のインバランスを出すといった事業者がおり、実際に広域機関から指導を受けた事業者もいました。現在は、数次の変更を経てインバランス料金単価の予測がしにくい設計がされています。また、インバランスの調整を担う一般送配電事業者において、インバランス収支（インバランス料金収入－調整力コスト）に不均衡が生じているといった課題も指摘され、2022年度（※1）以降のインバランス料金単価については、インバランスが発生した時間における電気の価値を反映するため、調整力の限界的なkWh価格をベースとし、卸市場価格との関係が逆転する場合は一定の補正（※2）を行う方向性が示されているところです。

※1　もともとは、2021年度から、需給調整市場が開設されたことに合わせて導入する方向で議論がされていましたが、システム構築の問題等により2022年度からとなっています。
※2　系統全体が不足のときの不足インバランス料金単価については、調整力の限界的なkWh価格よりもスポット市場などの価格が高い場合は、その価格とし、系統余剰のときの余剰インバランス料金単価については、調整力の限界的なkWh価格よりもスポット市場などの価格が低い場合はその価格とする方向性が示されています。

なお、需給ひっ迫時のインバランス料金についても、広域的な予備力が3%を下回った場合のインバランス料金単価を原則600円／kWhとし、2022、2023年度は暫定的に200円／kWhとする方向性が示されており、小売電気事業者にとっては、需給ひっ迫時のインバランス料金は、事業上大きなリスクとなります。加えて、災害時のインバランス料金のうち、電力使用制限及び計画停電が実施されている場合のインバランス料金については、定数により補正することとされており、システム開発が不要であることを理由として、2020年7月から導入されました。これにより、電力使用制限の際のインバランス料金単価は、100円／kWh、計画停電の際のインバランス料金単価は、200円／kWhとなります。

小売電気事業者（特に電源保有割合が少ない新電力）としては、このようなインバランスリスクをヘッジする方策（保険や先物取引等）を早期に検討することが事業運営上極めて重要となっています。場合によっては、電源保有の偏在化を踏まえた制度設計も検討が必要となるように思われます。

❷ガスの同時同量制度

ガスと電力の財としての大きな違いは、ガスは貯めることができる、という点が挙げられます。ガス小売全面自由化前は、旧一般ガス事業者の小売部門は、導管の貯蔵機能を利用して自らの需要を含めてネットワーク全体の安定供給を実現している一方、新規参入者は、原則として、ガスの注入量と払出量（需要量）の乖離率を1時間あたり10%以内とすることが求められていたため、導管の貯蔵機能を活用できないといった課題が指摘されていました。また、年間ガスの供給量が100万㎥以上となる場合は、通信設備を設置するという負担が生じることも課題として挙げられていました。

そこで、ガス小売全面自由化に合わせて、ガス小売事業者間の公平性を確保する観点から、ロードカーブ託送方式が導入されています。これは、各ガス小売事業者が払出計画（需要計画）を一般ガス導管事業者へ提出し、それを踏まえて一般ガス導管事業者が導管の貯蔵機能等を勘案して、導管網全体のあるべき注入計画を策定し、各ガス小売事業者に対して需要量に応じて案分した翌日の注入計画を提示し、託送利用者がこの計画に従って注入する方式をいいます。

質問16

スイッチング支援システムについて、教えてください。

❶電力のスイッチング支援システム

（1） 概要

電力小売全面自由化の下では、競争の活性化の観点から、電力の供給先を円滑に切り替えることができることが極めて重要となります。その観点から、広域機関に設けられたのが、スイッチング支援システムとなります。

スイッチング支援システムを利用するためには、同システムとの連携をすることが必要となり、システム利用規約を遵守することが求められます（送配電等業務指針第249条）。

スイッチング支援システムにおいては、円滑な切り替えを進めることが特に重要な低圧需要家、契約電力が500kW未満の高圧需要家（以下「対象高圧需要家」といいます）、低圧FIT電源（※1）の発電設備設置者、そして、低圧卒FIT電源の発電設備設置者を対象にして、主に以下の事項を行うことができます（送配電等業務指針第247条）。

① 供給地点特定番号検索（対象高圧需要家に係るものを除きます）

② 供給地点設備情報照会（対象高圧需要家に係るものを除きます）

③ 使用量情報照会（低圧FIT電源及び低圧卒FIT電源に係るものを除きますが、契約電力が500kW以上の需要家に関するものは含みます）

④ 託送等異動（※2）（対象高圧需要家の再点及びアンペア変更、低圧FIT電源の再点、低圧FIT電源の託送供給契約の切替え、低圧FIT電源のアンペア変更、低圧卒FIT電源のアンペア変更及び需要抑制量調整供給契約に係るものを除きます）

⑤ スイッチング廃止取次（低圧FIT電源に係るものを除きます）

⑥ 小売電気事業者情報照会

※1　FIT制度の対象となっている、低圧の再生可能エネルギー電源をいいます。
※2　①託送供給契約の切替え、②需要家又は発電設備設置者の引っ越し等に伴う電気の使用の開始又は発電の開始（以下「再点」といいます）、③需要家又は発電設備設置者の引っ越し等に伴う電気の使用又は発電の停止、④契約電流の変更（以下「アンペア変更」といいます）並びに⑤需要家及び発電設備設置者の情報の変更をいいます。

(2) スイッチング廃止取次について

スイッチング支援システムの中でも直接電力の供給先の切り替えを対象とするのが、スイッチング廃止取次となります。このポイントは、電力の切り替えをしたいと思った場合に、需要家が供給を受けている小売電気事業者に直接解約を申し出る必要がない仕組みとなっている点にあります。

すなわち、新たな小売電気事業者（以下「新小売電気事業者」といいます）と小売供給契約（電力）を締結するためには、現に供給を受けている小売電気事業者（以下「現小売電気事業者」といいます）との間の小売供給契約（電力）を解約することが必要となります。この解約の申し出を需要家から委任を受けた新小売電気事業者が需要家に代わってシステムを通じて行う仕組みがスイッチング廃止取次となります。

この場合、まず、新小売電気事業者は、本人確認に必要な情報として、以下の事項をシステムに登録します（送配電等業務指針第 260 条第 2 項）。

① 現小売供給契約（電力）に係る契約番号
② 現小売供給契約（電力）に係る契約名義
③ 需要家の住所

現小売電気事業者は、平日の営業時間内において、1 時間に 1 回以上、システムトラブルがない限りは、新小売電気事業者からのスイッチング廃止取次の申込みの有無を確認することとされています（送配電等業務指針第 260 条第 3 項）。そして、上記①～③の本人確認情報が一致することが確認できた場合は、特別の事情がない限りは、速やかにスイッチング廃止取次を可とする旨の回答をすることが求められています（送配電等業務指針第 260 条第 4 項）。

これにより、円滑なスイッチングが可能となるのです。

なお、新小売電気事業者は、需要家から委任を受ける場合、以下の各事項を説明することが求められている点には、留意が必要となります（送配電等業務指針第 261 条）。

(a) 新小売電気事業者が需要家の委任を受けた場合には、需要家に代わって、現小売電気事業者に対し現在契約している小売供給契約（電力）の解約申出を行うこと。

(b) 現小売電気事業者がこの解約申出を可とした場合、現在契約している小売供給契約（電力）が解約されること。

(c) 現在契約している小売供給契約（電力）を解約した場合、違約金等の不利益が発生する可能性があること。

(d) 需要家の都合により供給先の切り替えを取り止めることとなった場合、需要家は切り替え希望日より前に、新小売電気事業者に対しその旨を申し出る必要があること。

また、新小売電気事業者は、少なくとも 3 ヵ月間、申込に関する書類やデータを適切に保管することが求められています（送配電等業務指針第 260 条第 6 項）。

❷ガスのスイッチング支援システム

(1) 大手3社におけるシステム構築

ガスの場合、広域機関のような組織はないため、一般ガス導管事業者のうち当面多くの切り替えが見込まれる大手3社(東京ガス株式会社、大阪ガス株式会社及び東邦ガス株式会社)が個別に、低圧の需要家に関して、広域機関と類似のシステムを設けています。

ガスの場合、質問89、1のとおり、消費機器に関する緊急保安については、一般ガス導管事業者の業務とされていますが、その対応のために有益な情報として、一般ガス導管事業者がガス小売事業者から提供された保安に関する情報[※]についても、確認することが可能な情報となっています。

※法定調査対象機器に関する情報等(メーカー・型式・製造年月日、直近の法定調査実施日・調査結果等)

(2) スイッチング業務フローの標準化

質問6のとおり、一般ガス導管事業者は2020年1月時点で196社と多数にわたり、スイッチングフローが事業者毎に異なることが、複数エリアへの新規参入を阻害する一因になっているといった指摘がされていたところです。

これを受けて、監視等委員会から、2019年3月に、「ガススイッチング業務等に関する標準的な手続きマニュアル」が公表されました。このマニュアルは、制度設計専門会合やガス小売事業者、一般ガス導管事業者等関係事業者で議論し、合意された実務の標準的な手続きを明確化したものとなります。今後は、このマニュアルを踏まえた円滑なガスの供給先の切り替えの手続きが進められることが期待されます。

4

これから小売電気事業・ガス小売事業登録をしようという場合は

(1) 登録申請について

質問 17

これから、電力・ガスの小売事業に参入したいと考えていますが、そもそもどのような場合に、小売事業登録が必要になりますか。

❶小売事業の登録が必要な場合

電気事業法・ガス事業法においては、小売供給を事業として行う者に、小売事業の登録が必要とされています（電気第2条第1項第2号、ガス第2条第2項）。この小売供給とは、一般の需要に応じ電力・ガスを供給することとされています（電気第2条第1項第1号、ガス第2条第1項）。「一般」とは、不特定多数をいいますが、供給先が1社であっても、潜在的に供給し得る場合は「一般」といえます。そして、「需要」とは、最終的な電力・ガスの使用者をいうと伝統的に考えられています（電気事業法の解説（定義）第2条【条文解釈】一(2)(35､36頁)、ガス事業法の解説(定義)第2条【解説】二(6頁))。また、「事業」とは、一定の目的をもって行われる同種の反復継続行為をいいますが､営利目的の有無は問わないとされています（電気事業法の解説（定義）第2条【条文解釈】一（5）(37頁)､ガス事業法の解説（定義）第2条【解説】二（7頁))。

以上のことから､「最終的な電力･ガスの使用者（最終需要家）に対する電力･ガスの供給」（小売供給）を反復・継続して行う場合に、原則として、小売事業の登録が必要となります。

❷例外的に不要な場合（高圧一括受電（電力）、一定の特別な関係）

もっとも、電力においては、高圧一括受電業者などは、受電設備の所有又は維持・管理という電力の物理的な受電実態を有していることから、その高圧一括受電業者に対し電力を供給する場合は、最終需要家に対する電力・ガスの供給ではなくとも、「小売供給」に該当するとされています。なお、高圧一括受電業者が最終需要家に電力を供給する場合が「小売供給」に該当しないことについては、質問49、1をご参照ください。

また、例えば、親会社が子会社のオフィスビルにおける小売供給契約の名義人となっている場合や親が子の居住するマンションの小売供給契約の名義人となっている場合で電気・ガス料金を名義人が負担しているような場合などにおいては、理屈のうえでは、最終需要家は子会社又は子であって、親会社から子会社へ又は親から子へ電力・ガスの供給が行われていると整理されます。もっとも、このような場合においても親会社又は親に小売事業登録が必要であって、小売供給契約を子会社又は子が締結しなければならないとすると、常識に反することは明らかです。そのため、そのような場合は、子会社又は子と親会社又は親との間に「一定の特別な関係」があるとして、親会社から子会社又は親から子への供給については、例外的に小売事業登録は不要とされ、その親会社又は親は、需要家の名義人となることが認められています。

どのような場合に「一定の特別な関係」があるといえるかについて電力小売GLにおいては、両者の関係性や電気料金の実質的な負担者等から総合的に社会通念に基づき判断する、とされていますが、少なくとも以下の場合は、「一定の特別な関係」にはないとされている点には、留意が必要です（電力小売GL2（1）ウ（30頁））。

① 自己の会員であることを理由として、それ以上の関係の無い者の自宅の契約者となる場合

② 取引先であることを理由として、それ以上の関係の無い者の事業所の契約者となる場合

なお、ガス小売GLにおいては、上記「一定の特別な関係」についての議論はありませんが、基本的には同様に考えられると思われます。

そのほか、小売事業者の媒介等業者について、小売事業登録が不要であることについては、質問31をご参照ください。

質問 18

小売事業の登録はどのような場合に認められますか。

電気事業法・ガス事業法においては、以下のいずれかに該当する場合、経済産業大臣は小売事業の登録を拒否しなければならないとされています（電気第2条の5第1項、ガス第6条第1項）。そのため、以下のいずれかに該当しない場合に、登録が認められることとなります。

① 登録申請者が過去に登録を申請する対象となる事業法に基づき罰金以上の刑に処せられ、過去2年以内にその執行を終わり、又はその執行を受けることがなくなった日が属する場合

② 登録申請者が過去2年以内に小売事業者の登録を取り消されている場合

③ 登録申請者が法人であって、その役員のうちに①②のいずれかに該当する者がいる場合

④ 登録申請者が供給能力を確保できる見込みがないと認められる者その他の電気・ガスの使用者の利益の保護のために適切でないと認められる者である場合

⑤ 申請書又はその添付書類に重要な事項についての虚偽記載や重要な事実の記載が欠けている場合

また、経済産業大臣が登録を拒否する場合、その理由を記載した文書が申請者に示されます（電気第2条の5第2項、ガス第6条第2項）。

なお、小売事業登録に関する必要書類や記載例等の詳細については、それぞれ以下の資源エネルギー庁のホームページをご確認ください。

小売電気事業の登録
http://www.enecho.meti.go.jp/category/electricity_and_gas/electric/summary/entry/
ガス小売事業の登録
http://www.enecho.meti.go.jp/category/electricity_and_gas/gas/liberalization/entry/

質問19

小売事業の登録申請書の提出先について教えてください。

登録申請書の提出先は、電力の場合、資源エネルギー庁電力・ガス事業部政策課電力産業・市場室となります。

次に、ガスの場合は、以下のいずれかに該当する場合は、資源エネルギー庁電力・ガス事業部ガス市場整備室となりますが、それ以外の場合は、ガス小売事業に係る業務を行う区域の存在する経済産業局の担当課室となります。

① ガス小売事業に係る業務を行う区域内におけるガスメーターの取付数が100万戸を超える場合

② ガス小売事業に係る業務を行う区域が2以上の経済産業局の管轄区域内にある場合

①は、東京ガス株式会社、東邦ガス株式会社、大阪ガス株式会社、西部ガス株式会社の供給区域内でガス小売事業に係る業務を行う場合が該当します（平成30年3月31日時点)。

②は、東京と大阪で小売供給を行おうとする場合や、小売供給は大阪だけで行うが、苦情処理等のコールセンターは東京に設置している場合などが該当するとされています。

詳細は、質問18に記載している資源エネルギー庁のホームページをご確認ください。

質問20

小売事業の登録申請の審査期間はどの程度かかりますか。また、小売事業登録申請に先立って行うべきことがあれば教えてください。

❶標準処理期間

小売事業登録の申請に関する標準処理期間は、行政手続法第6条に基づき定められており、電力・ガスいずれも標準処理期間は1カ月とされています。もっとも、この標準処理期間は標準的な審査期間、すなわち審査に必要な申請書が経済産業省又は各地方経済産業局に到達してから審査が完了して処分が出されるまでにかかる標準的な期間を意味します。そのため、例えば、申請書類に不備がある場合、標準処理期間は進行せず、必要な申請書類が整った時点から進行することになります。また、標準処理期間はあくまでも「目安」であって、登録申請が集中したような場合は、それ以上の期間を要することもあります。従って、小売事業登録の申請は、ある程度(少なくとも3カ月程度)の余裕をもって行う必要がある点には注意が必要です。

❷小売事業登録に先立って行うべきこと（電力）

電力に関しては、電気事業法上、小売事業者を含めたすべての電気事業者が広域機関に加入することが義務付けられます（電気第28条の11第1項）。そして、電気事業法上、電気事業者ではない者は、小売電気事業登録に先立って、広域機関へ加入手続きをとることが義務付けられています（電気第28条の11第2項）。詳細は、広域機関のホームページ（http://www.occto.or.jp/kaiin/H28kouri.html）をご確認いただければと思いますが、小売電気事業登録申請書に広域機関から電子メールで送られてくる受付印のある加入申込書を添付することが必要となります（電気省令第3条の5第3項第7号）。

なお、ガスに関しては、導管の相互接続が多くないこともあり、広域機関のような組織はないため、このような手続きは必要とされていません。

質問21

小売事業登録が認められるためには、必要な供給能力を確保していることが必要とのことですが、自前で発電所やガス発生設備を有していなくとも登録は認められるのでしょうか。その他、供給能力の確保の観点から留意すべき事項があれば教えてください。

質問18のとおり、「供給能力を確保できる見込みがないと認められる」場合は、小売事業登録の申請が認められません。

そして、供給能力の確保については、①当面見込まれる需要家の電気・ガスの需要の最大値を適切に見込んでいるか、②その最大需要に応じることが可能な供給能力を有しているかといった観点から判断されます（電気登録審査基準第1（1）①、ガス登録審査基準第1（1）①)。

自前で発電所やガス発生設備を有していない場合、②の要件との関係が問題となりますが、自前で発電所やガス発生設備を有していないことのみで直ちに「供給能力を確保できる見込みがない」と判断されるわけではありません。登録申請書において、需要に対する供給能力がきちんと確保されていることが確認されれば、発電所やガス発生設備を保有していなくとも登録は認められています。

この場合に需要に対する供給能力がきちんと確保されていることを示すためには、相対契約の存在を示すこと等が必要となります。電力に関しては、電力取引の市場であるスポット市場等を通じて調達することや需要家との契約に基づき、需要家に使用電力量を抑制してもらうことにより創出されるネガワットを調達することも考えられるところですが、スポット市場等を通じて調達する場合、過去の約定量等に照らしてスポット市場等からの調達量を供給能力として過大に見込んでいるような場合は「供給能力を確保できる見込みがない」と判断されることになりますので、留意が必要です（電気登録審査基準第１（1）①)。

上記の他、供給能力の確保という観点からは、電力に関しては、太陽光又は風力発電設備について、その出力変動を考慮せずに供給能力として見込んでいる場合が「供給能力を確保できる見込みがない」と判断されることになります(電気登録審査基準第１（１）①)。この点に関して、電力小売全面自由化にあたって詳細制度設計を議論していた制度設計WGによれば、太陽光又は風力発電設備といった自然変動電源の出力変動を考慮して供給能力を見込んだといえるためには、主として以下のいずれかの場合に該当することが考えられるとされています。

① L5評価(※)等により供給能力を見込んでいること

② 蓄電池を供用していること

③ バックアップ火力を確保していること

※L5評価とは、１月のうち、出力の低い下位５日（L5）の平均を安定的に見込める出力として評価する手法をいいます。

なお、②その最大需要に応じることが可能な供給能力を有しているかについては、電力においては最大需要が見込まれる時期に、自社又は相対で電力を調達する先である発電所の定期点検の時期が重なっていないか等について留意することが必要となります。

質問22

小売事業登録の拒否要件の一つである、「電気・ガスの使用者の利益の保護のために適切でないと認められる者である」場合とは、必要な供給能力が確保されていない場合以外でどのような場合が考えられるのでしょうか。具体的に教えてください。

供給能力の確保以外で主として以下の場合が、小売事業登録が認められない「電気・ガスの使用者の利益の保護のために適切でないと認められる者である場合」に該当するとされています（電気登録審査基準第1（1）②、ガス登録審査基準第1（1）②）。

① 小売事業を適正かつ確実に遂行できる見込みがないこと

② 需要家からの苦情及び問合せを適切かつ迅速に処理できる体制が整備される見込みがないこと

③ 暴力団員（暴対法第2条第6号に規定する「暴力団員」をいいます）又は暴力団員でなくなった日から5年を経過しない者（以下「暴力団員等」といいます）であること

④ 法人の場合、その役員（同等以上の支配力を有するものと認められる者を含みます）に暴力団員等がいること

⑤ 暴力団員等がその事業活動を支配していること

小売事業登録申請の際に、①の有無を確認するため、小売電気事業・ガス小売事業遂行体制説明書の提出が求められ、②の有無を確認するため、苦情等処理体制説明書の提出が求められることとなります。これらは、計画段階であっても、可能な限り具体的に記載することが求められます。

①の具体例としては、電力小売全面自由化にあたって詳細制度設計を議論していた制度設計WGやガス小売全面自由化にあたって詳細制度設計を議論していたガスシステム改革小委員会によれば、例えば、業務改善命令が出された後に小売事業を廃止した場合で、その命令の対象となった業務の方法について必要十分な対策を講じないまま再度、小売事業者としての登録申請をした場合などが考えられるとされています。また、ガスの場合は、保安義務の履行体制が不十分なために、公共の安全を確保することができない場合や、旧簡易ガス

事業に相当する事業をガス小売事業として行う場合は、当該ガス小売事業者の導管が、一般ガス導管事業者の導管との関係で著しい二重投資となり、その結果、一般ガス導管事業者の供給区域内の需要家の利益を阻害する恐れがある場合なども考えられるとされています。

なお、③から⑤はいわゆる反社条項と呼ばれるもので、この点も登録審査の要件に含まれています。

(2) 変更登録が必要な場合とは

質問23

電力・ガス小売事業に登録した事項に変更が生じました。どのような事項の変更が、変更登録が必要となり、変更届出で足りることになるのでしょうか。

小売事業登録について、変更登録が必要な場合と変更届出で足りる場合とは、それぞれ以下のとおりです。なお、変更届出は、変更届出事由が生じた後遅滞なく行う必要があります(電気第2条の6第4項、ガス第7条第4項)。この「遅滞なく」とは、質問18に記載する小売電気事業の登録に関する資源エネルギー庁のホームページにおいては、「変更後、2週間以内を目処」とされています。ガス小売事業の変更登録においても、同様に考えられるところです。

<変更登録が必要な場合>

(電力)(電気第2条の6第1項、電気省令第3条の6)

・供給能力の確保に関する事項に変更が生じた場合

但し、沖縄県と離島の需要に応じるために必要な供給能力の確保に関する変更の場合を除いて、以下に該当する場合、変更登録は不要となります。

① 最大需要の見込みの変更の場合

・最大需要の見込みが減少する場合
・最大需要の見込みが増加する場合で、以下のいずれかに該当する場合

(a) 予備率の変更がない場合であって、変更値が150万kW未満、かつ、変更後の最大需要の見込みが前回登録時の2倍を下回っている場合

(b) 予備率が減少する場合であって、変更後も予備率が 8% 以上あり、かつ、市場調達を除いた変更後の供給能力の見込みが変更後の最大需要の見込み以上ある場合であって、以下に該当する場合

・変更値が 150 万 kW 未満であって変更後の最大需要の見込みが前回登録時の 2 倍を下回っている場合

② 供給能力の見込みの変更の場合

・供給能力の見込みが増加する場合

・供給能力の見込みが減少する場合で、以下のいずれかに該当する場合

(a) 予備率の変更がない場合であって、変更値が 150 万 kW 未満、かつ、変更後の供給能力の見込みが前回登録時の 1/2 倍を上回っている場合

(b) 予備率が減少する場合であって、変更後も予備率が 8% 以上あり、かつ、市場調達を除いた変更後の供給能力の見込みが変更後の最大需要の見込み以上ある場合であって、以下に該当する場合

・変更値が 150 万 kW 未満であって、変更後の供給能力の見込みが前回登録時の 1/2 倍を上回っている場合

(ガス)(ガス第 7 条第 1 項、ガス省令第 7 条)

・以下のいずれかの事項に変更が生じた場合。

① ガス小売事業の用に供するガス工作物に関する以下に掲げる事項

・ガス発生設備及びガスホルダーの設置場所、種類及び能力別の数

・維持・運用する導管のうち主要な導管の設置場所及び内径並びに導管内におけるガスの圧力

② 他の者からガス小売事業の用に供するためのガスの供給を受ける場合にあっては、当該ガスの量に関する事項

③ 需要家の当該小売供給に係るガスの需要に関する事項

但し、以下のいずれかに該当する場合、変更登録は不要となります。

① 最大需要の見込みが減少する場合

② 供給能力の見込みが増加する場合

③ 供給地点の数の変更であつて、変更後の最大需要の見込みが前回登録時の供給能力の見込みを下回る場合

<変更届出で足りる場合>

(電気第２条の６第４項、第２条の３第１項各号（但し、第３号を除きます。)、電気省令第３条の５第２項、ガス第７条第４項、第４条第１項各号（但し、第３号から第５号を除きます。)、ガス省令第６条第３項)

・上記変更登録が必要な場合の但し書きの場合に該当し、変更登録が不要となる場合

・以下の各事項について、変更が生じた場合

① 氏名又は名称及び住所並びに法人の場合は、その代表者の氏名

② 主たる営業所その他の営業所の名称及び所在地

③ 事業開始の予定年月日

④ 電話番号、電子メールアドレスその他の連絡先

⑤ 小売電気事業の変更登録においては、小売電気事業以外、ガス小売事業の変更登録においては、ガス小売事業以外の事業の概要

5

小売電気事業・ガス小売事業のたたみ方・登録を取り消される場合とは

(1) 廃止するためには

質問 24

電力・ガス小売事業を休止又は廃止をする場合、どのような手続きが必要となるでしょうか。

電気事業法・ガス事業法上、小売事業を休止又は廃止するにあたり必要な対応としては、以下のとおりです。

<休止又は廃止前にすべきこと>

・需要家に対してあらかじめ相当の期間を置いて、以下のいずれかの方法により休止又は廃止をすることを適切に周知すること（電気第 2 条の 8 第 3 項・電気省令第 3 条の 11、ガス第 9 条第 3 項・ガス省令第 12 条）

① 訪問
② 電話
③ 郵便、信書便、電報その他の手段による書面の送付
④ 電子メールでの送信
⑤ Web での周知

相当の期間については、法令上の具体的な定めはありませんが、ガス小売GL においては、需要家が他のガス小売事業者を選択する十分な時間的余裕を確保する観点から、原則として、事業の休廃止の 1 月前までに行うことが求められるとされています（ガス小売 GL5（2）脚注 13（27 頁））。電力小売GL には言及はありませんが、趣旨は変わらないことから、同様に考えられるところです。また、その際は、休止又は廃止の事実のみならず、他の小売事業者への切り替えを促すことなども「適切な周知」の一内容として必要となると思われます。

<休止又は廃止後、遅滞なくすべきこと>

・経済産業大臣への届出（電気第2条の8第1項、ガス第9条第1項）

この「遅滞なく」とは、質問23の小売電気事業変更登録の変更届出の場合と同様に資源エネルギー庁のホームページにおいて、電力においては休止又は廃止後、２週間以内を目処とされています。ガス小売事業の場合も、同様に考えられるところです。なお、この届出にあたっては、需要家に対して行った周知の内容を記載した書類を添付することが必要となります（電気省令第３条の10第１項、ガス省令第11条第１項）。

また、小売事業者が法人の場合で、合併以外の事由によって解散した場合、清算人（解散が破産手続開始決定による場合は、破産管財人）も同様に、遅滞なく経済産業大臣へ届け出ることが必要となります（電気第２条の８第２項、ガス第９条第２項）。

質問25

小売事業者から小売事業の休止又は廃止の連絡を受けた場合、小売事業者の取次業者としてはどのような対応が考えられるでしょうか。

小売事業者から小売事業の休止又は廃止の連絡を受けた場合、小売事業者の取次業者としては、以下のいずれかの対応を検討することになります。

① 取次業者としての事業を廃止する

この場合、小売事業者と共に、需要家に対して小売事業者の小売事業の休止又は廃止に伴い取次業者との小売供給契約も終了する旨及び他の小売事業者への切り替えを促すことや切り替えをしないと電力・ガスの供給が停止されることがあることの周知を実施することが必要となります。

② 取次業者としての事業を継続する

この場合は、自らが小売事業登録をして供給を実施するか、他の小売事業者と取次委託契約を締結することにより、取次業者としての事業を継続することが考えられますが、小売供給の主体が変更となりますので、小売供給契約の変更の手続きが必要となります。具体的には、供給約款（小売供給に関する契約書を締結している場合において、その契約書に供給主体が記載されている場合は、その契約も対象となります）の変更手続きと契約変更時の電気事業法・ガス事業法に基づく説明及び契約締結前書面、契約締結後書面交付の手続きを実施することが必要となります。約款の変更手続きについては、質問67を、契約変更時の電気事業法・ガス事業法に基づく説明及び契約締結前書面、契約締結後書面交付手続きについては、質問62をご参照ください。

なお、小売事業者の取次ぎについては、質問31、3をご参照ください。

質問26

小売電気事業・ガス小売事業を譲渡等する場合、電気事業法・ガス事業法上どのような手続きが必要となるでしょうか。

一般論としては、登録を受けている事業を譲渡する等した場合であっても、当然にはその事業を譲り受けた者がその登録を受けている事業者としての地位を承継することにはならず、各事業法の規定によることになります。

この点に関しては、電気事業法・ガス事業法上、小売事業の全部の譲渡や小売事業者についての相続、合併又は小売事業の全部を承継させる会社分割（以下「全部譲渡等」といいます）があった場合は、それぞれ譲受人、相続人、合併後の存続法人又はその分割により小売事業の全部を譲受けた法人が小売事業者の登録拒否の要件[※]に該当しない限りは、小売事業者としての地位を引き継ぐことが規定されています（電気第2条の7第1項、ガス第8条第1項）。

※小売事業の登録拒否の要件のうち、供給能力の確保その他の電気・ガスの使用者の利益の保護のための要件に関する点は、基本的には承継する小売事業に紐づくものであるため、ここでは、除外されています。

この場合、小売事業者の地位を承継した事業者は、遅滞なく、以下の書類を添えて、承継した旨を経済産業大臣に届け出ることが必要となります（電気第2条の7第2項・電気省令第3条の9、ガス第8条第2項・ガス省令第10条）。

この「遅滞なく」についても、小売電気事業について資源エネルギー庁のホームページによれば、承継後、2週間以内を目処とされています。ガス小売事業の場合も、同様に考えられるところです。

① 小売事業の全部の譲渡し又は相続、合併若しくは会社分割があったことを証する書類

② 小売事業者の地位を承継した者が小売事業者以外の者である場合、以下に掲げる書類

(a) 登録拒否要件（供給能力の確保その他の電気・ガスの使用者の利益の保護のための要件は除かれます）に該当しないことを誓約する書面

(b) 法人の場合、その法人の定款及び登記事項証明書

(c) 法人の発起人である場合、その法人の定款

では、小売事業の一部を譲渡した場合や、その一部を会社分割により承継させた場合はどうでしょうか。

この場合は、小売事業を全部譲渡した場合のような承継規定がないため、譲り受け、又は承継する者は、譲受又は承継するまでに、別途小売事業登録が必要となります。

なお、経過措置料金規制（電力・ガス）の対象となる小売事業の全部譲渡等をする場合は、経済産業大臣の認可が必要となり、当該小売事業の一部を譲渡等する場合、譲受ける者は、別途許可が必要となります。

（2） 登録の取消し・業務改善命令等について

質問 27

小売事業登録が取消されるのはどのような場合ですか、教えてください。

電気事業法・ガス事業法上、以下のいずれかの要件に該当するときは、経済産業大臣は小売事業者の登録を取り消すことができるとされています（電気第2条の9第1項、ガス第10条第1項）。

① 電気事業法・ガス事業法又はこれらの法律に基づく命令若しくは処分に違反した場合において、公共の利益を阻害すると認めるとき。

② 不正の手段により小売事業の登録又は変更登録を受けたとき。

③ 登録拒否要件（供給能力の確保その他の電気・ガスの使用者の利益の保護のための要件等は除かれます(※)）に該当するに至ったとき。

このため、例えば、供給能力の確保が不十分な場合であっても、直ちに小売事業の登録が取消されることにはなりません。すなわち、供給能力の確保が不十分なことにより、電気・ガスの使用者の利益を阻害し、又は阻害するおそれ

があると認められる場合は、まず、経済産業大臣が、必要な供給能力の確保その他の必要な措置をとるべきことを命じることになります（電気第2条の12第2項、ガス第13条第2項）。そして、この命令に従わなかった場合で、かつ、公共の利益を阻害すると認められるときに、上記①に基づき小売事業登録が取消されることとなります。

これは、登録の取消しというのは、小売事業そのものの実施を不可能にするものであるという強力な行政処分であることを踏まえたものであると考えられます。

なお、経済産業大臣が登録を取り消す場合は、あらかじめ監視等委員会の意見を聴くこととされています（電気第66条の11第1項第2号、ガス第177条第1項第3号）。

※その他、登録が取り消され、その取消しの日から2年を経過しない場合も除外されていますが、このような者はそもそも登録ができず、仮に登録を受けていた場合は、上記②に該当することになるためと考えられます。

質問28

小売事業者に対して業務改善命令が発動されるのはどのような場合ですか。また、監視等委員会による業務改善勧告や広域機関（電力のみ）による指導や勧告が発動される場面についても教えてください。

❶業務改善命令について

電気事業法・ガス事業法上は、経済産業大臣は、以下の場合に、必要な限度で小売事業の運営の改善に必要な措置をとることを命ずること、すなわち、業務改善命令を出すことができるとされています（電気第2条の17第1項、ガス第20条第1項）。

「小売電気事業・ガス小売事業の運営が適切でないため、電気・ガスの使用者の利益の保護又は電気事業・ガス事業の健全な発達に支障が生じ、又は生ずるおそれがあると認めるとき」

具体的には、小売GLにおいて挙げられている「問題となる行為」や適取GLにおいて電気事業法・ガス事業法上問題とされるおそれが強い行為が対象となります（小売GL序（1）（1頁）、適取GL第一部2（1）イ（2頁））。

また、供給能力の確保が不十分な場合における業務改善命令については、質問27のとおりですが、その他、小売事業者及び媒介等業者に対しては、説明義務・契約締結前書面交付義務に違反した場合、小売事業者に対しては、苦情等の処理義務に違反した場合は、業務改善命令を出すことができるとされています（電気第2条の17第2項・第3項、ガス第20条第2項・第3項）。この説明義務・契約締結前書面交付義務や苦情等の処理義務については、電力・ガスの使用者の利益保護の観点から重要なものであることを踏まえて、違反した場合に直ちに業務改善命令を出すことができる旨が明確にされているものと思われます。

なお、契約締結後交付書面の交付義務違反の場合、媒介等業者に対しては、業務改善命令を出すことはできませんが、契約締結後書面の交付義務に違反した場合、媒介等業者を含め、その違反した者に対しては、直ちに30万円以下の罰金を科すことが可能となっています（電気120条第2号、ガス第201条第2号）。

また、経済産業大臣が業務改善命令を行う場合は、あらかじめ監視等委員会の意見を聴くこととされています（電気第66条の11第1項第3号、ガス第177条第1項第5号）。

小売全面自由化以降、小売事業者に出された業務改善命令はありません。

❷業務改善勧告について

監視等委員会による業務改善勧告についてですが、監視等委員会が監査、報告徴収又は立入検査の結果「電力・ガスの適正な取引を図るため必要があると認めるとき」は、小売事業者を含めた電気事業者・ガス事業者に対して必要な勧告をすることができるとされています（電気第66条の12第1項、ガス第178条第1項）。具体的には、小売GLにおいて挙げられている「問題となる行為」や適取GLにおいて電気事業法・ガス事業法上問題とされるおそれが強い行為が対象となります（小売GL序（1）（1頁）、適取GL第一部2（1）イ（2頁））。

業務改善命令を出すことができる場面と業務改善勧告を出すことができる場面は相当程度重なりますが、例えば、業務改善勧告を出すことができるのは小売事業者に対してであるため、媒介等業者が説明義務・契約締結前書面交付義務に違反した場合、その媒介等業者に対しては、業務改善命令を出すことはできますが、業務改善勧告を出すことができないという違いがあります。

「市場の監視」を行う役割は監視等委員会が担っていますが、法的には業務改善命令と業務改善勧告どちらを先に出さなければいけないといった順序はないものの、実際に小売事業者による問題行為があった場合は、まず業務改善勧告が出されることが一般的といえます。もっとも、小売事業者による違反行為が重大であるなど、「電力・ガスの適正な取引を図るため特に必要があると認めるとき」は、経済産業大臣に対して、必要な勧告ができることとされています（電気第66条の13第1項、ガス第179条第1項）。これは、従わなかった場合に小売事業登録の取消や罰金につながるより強い権限である業務改善命令等を直ちに出すべき場合があることを踏まえて規定されたものと思われます。

これまで、小売事業者に出された業務改善勧告は、7件あります（2020年7月8日時点）。業務改善勧告の理由は複数に亘ることがあるため延べ件数となりますが、そのうち、書面交付義務違反を指摘されたのが5件（うち3件は電力・ガス共に）、説明義務違反（電力）を指摘されたのが2件となります。その他は、電力に関して、相場操縦を理由とするもの、電気料金を課題に徴収したことや使用電力量等の料金請求の根拠を開示しなかったことを理由の一つとして挙げているものが各1件あります。

❸広域機関による指導・勧告について

業務改善命令や業務改善勧告と異なり、電力の場合、主として電力の安定供給の確保といった観点から広域機関が策定する業務規程に基づき発動されるのが、指導や勧告となります。すなわち、以下の場合には、小売電気事業者をはじめとする電気供給事業者に対して、広域機関が指導又は勧告をすることができるとされています（電気第28条の40第6号、業務規程第179条第1項）。

① 過去の実績等に照らして需要に対する適正な供給力を確保する見込みがないとき

② 提出した供給計画が、送配電等業務指針、需要想定要領又は広域系統長期方針若しくは広域系統整備計画等に照らして不適切と認めた場合で、見直しの求めに正当な理由なく応じないとき

③ 広域機関による苦情・相談対応及び紛争解決の業務において、必要なとき

④ 電気供給事業者が容量市場におけるペナルティー（経済的又は参入ペナルティー）に従わないとき

⑤ 業務規程に基づく要請又は調整に正当な理由なく応じないとき

⑥ 法令、広域機関の定款、業務規程又は送配電等業務指針に照らして不適切な行為を行っていることが認められるとき

⑦ 上記の他、理事会が必要と認めるとき

なお、広域機関は、指導又は勧告を行った場合、遅滞なく、対象となった電気供給事業者の氏名又は商号、指導又は勧告の内容及びその理由を公表することとされています（業務規程第179条第2項）。

これまで広域機関により小売電気事業者に出された指導・勧告としては、計画値同時同量の下での計画提出について、合理的な需要予測と大きくかい離した需要計画及び調達計画を提出したことを理由とした指導が1件あります。

質問 29

業務改善命令、業務改善勧告、広域機関（電力のみ）による指導や勧告に従わなかった場合は、どうなりますか。

❶業務改善命令に従わなかった場合

小売事業者が経済産業大臣による業務改善命令に従わなかった場合、登録が取り消される可能性があります（電気第2条の9第1項第1号、ガス第10条第1項第1号）。また、業務改善命令命令に従わなかった場合、300万円以下の罰金が科される可能性があります(電気118条第1号､ガス第199条第1号)。

なお、質問28、1に記載のとおり、小売事業者及びその媒介等業者が契約締結後書面の交付義務に違反した場合、その違反した者に対しては、直ちに30万円以下の罰金を科すことも可能となっていますので､留意が必要です（電気120条第2号、ガス第201条第2号)。

❷業務改善勧告に従わなかった場合

小売事業者が、監視等委員会による業務改善勧告に正当な理由なく従わなかった場合、その旨を経済産業大臣に報告することとされています。また、質

問28、2で述べたとおり、小売事業者による違反行為が重大であるなど、「電力・ガスの適正な取引を図るため特に必要があると認めるとき」は、経済産業大臣に対して、必要な勧告ができるとされています。

このような勧告を踏まえて、経済産業大臣により、業務改善命令又は直接罰金を科すといった対応が行われることとなります。

❸広域機関による指導・勧告に従わなかった場合

小売電気事業者は、広域機関の会員として、広域機関から行われた指導又は勧告に従う義務が課されています（定款第11条第2項）が、この指導又は勧告に従わなかった場合、以下の制裁を課されることがあります（定款第12条第1項第1号、第2項、第3項）。

① けん責

② 過怠金（300万円以下）の賦課

③ 議決権その他の会員の権利の停止又は制限

なお、過怠金が課される場合でも、広域機関による小売電気事業者に対する損害賠償請求が別途行われる場合もあります（同第3項但書）。また、上記②は上記③と併科することができるとされています（同第4項）。

広域機関は、全ての電気事業者に加入義務があり、電気事業者である限り脱退することはできませんが、小売電気事業登録を取り消されたことにより電気事業者でなくなった場合は、広域機関の会員としての地位を喪失することになります（同第10条第1項第1号）。

6

ガイドラインに則った ビジネスモデルを構築しよう

(1) 事業者の特徴に応じた提携モデルについて

質問30

電力・ガス小売ビジネスにおいて他社と提携するモデルにはどのようなものがあるのか、そのメリット・デメリットと共に教えてください。

❶提携モデル

電力・ガス小売ビジネスは、電力・ガスを調達してきて、それを需要家へ販売するビジネスですので、そのために必要なリソースとしては、大きく分けて以下の２つといえます。

① 供給能力及び需給調整能力

② 顧客の販売網

電気事業・ガス事業に関するリソースやノウハウを一元的に有している事業者は、旧一般電気事業者や旧一般ガス事業者等一部の事業者に限られるため、電力・ガス小売ビジネスを行うにあたっては、自らの特徴を活かした形で他の事業者とどのような提携関係を構築するかが重要となります。また、旧一般電気事業者や旧一般ガス事業者であったとしても、従来の供給区域を離れれば、顧客の販売網が構築されておらず、同様に他の事業者との提携関係の構築が重要といえますし、従来の供給区域の競争が激しい区域においても同様といえます。

その際の提携方法としては、表７のとおり、大別して、３つの類型が考えられるところです。

表7. 各種提携の類型

	供給能力等を有する事業者	顧客の販売網を有する事業者
類型1（小売事業者の媒介等）	小売事業者	非小売事業者（媒介・取次ぎ・代理）
類型2（需要家の媒介・代理）	—	非小売事業者（媒介・代理）
類型3（小売事業者からの受託）	（非）小売事業者（供給能力確保・需給調整業務等を受託）	小売事業者

❷類型①（小売事業者の媒介等）

類型①がいわゆる代理店モデルであり、各類型の中で一番多い類型といえます。小売事業者として販路を拡大していく際には、有効な提携モデルであり、媒介等業者としても、小売事業登録をせず電力・ガスを販売できるというメリットがあります。また、媒介等業者にとっては、他の商品やサービスを提供している場合は、その商品・サービスとセットで電力・ガスを販売することができ、顧客の利便性向上につながるため、新規の顧客獲得・顧客の維持の観点からメリットがあるといえます。もっとも、原則として、媒介等業者の売り上げは手数料相当額に留まり獲得した需要家の電気・ガス料金相当額の計上はできないため、媒介等業者が売上を立てたいと考えている場合は、その点がデメリットになります。ここで、「原則として」と書いたのは、取次ぎの場合に議論があり得るためですが、この点については、税務・会計上の処理の問題ですので、本書では割愛します。また、媒介等業者の場合、自らの電力・ガスとして販売はできない点にも留意が必要です。

❸類型②（需要家の媒介等）

次に、類型②は、事業者同士で提携する類型①や③と異なり、需要家と提携するモデルとなります。この類型は、事業者にとっては、需要家との関係を構築できるというメリットがあり、また、電気事業法・ガス事業法上の小売事業者としての義務は負いません。もっとも、質問32、1のとおり、電力小売GL上、小売事業者に求められるものと同等の説明・書面交付を需要家に対して適切に行うことが望ましいとされており、ガス小売GL上はより強い表現として、これらを需要家に対して適切に行うべきとされている点等には留意が必要ですし、需要家側の取次ぎも認められていません（質問32、2をご参照ください）。また、当該需要家の電気・ガス料金相当額の売り上げを計上することはできず、計上できる売り上げは、手数料相当額に留まります。

加えて、部分自由化の時代における事例判断ですが、高圧需要家の契約種別を電気料金の安い方へ変更するように電力会社と交渉したケースにおいて、弁護士ではない者が法律事件・法律事務を取り扱うことを禁止した弁護士法第72条に違反する疑いがあるとした裁判例（東京地判平成18年2月20日（判例タイムズ1250号2450頁））がありますので、電気・ガス料金の交渉等を需要家に代わって行うような場合は、弁護士法第72条の観点から別途慎重な検討が必要となります。

❹類型③（小売事業者からの受託）

類型③は、顧客の販売網を有する事業者が小売事業者として事業を行うことを前提として、供給能力等を有する事業者が小売事業者から電力・ガスの調達や需給管理業務を受託するモデルです。電力においては、別途質問38で説明する需要バランシング・グループ（以下「需要BG」といいます）に入る場合と入らない場合との2つのパターンがあります。顧客の販売網を有する事業者としては、自らの電力・ガスとして販売できること、営業に特化することができることや獲得した需要家の電気・ガス料金相当額が小売事業の売り上げとして計上できるといったメリットがありますが、その半面、小売事業者としての各種義務を負うことになります。

他方、供給能力等を有する事業者にとっては、自社の小売事業の売り上げの拡大を意図する場合は適していないモデルといえますが、需要家へ電力・ガスを販売しないため、小売事業者であることは電気事業法・ガス事業法上求められません（なお、電力において、需要BGを組成する場合、その代表契約者は一般送配電事業者との託送供給等約款に基づき小売電気事業者であることが求められますが、この場合であっても、代表契約者は自らの需要家ではない、顧客の販売網を有する事業者（需要BGに加入した小売電気事業者）の需要家に対しては、小売事業者としての責任を負わないことに変わりはありません）。従って、電力・ガスの調達や需給管理のノウハウに特化した事業者などは、小売販売に関する各種規制を受けない類型③を採るメリットがあるといえます。

ご参考までに、各類型において、各主体が電気事業及びガス事業法上負う義務をまとめると表８のとおりとなります。なお、業務改善命令及び業務改善勧告については、質問28もご参照ください。

表8. 各主体が電気事業法及びガス事業法上負う義務

	供給能力等を有する事業者			顧客の販売網を有する事業者		
	類型1	類型2	類型3	類型1	類型2	類型3
供給能力の確保義務（電気2条の12・ガス13条）	○	ー	×	×	×	○
説明義務・書面交付義務（電気2条の13,2条の14・ガス14,15条）	○	ー	×	○	×	○
苦情等の処理（電気2条の15・ガス16条）	○	ー	×	×	×	○
業務改善命令（電気2条の17・ガス20条）	○	ー	×	○（※）	×	○
登録取消	○	ー	×	×	×	○

□ 小売事業者

（※）説明義務・契約締結前書面交付義務違反のみ

❺その他（JVモデル）

上記の各類型のほか、小売事業を共同で実施する場合は、共同で会社を設立しその会社が小売事業者となる、いわゆるJVモデルが採られる場合が多く見られます。この場合、共同して設立した会社が、自ら必要な電力・ガスを調達し、需給管理を行い、提携企業が有する顧客の販売網へ媒介等業者を使わずに販売することもありますが、実態としては、供給能力等を有する親会社等の事業者から電力・ガスの調達を受けたり、これらの事業者に需給管理（ガスにおいては保安業務も含まれます）の委託をする場合や、提携企業やその子会社又は関係会社を媒介等業者として起用する場合が多いといえます。

以上のように、どのような提携モデルを構築するかは、それぞれの類型に応じて、電気事業法・ガス事業法上負う義務やビジネス上のメリット等が異なります。そのため、それぞれの事業者の小売ビジネスを行う目的に応じた、提携関係を検討することが重要となります。

実際の小売ビジネスは、図11のように具体的なニーズに応じて各類型を組み合わせながら行われることになります。

図11．各種提携の例（電力）

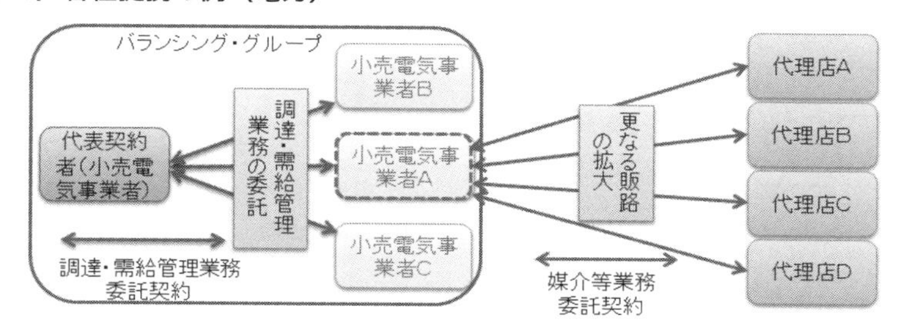

（2）各種提携モデルについての電気事業法・ガス事業法上の位置づけ・留意点等

質問 31

類型①（小売事業者の媒介、取次ぎ、代理）の契約関係及び電気事業法・ガス事業法上の位置づけを教えてください。

※質問 17 も合わせてご確認ください。

❶小売事業者の媒介

媒介とは、他人（小売事業者及び小売供給を受けようとする者）の間に立って、当該他人を当事者とする法律行為（小売供給契約）の成立に尽力する事実行為をいいます（電力小売 GL2 (2) ア (31 頁)、ガス小売 GL2 (2) ア (14 頁))。図 12 を例にとると、B は自ら小売供給を行うのではなく、A が供給する電力・ガスに関する A と需要家との間の小売供給契約の成立のために営業を行っています。このように、小売供給は A が行っているため、A について小売事業登録が必要となりますが、B の小売事業登録は不要となります。

図12．小売事業者の媒介モデル

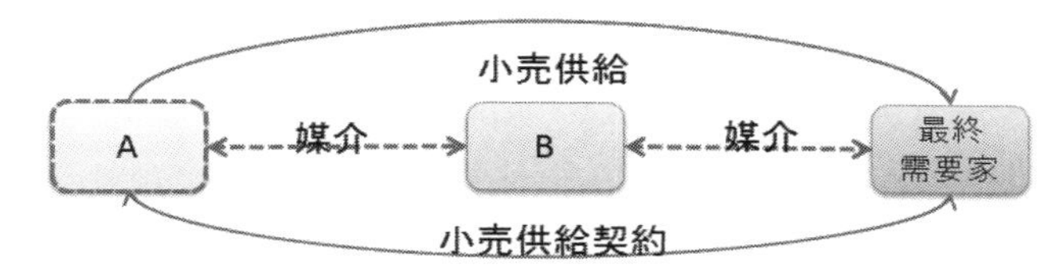

図13．小売事業者の代理モデル

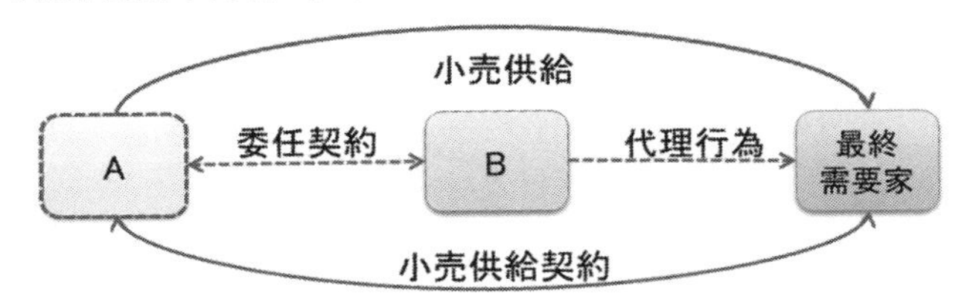

❷小売事業者の代理

代理とは、他人（小売事業者）の名をもって、当該他人のためにすることを示して行う意思表示をいいます(電力小売 GL2(2)ア(31 頁)、ガス小売 GL2(2)ア（14 頁))。

媒介と代理の違いは、小売事業者から代理権を付与されているか否かという点にあります。すなわち、図 13 を例にとると、B が A に代わって A の代理人(A 代理人 B）として契約の締結をする権限を有しているか否かという点に違いがあります。実態としては、いわゆる「代理店」と呼ばれる場合であっても、法的な代理権の付与まで行うケースは少なく、媒介のケースが多いといえます。

代理の場合、B は小売供給を行うのではなく、A が供給する A と最終需要家との間の小売供給契約の成立のために営業を行い、最終的に A の代理人として契約を締結しているに過ぎません。このため、A について小売事業登録が必要となりますが、B の小売事業登録は不要となります。

❸小売事業者の取次ぎ

取次ぎとは、自己の名をもって、他人（小売事業者）の計算において、法律行為（小売供給契約の締結）をすることを引き受ける行為をいいます（電力小売 GL2（2）ア（31 頁）、ガス小売 GL2（2）ア（14 頁))。

契約を締結する権限があることは、代理と取次ぎいずれにも共通しますが、取次ぎは代理と異なり、小売事業者に代わって小売事業者の契約として小売供給契約を締結するのではなく、自らの契約として小売供給契約を締結することになります。そのため、代理の場合は、法律上の権利義務関係が小売事業者と最終需要家との間に生じる一方、取次ぎの場合、法律上の権利義務関係は、取次業者と最終需要家との間に生じることになります。

このように考えると、取次業者は、小売事業者となるようにも思えますが、そのようには考えられていません。すなわち、図14を例にとると、取次委託者である小売事業者Aに販売の目的物である電力・ガスの所有権は残されており、小売事業者Aは、取次業者であるBに対してAの電力・ガスの販売を委託するために必要な電力・ガスを販売する権利（処分権）を与えているにすぎないと考えられるためです。そのため、小売供給自体は電力・ガスを所有しているAから最終需要家へ直接行われているものと整理され、Aについて小売事業登録が必要となりますが、Bは、電力・ガスの供給を行っていないことから、小売事業登録は不要と整理されています。

図14. 取次ぎ（委託販売）モデル

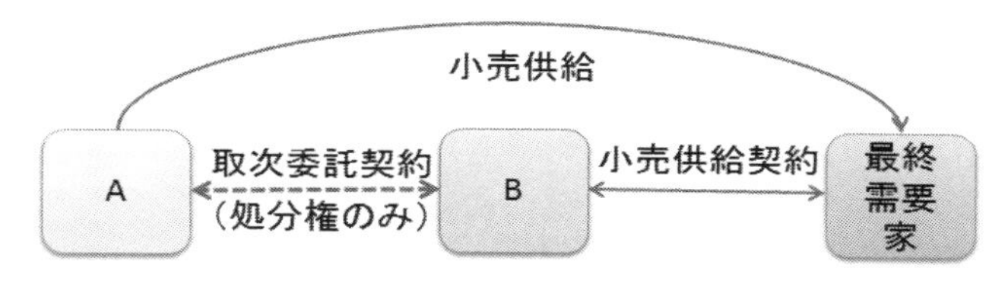

但し、代理や媒介と異なり、取次業者が小売供給契約の主体となるため、需要家に対する電力・ガスの供給が取次業者から行われると誤解される可能性が高くなります。そのため、供給の主体について誤解を生まない説明が特に重要となります。

なお、取次ぎ実施の際の留意点については、質問42をご覧ください。

質問32

類型②（需要家の媒介等）の契約関係及び電気事業法・ガス事業法上の位置づけや留意点を教えてください。需要家側の取次ぎは電気事業法・ガス事業法上認められるのでしょうか。

❶需要家の媒介・代理

媒介の定義については、質問31、1に記載したとおり、他人（小売事業者及び小売供給を受けようとする者）の間に立って、当該他人を当事者とする法律行為（小売供給契約）の成立に尽力する事実行為をいいます。また、代理とは、他人（需要家）の名をもって、当該他人のためにすることを示して行う意思表示をいいます。

図15及び図16を例にとると、いずれの場合であっても、電力・ガスはAから直接最終需要家に供給されることから、Bの小売事業者の登録は不要となります。

図15．需要家の媒介モデル

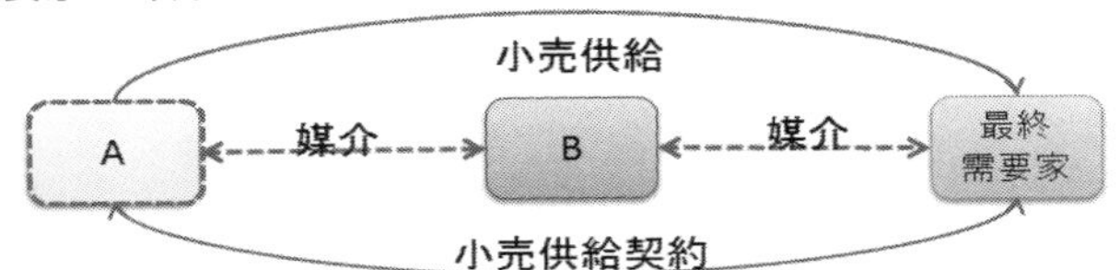

図16．需要家の代理モデル

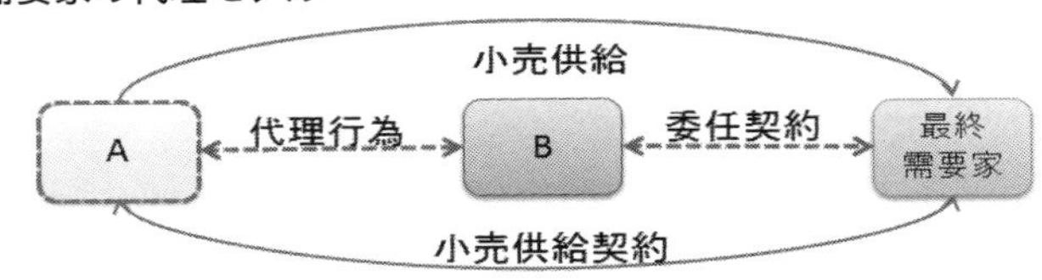

もっとも、最終需要家との間で小売供給契約についてやり取りをしているのは、最終需要家の媒介・代理業者であるBですので、Bが最終需要家に適切な情報提供をしないと、最終需要家は自らが供給を受ける電力・ガスの供給条件について十分に理解しないまま契約をし、最終需要家の利益が害される可能性があります。そのため、電力小売GL上、望ましい行為として、需要家代理モデルにおける代理業者は、小売電気事業者に求められるものと同等の説明・書面交付を最終需要家に対して適切に行うこととされています（電力小売GL2(3)（35頁））。

また、ガスの場合は、上記の説明・書面交付や需要家の代理人として行うガス小売事業者及びその媒介等業者との契約に関する手数料等の条件に関する説明・書面交付を最終需要家に対して適切に行うべきとされています（ガス小売GL1（2）イ ii）（9頁））。更に、ガス小売事業者が需要家の代理人と称する者から小売供給契約の申込みを受けた場合、その者が小売供給契約を締結する代理権を有しているかを適切な方法により確認することが望ましいとされています（ガス小売GL1（2）イ ii）（9頁））。この確認の方法としては、委任状を確認する方法などが考えられます。

なお、小売GL上、小売事業者に求められるものと同等の説明・書面交付を需要家に対して適切に行うことが望ましい行為とされている事業者は、需要家の代理をするものであって、需要家の媒介の場合に関する言及はありませんが、需要家の媒介においては最終需要家に対する適切な説明が不要かというとそうではありません。代理はBが最終需要家に一切説明する機会を設けなくとも契約を締結することができる一方、媒介の場合は、最終的な契約の締結は最終需要家自ら行うことになるため、自らが供給を受ける電力・ガスの供給条件について一定の説明の機会が設けられるのが通常であると思われます。そのような違いがあるため、小売GLにおいては、需要家の代理の場合を特に取り上げて規定されたものと思われますので、需要家に対して適切な説明等を行う必要があるのは、需要家の媒介も同様といえます。

なお、弁護士法第72条との関係で留意すべき点については、質問30、3をご参照ください。

また、需要家の代理を実施する場合の消費者契約法上留意すべき事項については、ガスの分野において注意事項例が出されています。この内容については、消費者契約法に関する箇所において必要な範囲で言及していますので、質問106をご参照ください。

❷需要家の取次ぎ

需要家の取次ぎは、認められていません（電力小売GLiii）2（2）イ iii）④（34頁）、ガス小売GL2（2）イ iii）④（18頁））。小売事業者の場合と同様に考えると、需要家の取次ぎを行う者が需要家として小売供給契約を小売事業者と締結し、電力・ガスの供給は直接小売事業者から最終需要家へ供給されるとして、認められてもよいようにも思えますが、どこが違うのでしょうか。

図17. 需要家の取次ぎモデル

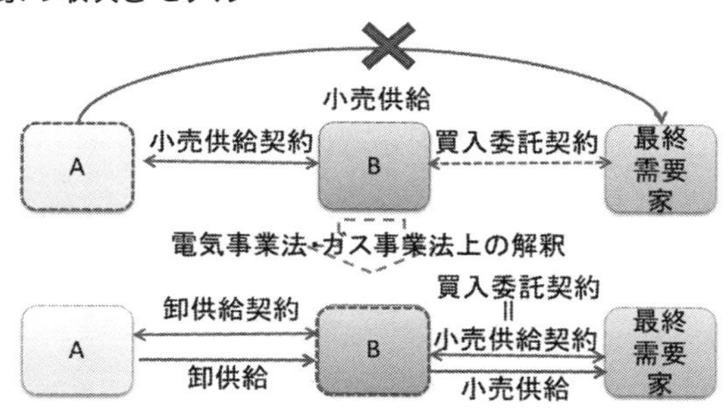

需要家の取次ぎは、取次ぎを行う者が最終需要家から電力・ガスの買入の委託を受けることになりますが、図17を例にとると、需要家の取次ぎを行う者が買入委託を受けて最終需要家のために電力・ガスを一旦購入している以上、電力・ガスの供給は、AからBに行われており、そのうえで、Bが買入委託者である最終需要家に供給していると考えられています。そのため、小売供給はBから最終需要家へ行われているものと整理され、このようなBから最終需要家に対する供給は、受電・受ガス実態のない者による最終需要家への電気の供給となり、認められていないのです。

質問33

当社は小売事業又はその媒介、代理を行っていますが、需要家の媒介、代理を合わせて行うことは可能でしょうか。留意点を教えてください。

❶小売事業又はその代理を行っている事業者が需要家の代理を行う場合

＜取り上げられる背景＞

需要家の代理については、質問12、3（2）のとおり、ガス事業制度検討WGにおいて、一括受ガスと同様のことが実現可能なモデルとして、取り上げられたものですが、仮に一括受ガスを認めた場合、一括受ガス業者は、需要家として小売供給契約（ガス）の当事者となると同時に最終需要家に対してガスの供給を行う契約の当事者となるといういわば両者の立場を有することが特徴として挙げられます。そうすると、一括受ガスと同様のことを実現しようとする場合、需要家の代理を行う（代理人として小売供給契約（ガス）の締結を行う）とともに、自らガス小売事業、又はその代理を行う（ガス小売業者又はその代理人として小売供給契約（ガス）の締結を行う）ことが前提となるのです。

＜可否及び要件＞

小売事業又はその代理を行っている事業者が需要家の代理を行うことは、契約当事者双方（自らガス小売事業を行っている場合は、需要家であり、ガス小売事業の代理を行っている場合は、ガス小売事業者と需要家となります）の同意があれば可能です。この同意がない場合、自己契約又は双方代理として無効となります（民法第108条第1項）。

これは、契約当事者双方の立場に立つことは、本質的に利益相反行為であり、一方の利益が不当に害される恐れがあることから、契約当事者双方の同意が必要とされているのです。すなわち、需要家にとっては、自己の代理人として様々なガス小売事業者の料金メニューを比較して自分にとって最適な料金メニューの提示を受けることができると思っていたのに、例えば、その代理人が小売事業者本人であれば、自社の料金メニュー以外に最適なメニューがあるにも関わらず自社のメニューが最適であるかのように誤信させ、自社との契約を締結させるといったことが行われる蓋然性が高いといえます。そのため、この場合は需要家の同意が必要となるのです(※)。

※外形的・客観的に考察して、需要家の代理行為が需要家の代理人にとって利益となり、需要家にとっては不利益となる場合、需要家と代理人との間の代理契約が利益相反行為として無権代理行為となる可能性があるため、当該代理契約を避けるべきとされています（ガス小売 GL1（2）イ ii）脚注5（9頁））。

＜留意点＞

留意点としては、電気事業法、ガス事業法上の規制が挙げられます。すなわち、ガス小売GLにおいては、ガス小売事業者が需要家の代理を行う場合において、ガス小売事業者が需要家からの民法第108条第1項に基づく同意を得なかった場合や小売事業の代理を行っている事業者が需要家の代理を行う場合において、需要家の同意を得なかった場合、ガス小売事業者自身の行為や、ガス小売事業者が行う代理業者に対する指導・監督が適切ではないとして、ガス事業法上問題となるとされています（ガス小売GL1（2）イ ii）（9頁））。

そのため、ガス小売事業者としては、代理業者との間では需要家の代理を行う場合は需要家の同意を取得することを義務付け、定期的に履行状況を確認するといった契約上の手当が考えられるところです。

また、一括受ガスは質問49、2のとおり、認められていないため、仮に一括受ガスと同様のことを実現可能であるとしても、需要家の代理を「一括受ガス」と呼称することは需要家の誤解を招くおそれがあります。そのため、需要家の代理を「一括受ガス」の呼称を使用しないことが望ましいとされています（ガス小売GL1（2）イ ii）（10頁））。

なお、上記は、ガス小売GLにおいてのみ規定されていますが、電力においても同様のことが当てはまるといえます。

❷その他の場合

小売事業若しくはその代理を行っている事業者が需要家の媒介を行う場合、又は小売事業の媒介を行っている事業者が需要家の代理若しくは媒介を行う場合、民法第108条第1項の規定の適用はありませんが、利益相反行為であることには変わりありません。

そのため、自らが小売事業者であることやその代理又は媒介を行っていることについて、需要家に適切に説明をすることが求められるといえるでしょう。

質問34

需要家の取次ぎは認められないとのことですが、需要家の取次ぎを実施する者が小売事業登録をしたら、需要家の取次ぎをしても問題ないのでしょうか。

小売事業の登録をした事業者が、小売事業者として最終需要家へ小売供給をすることは当然問題ありません。

しかしながら、ご質問のように小売事業の登録をした者であっても、需要家の取次ぎを行うこと、すなわち、他の小売事業者との間で小売供給の契約を締結して需要家として電力・ガスの供給を受けてそれを最終需要家へ供給することは、一定の特別な関係がある場合や電力における高圧一括受電業者の場合以外は認められていませんので、留意が必要です。

質問35

需要家の取次ぎを行った場合の行政処分や罰則等について教えてください。

まず、小売事業の登録をしていない事業者が需要家の取次ぎを行う場合、無登録営業として電気第2条の2・ガス第3条に違反し、1年以下の懲役若しくは100万円以下の罰金又はこれらの併科の対象となります（電気117条の2第1号、ガス196条第1号）。

小売事業の登録をしている事業者が需要家の取次ぎを行った場合は、「電力・ガスの適正な取引を図るため必要があると認めるとき」として、業務改善勧告の対象に（電気第66条の12条第1項、ガス第178条第1項）、また、電気・ガスの使用者の利益の保護又は電気事業・ガス事業の健全な発達に支障が生じるおそれがあるとして、業務改善命令の対象となります（電気第2条の17第1項、ガス第20条第1項）。そして、この業務改善命令に違反した場合は、300万円以下の罰金の対象となります（電気第118条第1号、ガス第199条第1号）。

質問36

当社は、需要家の取次ぎについては、小売全面自由化以前に電気事業分野の高圧・特別高圧部門において既に実施していたのですが、契約関係を是正することが必要でしょうか（電力のみ）。

需要家の取次ぎについては、小売全面自由化以前に電力の高圧・特別高圧部門において既に実施されていた例が存在します。このような場合において、直ちに契約関係の是正を求めるとすれば、契約関係に混乱が生じることにより需要家に悪影響が生じるおそれがあります。

そのため、需要家への悪影響を回避する観点から、小売全面自由化以前に既に締結されていた需要家との取次ぎに関する契約については、以下のとおりと整理されています（電力小売GL2（1）イ（30頁））。

① 既存契約の契約期間が終了するときに契約関係の是正をすること。但し、契約期間が長期間残っている場合は、契約満了を待たずに平成31年1月を目途に契約関係を是正すること。

② 需要家が早期の契約関係の是正を求める場合、速やかにその是正に応じること。

既に是正期間は過ぎているため、現時点で万が一是正がされていない契約があれば、質問35のとおり、行政処分や罰則等が課される可能性があるため、早急に是正することが必要となります。

質問37

類型③（小売事業者からの受託）は、電気事業法・ガス事業法上認められるのでしょうか。留意すべき点と受託者について小売事業の登録が必要かについて教えてください。

小売事業者は、小売事業の登録にあたって、小売事業を適正に運営するために必要な体制の整備は求められているものの、小売事業者としての業務すべてを小売事業者自身で行うことは必ずしも求められていません。そのため、自らの需要家に供給するために必要な電力・ガスの調達（供給能力の確保）に関する業務や苦情・問い合わせ対応業務、需給管理に関する業務、ガスについては保安業務である開閉栓作業、消費機器の調査及び危険発生防止の周知（以下「消費機器調査等」といいます）等を第三者が小売事業者から受託することも実際に行われているところです。

もっとも、業務委託を行うことについては、「小売事業者の責任」において行うことを条件に認められています（電力小売GL2（4）（36頁）、ガス小売GL2（4）（20頁））ので、小売事業者は、委託先を適切に管理・監督することが求められる点には留意が必要です。適切な管理・監督をするため、委託者に対して法令やガイドラインに従った業務の実施を求めることは大前提として、定期的な研修や定期的又は必要な場合における報告を求めたり、必要な場合に調査をすることができるよう、業務委託契約において必要な規定を設けておくこと等が重要といえます。

また、業務委託をする場合であっても、小売事業者が①自ら電力・ガスの供給を行うことと②自ら一般送配電事業者と接続供給契約を締結すること（電力）や自らガス導管事業者と託送供給契約を締結すること（ガス）が必要となります（電力小売GL2（4）（36頁）、ガス小売GL2（4）（20頁））。但し、ガスにのみ認められているワンタッチ供給の場合（詳細は、質問50をご参照ください）は、ガス小売事業者に供給を行う卸売事業者が託送供給契約を締結することになるため、託送供給契約についてガス小売事業者が締結する必要はありません。

なお、図18のとおり、供給能力の確保に関する業務や需給管理業務等をAが受託する場合、委託者であるBについて小売事業登録が必要となりますが、受託者であるAは、小売事業登録が求められるわけではありません。

図18．業務委託モデル

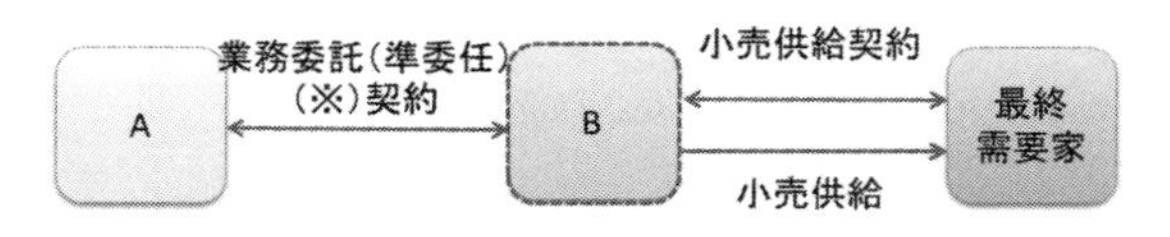

（※）顧客管理等の業務をA又は第三者に委託（準委任）することも想定される。

質問 38

需要 BG 及びその契約関係について教えてください（電力のみ）。

電力における託送制度においては、代表契約者という制度があります。これは、託送供給等約款に関して一般送配電事業者と行う協議や接続供給契約の実施に関する権限を一の小売電気事業者に委託することを認める制度であり、この委託を受けた小売電気事業者を代表契約者といいます。そして、この代表契約者は委託された権限に基づいて、①需要計画等の計画提出や一般送配電事業者との協議、②託送料金、インバランス料金その他の託送供給等約款に基づく金銭債務の支払を代表して行うことになります。

そして、この代表契約者と代表契約者に上記権限を委任した小売電気事業者のグループを需要 BG と一般に呼んでいます。託送供給等約款においては、この需要 BG がインバランス料金精算の単位と位置づけられています。

需要 BG における主な契約関係は、図 19 のとおりです。

なお、代表契約者は、上記①及び②の業務の他、通常は、スポット市場等を通じて又は発電事業者等から電力を調達する業務を含めて受託する場合が多く、その場合、当該業務委託に基づき調達をした電力を代表契約者 A が小売電気事業者 B 又は C へ卸供給することになります。

図19. 需要BGにおける主な契約関係

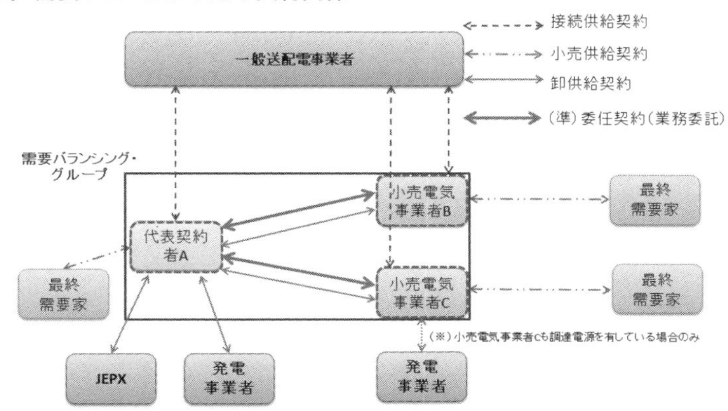

※厳密には、JEPX は、スポット市場等の取引のプラットフォームを提供しているにすぎず、卸供給契約の主体ではないものの、スポット市場等を通じた調達を表現するため、便宜上、卸供給契約の主体として記載をしています。

上記のとおり、代表契約者が、スポット市場等を通じて又は発電事業者等から電力を調達する業務を含めて受託する場合を例にとると、需要BGを組成するにあたり、代表契約者と小売電気事業者との間で締結すべき契約は、業務委託契約と卸供給契約となります。そのうち、代表契約者が業務委託契約に基づき受託する業務については、概ね以下の業務となります。

＜受託業務の主な内容＞

① 需要予測業務

② 需要計画に応じた電力の調達・発電の調整等業務

③ 需要計画等作成、提出業務

④ 一般送配電事業者からインバランス補給を受け、一般送配電事業者へ余剰インバランス供給をする業務

⑤ 託送供給等約款における託送料金支払い等託送手続代行業務

※その他、供給計画の作成業務等も考えられます。

なお、需要BGを組成する場合、小売電気事業者が一般送配電事業者との間で締結することが必要となる電力の託送に関する接続供給基本契約は、代表契約者と需要BG内の小売電気事業者全員の連名により締結する実務運用が確立しています。そして、同契約上、代表契約者と需要BG内の小売電気事業者との間の業務委託契約が終了したとしても、当然には離脱した需要BG内の小売電気事業者と一般送配電事業者との間の接続供給基本契約は終了せず、終了させるためには当該小売電気事業者の同意が必要とされています。そのため、代表契約者としては、小売電気事業者の債務不履行によって解除した場合など業務委託契約終了時に同意を得られないといった事態を避けるため、需要BG加入時等に当該業務委託契約が終了した場合は連名で締結している接続供給基本契約からも脱退する旨の同意を小売電気事業者から取得しておいたほうがよいと思われます。

質問 39

需要 BG を組成する場合、一般送配電事業者に対して支払う債務は、全て代表契約者と小売電気事業者との連帯債務になるのでしょうか（電力のみ）。

小売全面自由化前までは、需要 BG を組成する場合、一般送配電事業者に対して支払う債務は、全て代表契約者と小売電気事業者との連帯債務となっていました。しかしながら、需要 BG を組成する主たる目的は、インバランス精算の単位とする点にあることからすれば、託送料金等、インバランスに関する費用以外の、本来的には小売電気事業者個別に帰属する金銭債務については、各小売電気事業者がそれぞれ債務を負うとするのが自然と考えられます。従って、このような金銭債務については、需要 BG を組成したことだけをもって、連帯して需要 BG 内の小売電気事業者が債務を負う合理性はないといえます。

他方、インバランスは、需要 BG 全体で精算をすることから、個別債務とすることは難しいところです。

そのため、インバランス料金等[※]については、連帯債務とし、インバランス料金等を除く、託送料金（接続送電サービス料金）、工事費負担金、契約超過金、違約金等に係る金銭債務は個別債務とされています。

※託送供給等約款に定める接続対象計画差対応補給電力料金及び給電指令時補給電力料金に係る債務（遅延損害金含む）並びに保証金に係る債務をいいます。

質問 40

需要 BG のメリット・デメリットを教えてください（電力のみ）。

❶需要 BG のメリット

需要 BG のメリットは、大きく分けて以下の２点と考えられます。

① 発生するインバランスの割合を抑えることができる

② 電源の調達、需給管理業務、一般送配電事業者とのやり取り等を代表契約者に委託でき、自らに電気事業に関する専門的なノウハウがなくとも小売電気事業を実施できる

メリット①について補足すると、同じ予測精度の場合、一般的には需要が多

いほど生じるインバランスの割合が小さくなるといわれています。そのため、小売電気事業者が単独で需要計画を提出する場合よりも需要BGを組成してその代表契約者がまとめて需要計画を提出する方が、発生するインバランスの割合を抑えることができるというメリットがあるのです。但し、需要BGに加入する各小売電気事業者にとってみれば、自らに生じるインバランスの割合を抑えることができるかどうかは、代表契約者とその需要BGの各小売電気事業者との間で合意をするインバランス精算の在り方によるため、契約内容には注意が必要です（質問41をご参照ください）。

❷需要BGのデメリット

需要BGのデメリットは､大きく分けて以下の2点が考えられるところです。

① 代表契約者のノウハウ等に依存
② 需要BG内の小売電気事業者の未払いリスクを負担する可能性

デメリット①は、メリット②と裏腹の関係にあるといえますが、どのような代表契約者の需要BGに加入するかが重要となります。

需要BG選択の際のチェックポイントとしては、以下の事項等が挙げられます。

(a) 代表契約者の資力、信用力及び実績
(b) 需要BGの電源ポートフォリオ
(c) 需要BGにおいて過去発生したインバランスの実績
(d) 需要BGを構成する小売電気事業者の顔ぶれ、数及び需要規模
(e) BG内の小売電気事業者による未払いが生じた場合の求償関係
(f) インバランス料金等の精算に関する考え方が明確か（質問41をご参照ください）
(g) 新規加入者の手続き（新規加入に需要BG内の他の小売電気事業者の同意が必要か等）

デメリット②については、代表契約者と需要BG内の小売電気事業者いずれの立場からもいえることです。すなわち、まず、代表契約者にとっては、上記のとおり電力の調達代行業務を実施する場合が多いこと等から、需要BGに加入する小売電気事業者の資力が重要となります。また、上記のとおり、需要

BGにどのような事業者が加入しているのかについては、需要BGに加入する際の一つのチェックポイントになるため、選ばれる需要BGとなるためにも需要BGにどのような小売電気事業者を加入させるのかといった点は重要となります。

他方、質問39のとおり、一般送配電事業者に対して代表契約者が支払うインバランス料金等は、代表契約者を含めた需要BGに加入する小売電気事業者の連帯債務とされています。このため、需要BG内の小売電気事業者が必要な支払ができないことなどにより代表契約者がインバランス料金等を一般送配電事業者に支払わなかった場合、各小売電気事業者が一般送配電事業者に対して全額インバランス料金の支払義務を負うことになります。また、代表契約者が一般送配電事業者に対する各種支払を怠った場合、その需要BGに加入する小売電気事業者の債務不履行にもなり、新規のスイッチングが停止される又は接続供給契約が解除される可能性が出てくることになります。このように、代表契約者は需要BGに加入する小売電気事業者の資力を、需要BGに加入する小売電気事業者は代表契約者の資力を慎重に見極めることが極めて重要となります。なお、デメリット②を回避するため、電源の調達、需給管理業務、一般送配電事業者とのやり取り等を委託しつつも、需要BGには入らず単独BGとするケースもあります。この場合は、メリット①を受けることができない点は留意が必要です。

質問41

需要BGで発生したインバランスの需要BG内部での精算の考え方について教えてください（電力のみ）。

❶インバランス精算の方法

インバランス精算の方法としては、大きく分けて、以下の3つの方法が考えられるところです。

① インバランス単体での精算をしない。
② 需要BG内の小売電気事業者の計画値に従って精算。
③ 月単位で発生するインバランス料金を各小売電気事業者の需要量等で比例按分して精算。

❷①の方法について

①の方法については、需要BG内部では、インバランスの精算をせず、実需要量に応じて卸供給料金として精算をする考え方です。例えば、代表契約者Aがいて、その需要BGにBがおり、需要BG全体の需要計画が300、Bの需要計画が100だったとします。ところが、需要が予想より伸び、需要BG全体の需要実績が330となり、Bの需要が110となったとします。この場合、需要BG全体としては30の不足インバランスが生じており、一般送配電事業者から30のインバランス補給を受けていることになります。①の方法は、この場合でも、30の不足インバランス料金の精算はBとの関係では行わず、需要計画から外れた量（10）についても予め定めた卸供給料金で支払ってもらうという考え方となります。

卸供給料金が、固定的な金額であれば、Bにとっては、実際に需要BGにおいて発生したインバランス料金に関わらず、支払う金額が固定されるため、インバランス料金が高騰することによるリスクを負わないこととなり、この点で需要BGに加入するメリットがあるといえます。

❸②の方法について

②の方法については、インバランス料金は、需要BG全体で精算されるものの、広域機関に需要計画を提出する場合、需要BG内の小売電気事業者の需要計画も参考値として提出するため、この提出した需要計画に応じて、インバランス精算をするという考え方です。例えば、上記の例を前提とすると、Bには、10の不足が生じているため、この量について、個別にインバランス精算（＝Aが一般送配電事業者に支払うインバランス料金単価に基づき精算）をすることになります。

この方法は、Bとしては、需要BGに属していない場合と同様の精算関係となりますので、BにとってはBGに属するメリットがないといえます。加えて、需要BG内の他の小売電気事業者のインバランス料金に関する未払いリスクを負担することを考えると、このような精算方式が取られている需要BGには加入しないことが得策といえます。

❹③の方法について

③の方法については、需要BG全体で生じたインバランスを需要BG内の各小売電気事業者の需要比率で案分する方式であるため、インバランス量が減少するという需要BG組成のメリットを享受できる一つの精算方法といえます。

上記の例を前提とすると、Bは、100の需要計画に係る部分を卸供給料金として精算し、残りの10に対する対価として、10（30×（110÷330））のインバランス料金を支払うことになります。

但し、二重の支払が生じていないかは確認が必要です。すなわち、実際に、実需要量に応じて卸供給料金を請求し、かつ、インバランス料金の支払を求めているケースもあるためです。例えば、上記の例を前提とすると、Bが110の卸供給料金を支払い、10のインバランス料金を支払うことになると、Bは、110の電力の供給しか受けていないにも関わらず、120の電力の供給に相当する料金をAに支払っていることになるため注意が必要です。

この点は、きちんと確認することが必要となります。なお、上記では不足インバランスが生じた場合を例に説明しましたが、余剰インバランスが生じた場合も基本的には同様の考え方に基づいて精算することになります。

（3）小売電気事業者・ガス小売事業者の取次ぎ実施の際の留意点

質問42

小売電気事業者・ガス小売事業者の取次ぎ実施の際の留意点を教えてください。

小売GLにおいては、以下の事項を遵守することが求められています（電力小売GL2（2）イiii）（34頁）、ガス小売GL2（2）イiii）（17、18頁））。

① 託送供給契約を小売事業者が締結すること。但し、ガスのワンタッチ供給の場合（詳細は、質問50をご参照ください）は、託送供給契約はガス小売事業者が締結せず、ガス小売事業者に供給を行う卸売事業者が託送供給契約を締結することが求められます。

② 取次業者が説明義務・書面交付義務を遵守すること。特に電力・ガスの供給の主体が取次業者ではなく、小売事業者が行っていることについて誤解を生じさせないように注意して説明をすること。

③ 小売事業者としての義務（供給能力の確保（電気第2条の12第1項、ガス第13条第1項）、苦情等の処理（電気第2条の15、ガス第16条）など）は小売事業者が負うこと。

④ 取次委託契約の解除等による不利益を需要家に負わせないよう、十分な需要家保護策をとること。

⑤ 順次取次ぎ・需要家側の取次ぎは行わないこと。

取次ぎと媒介、代理との最大の違いは、小売供給契約の締結の主体と電力・ガスの供給主体が異なる点にあります。そして、取次ぎの場合、小売供給契約の主体が取次業者であることから、需要家としては、電力・ガスの供給が取次業者から行われていると考えるのが通常といえます。そのため、上記のうち、②の電力・ガス供給の主体に関する説明については、特に小売供給契約締結の際に適切な説明をし、交付する契約締結前書面及び契約締結後書面において適切な記載をすることが重要となります。また、広告・宣伝等の営業活動を行う際も需要家に誤解を生じさせないような説明や記載が必要となります（詳細は、質問46をご参照ください）。併せて、小売事業者と取次業者との間で締結する取次委託契約においても、電力・ガスの供給主体は、明確にしておくことが必要となります。

次に、③に関してですが、苦情や問い合わせ対応について、取次業者が行うことが認められないということではありません。③は、取次業者が適切かつ迅速に実施しなかった場合に、その義務違反を小売事業者が問われることを意味します。このこと自体は、媒介や代理であっても同様ですので、媒介等業者を活用して電力・ガスを販売する際に共通して留意すべき事項といえます。もっとも、上記のとおり、取次ぎの場合は、小売供給契約の主体が小売事業者ではなく取次業者という点が媒介や代理と異なるため、その点の差異を踏まえた対応が必要となります。具体的には、契約内容の変更・解約等について、取次業者に迅速に対応させることや、小売事業者に直接小売供給契約の変更や解約等の申し出があった場合、取次業者と連携して迅速に対応を実施することなどが求められます（電力における議論について、第1回制度設計専門会合資料5-1（27頁）をご参照ください）。これらについては、小売事業者と取次業者との間で締結する取次委託契約において合意しておくべき事項といえるでしょう。

また、④における十分な需要家保護策の内容については、質問43をご参照ください。

⑤のうち順次取次ぎとは、取次業者がさらに他の者に取次ぎを委託することをいいます（電力小売 GL2（2）イ iii）（34 頁）、ガス小売 GL2（2）イ iii）（18 頁））。この順次取次ぎは、権利関係が複雑化することから認められていません。但し、取次業者がその媒介や代理を行う者を使うことは認められます。この点については、質問 44 を、需要家側の取次ぎが認められない点については、質問 32、2 をご参照ください。

質問 43

取次ぎを行う場合、小売 GL においては、十分な需要家保護策をとることとされていますが、具体的にはどのような対応をすればいいのでしょうか。

小売 GL によれば、小売事業者が、取次業者の債務不履行等を理由とする取次委託契約の解除をする場合、当該解除による不利益を需要家に負わせることのないよう措置することなどが求められるとされています。そして、この措置の具体例として、小売事業者が従前と同等の小売供給契約を需要家と直接契約することが挙げられています（以上について、電力小売 GL2（2）イ iii）（34 頁）、ガス小売 GL2（2）イ iii）（18 頁））。

このような措置を求めているのは、取次委託契約が終了した場合、電力の供給が小売事業者から行われなくなるため、需要家は取次業者との小売供給契約があるにもかかわらず、電力の供給を受けることができないといった不利益が発生してしまうためです。

この小売 GL を踏まえると、取次委託契約終了後に、需要家を引き継ぐ小売事業者の立場としては、取次業者が販売する電気・ガス料金等の供給条件の設定及びその方法については、取次業者に任せるのではなく、取次委託契約が終了した後に自社が直接契約をする需要家となることも念頭に置いたうえで取次委託契約において合意をすることが重要となるといえます。

また、小売事業者が取次委託契約の終了に伴い直接契約をする場合、「従前と同等の小売供給契約」とすることが求められていますが、必ずしも全く「同一の条件」が求められているというわけではないと考えられます。例えば、A が小売電気事業者 B の電力の取次業者であると同時に自らがガス小売事業者やプロパンガス事業者である場合において、自社のガスとセット販売を実施し、電気料金を一定額割り引いているケースがあるとします。この場合、電力の取次委託契約の解除によってAとの協業関係が解消された以上、電力の小売供給に関する契約関係を引き継ぐBとしては、セット割引前の電気料金を適用したいところです。この場合においては、セット割引前の電気料金を適用したとしても、直ちに「従前と同等の小売供給契約」ではないと判断される訳ではないと思われます。

但し、少なくとも小売供給契約の締結の際にこの点について十分に説明すると共に交付する書面に記載をすることが適切であり、また、実際にBが小売供給契約を引き継ぐ際に需要家に対して適切な説明を行い、需要家が他の小売事業者へ切り替える十分な期間を確保する措置を講じる等の需要家保護措置とセットであることが必要と思われる点には、留意する必要があります。

なお、小売GLに挙げられている需要家保護策については、あくまでも一例に過ぎず、取次業者が小売事業登録をし、自らが小売供給を実施したり、他の小売事業者との間で取次委託契約を締結し、取次業者としての業務を継続することも考えられるところです。また、取次委託契約が終了する原因は、取次業者の債務不履行に限らず、小売事業者の債務不履行、契約期間中の契約終了の申出、契約期間の満了等が考えられるところです。そのため、契約終了によって需要家に不利益が生じることのないよう、取次委託契約終了後の需要家の帰属について、取次委託契約において具体的に合意しておくこと、そして需要家とトラブルが生じないように小売供給契約の締結の際に、その点について需要家へ適切な説明等を行うことが重要となります。

質問44

取次業者が代理店を使って電力・ガスの販売を拡大することはできますか。

質問42にあるとおり、順次取次ぎは認められていませんが、取次業者が行う小売供給契約の締結について、その媒介や代理業務を第三者に委託することは認められます。

なお、受託している業務を第三者に委託する場合、通常は、小売事業者との間の取次委託契約において小売事業者の同意が必要とされる点には留意が必要です。

質問 45

小売事業者として、媒介等業者について、公表する必要がありますか。

小売 GL 上、小売事業者は、媒介等業者について、自社のホームページ等においてわかりやすく公表することが望ましいとされています（電力小売 GL2（2）ウ（34 頁）、ガス小売 GL2（2）ウ（18 頁））。

これは、小売事業者の媒介等業者などと称して、各種機器の販売等の勧誘を行う事例があり、かつ、これらの中には、長期間かつ高額のリース契約を伴うものなどがあり、解約に際してのトラブルも発生することが予想されることから、需要家が本当に小売事業者の媒介等業者か否かを確認することができるようにするための措置とされています。

（4） 媒介等業者が営業活動上遵守・留意すべき事項等

質問 46

媒介等業者が営業活動上遵守・留意すべき事項を教えてください。

まず、媒介等業者が、消費者に対してテレビ CM、WEB 広告、チラシなどを用いて営業活動を行う場合は、その広告内容については、景表法の表示規制に留意することが必要となります（具体的には、質問 100 をご参照ください）。

また、その営業活動の方法が特商法上の訪問販売や、電話勧誘販売又は通信販売に該当する場合は、それぞれの特商法上の規制に留意する必要があります（具体的には、質問 92 ～ 99 をご参照ください）。

上記の他、電気事業法・ガス事業法上特に留意すべき点は、電力・ガスの供給主体の点です。

小売 GL においては、媒介等業者によるテレビ CM、WEB 広告、チラシ等において、媒介等業者が「自社の電気・ガスを供給している」旨の表示等を行う場合には、需要家の誤解や混乱を招き、ひいては電気・ガスの使用者の利益の保護に支障が生じるおそれがあるため、問題となる行為とされています（電力小売 GL2（2）イ ii）（33 頁）、ガス小売 GL2（2）イ ii）（16、17 頁））。そのため、電力・ガスの供給主体について誤解のないような表示が必要となります。

具体的には、例えば、「さわやか」というブランドを有する A が、B 小売電気事業者の媒介等業者として営業活動を行う場合の表示として、それぞれ問題ない表示と問題のある表示は図 20 のとおりです。

図20．表示例

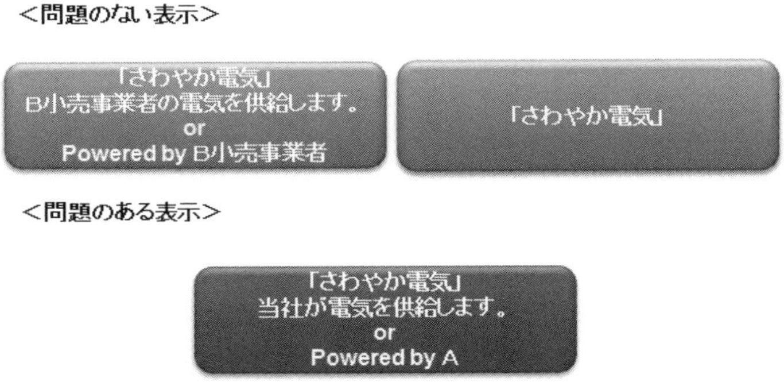

<問題のない表示>

「さわやか電気」
B小売事業者の電気を供給します。
or
Powered by B小売事業者

「さわやか電気」

<問題のある表示>

「さわやか電気」
当社が電気を供給します。
or
Powered by A

また、小売 GL 上、小売事業者が適切に指導・監督をしない行為も問題となる行為となり、小売事業者が監督責任を問われますので（電力小売 GL2（2）イ ii）（33 頁）、ガス小売 GL2（2）イ ii）（16、17 頁））、小売事業者としても媒介等業者が用いる広告やパンフレットについて、問題がないか、きちんと確認をすることが必要となります。

なお、上記のように広告やチラシ等において許容される表示をしていたとしても、実際の営業の現場において媒介等業者が需要家に電力・ガスの供給主体について不適切な説明を行うことにより需要家に誤解や混乱を生じさせるようなケースも想定されます。その場合の説明義務の問題については、質問 47 をご参照ください。

質問 47

媒介等業者が、電力・ガスの供給主体について、媒介等業者がその供給主体であるかのような説明をしていることが判明しました。この場合でも小売供給契約締結の際の説明書面に電力・ガスの供給主体についての説明が記載されているため、説明義務・書面交付義務の観点から問題がないと考えてよいでしょうか。

媒介、取次ぎ、代理いずれの場合も小売供給を行うのは小売事業者ですので、その点について需要家に誤解が生じないように説明をすることが必要となります。

そして、電気事業法及びガス事業法上、媒介等業者は、小売供給契約の締結の媒介等をしようとするときに、①小売事業者の名称や、②自己が行う行為は媒介等であること等を説明し、その際に契約締結前書面を交付する義務が課されていることから（電気第2条の13第1項、電気省令第3条の12第1項第1号及び第2号、ガス第14条第1項、ガス省令第13条第1項第1号及び第2号等）、小売供給契約の締結の媒介等をする際に一定の説明や書面交付さえ実施すれば問題ないようにも思えます。

但し、小売GL上、媒介等業者の需要家に対する説明義務が尽くされているかについては、当該事業者の営業活動もあわせて勘案し、総合的に、需要家が実際に小売供給を行うのは小売事業者であることを十分に理解できるように説明を行っているかどうかという観点からも判断するとされています（電力小売GL2（2）イ ii）（33頁）、ガス小売GL2（2）イ ii）（16、17頁））。

これは、小売供給契約の締結の媒介等をしようとするときに一定の説明をしたとしても、その時点で既に媒介等業者の上記のような営業活動により誤解が生じている場合には、需要家が小売供給の主体を十分に理解しないまま契約を締結してしまうおそれがあるためです。

そのため、小売供給契約の締結の媒介等をしようとする時点で既に、媒介等業者の営業活動により小売供給の主体について誤解が生じている場合には、小売供給の主体について、明示的に説明をする等により需要家の誤解を解くような対応が必要となると考えられます。

質問 48

二次代理店、三次代理店は認められますか。小売事業者として二次代理店、三次代理店の活用を認める場合の留意点について教えてください。

例えば、媒介業者が小売事業者から受託した媒介業務について他の事業者を媒介業者として選任することや、代理業者が小売事業者から受託した代理業務について他の事業者を代理業者として選任すること等は可能です（なお、取次業者に関する論点は、質問44をご参照ください）。通常は、小売事業者が直接媒介業者や代理業者と媒介や代理業務の委託契約を締結することがほとんどですが、媒介業者や代理業者が子会社等を活用してさらに販路を広げようとする場合等に利用するニーズがあります。

但し、小売事業者としては、媒介業者か代理業者に対して業務を委託したとしても、電気事業法・ガス事業法上の責任を免れることにはならないため、媒介業者や代理業者を管理・監督する必要があります。そして、小売事業者からみると二次代理店や三次代理店は直接の契約関係にはないという特殊性があることから、媒介業者又は代理業者が二次代理店や三次代理店に業務を委託する場合、小売事業者としては最低限の対応として、小売事業者と媒介業者や代理業者との契約において①媒介業者又は代理業者が負う義務と同様の義務を当該二次代理店や三次代理店に対して負わせること、②二次代理店や三次代理店の行為は媒介業者や代理業者自身の行為としてみなすこと等により当該媒介業者又は代理業者が二次代理店や三次代理店の行為について一切の責任を負うことを規定することが必要といえます。

また、上記のとおり小売事業者と二次代理店や三次代理店は直接の契約関係にはないことから、仮に二次代理店や三次代理店が説明義務等に違反して、小売事業者に対して損害を生じさせた場合、当該二次代理店や三次代理店に対して契約上の責任を追及することができず、不法行為責任しか追及ができないという問題があります。

このような場合は、上記のような媒介業者又は代理業者との契約上の手当てをすることにより契約責任を媒介業者又は代理業者に追及をしていくことになりますが、二次代理店や三次代理店に対しても契約責任を追及するためには、二次代理店や三次代理店も契約主体として小売事業者、媒介業者又は代理業者との３社間・４社間契約を締結することも考えられるところです。

（５）その他モデル（高圧一括受電・一括受ガス、ワンタッチ供給モデル）

質問 49

上記の提携モデルのほか、マンション等において電力では高圧一括受電モデルが認められていると聞いていますが、どのようなモデルでしょうか。また、ガスの場合も同様に認められるものでしょうか。

❶高圧一括受電について

（1）高圧一括受電が認められる背景・理由

マンションやオフィスビルにおいて、高圧一括受電業者が受電設備を所有又は維持・管理をしている場合、その高圧一括受電業者は小売電気事業の登録をせずに受電設備で受電した電力を最終需要家に対して供給することが認められています。

高圧一括受電については、低圧で電気を供給してもらう場合より高圧で電気を供給してもらう場合の方が、託送料金が安いことから、小売全面自由化前に、マンションの需要家が、部分自由化の恩恵（＝託送料金が安くなる分電気代が安くなるという恩恵等）を受けられるようにすることを主な目的として考えられたモデルです。

これは、受電設備を所有又は維持・管理をしている高圧一括受電業者は、受電設備により電気の供給を受けているという実態（以下「受電実態」といいます）を有しているという点に着目し、マンションやオフィスビル等を一体として一の需要場所とみることで、高圧一括受電業者を小売供給契約（電力）の需要家とする考え方です。

この場合、高圧一括受電業者からマンション各個の居住者やオフィスビルのテナント等の最終需要家に対する供給は、一の需要場所内の電気のやり取りとして、電気事業法上の規制の対象外と考えられています（電力小売 GL2 (3) (35頁))。

具体的には、図 21 によれば、A から受電実態を有する高圧一括受電業者 B に対する供給が小売供給となりますので、B については小売電気事業の登録は不要と整理されます。

図21. 高圧一括受電のイメージ

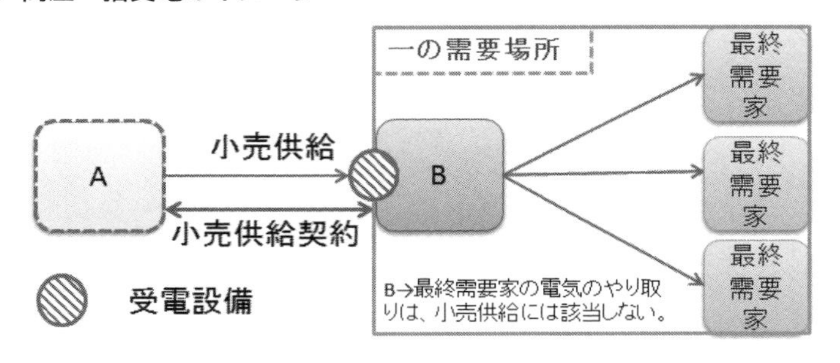

(2) 需要家保護の在り方

高圧一括受電業者の最終需要家に対する電力の供給については、電気事業法上の規制の対象外であるからといって、最終需要家に対する適切な情報提供や苦情や問い合わせ対応を怠ることにより、最終需要家の利益が害されてよいことにはなりません。

そのため、電力小売 GL において、高圧一括受電業者に対しては、小売電気事業者が電力小売 GL で定められる需要家保護策と同等の措置を適切に行うことが望ましいとされています（電力小売 GL1（2）イ iv）（9･10 頁）、2（3）（35頁））。具体的には、小売供給契約（電力）締結の際の説明義務や書面交付義務の履行及び需要家又は需要家となろうとする者からの苦情及び問い合わせ対応業務の適切な履行をすることなどが考えられます。また、これに加えて、管理組合による集会において高圧一括受電サービスの導入に係る決議を行うために住民説明会等が行われる場合には、高圧一括受電業者は、その際にも十分な説明を行うことが望ましいとされています（電力小売 GL1（2）イ iv）（10 頁））。

(3) 近時の議論（需要家保護・需要家の選択肢）

2018 年 12 月時点における高圧一括受電のマンションは、約 6,700 棟、供給戸数は約 650,000 戸あるとされています。近時では、経済産業省の審議会において、マンションの一括受電業者に対して、需要家に対する説明・書面交付及び苦情及び問い合わせ対応業務の状況についての調査結果が報告され、その中では一部の事業者において、供給条件の説明項目の不足や、契約締結時の書面不交付等の手続き漏れが散見されたと報告されています。同審議会では、今後、高圧一括受電業者の意見を聴きつつ、どのような需要家保護策を図っていくのかを検討する方向性が示されています（第16回基本政策小委員会資料6）ので、議論の動向も注視することが必要です。

また、近時では、高圧一括受電に関しては、需要家保護の在り方の問題のほか、最終需要家が単独で他の事業者への電力供給に切り替えることができなくなるため、需要家が供給を受ける電力や事業者の選択に対する制約となるといった弊害も指摘されています。

上記のとおり、高圧一括受電については、小売全面自由化前に、マンションの需要家が、部分自由化の恩恵を受けられるように考えられたモデルであることからすれば、全面自由化後の高圧一括受電の在り方については、今後、検討していくことが必要となるように思われます。

❷一括受ガスについて

（1）一括受ガスが認められない背景・理由

ガスの場合、マンションやオフィスビル等に対するガスの供給に関する一括受ガスモデルは、以下の問題点があることを理由として認められていません（ガス小売GL2（1）ア（13、14頁））。

まず、マンションやオフィスビル等に対するガスの供給は、そのほとんどが低圧導管により供給されているのが実態ですが、その供給が低圧導管によって行われる場合、敷地外の低圧導管から敷地内の内管を通じて直接マンションの各戸やオフィスビルの各テナント等に対して行われるため、一括受ガス業者が何らかの設備の所有や維持・管理を行っている訳ではないことが多く、高圧一括受電の場合と異なり、ガスの供給を受けているという実態（＝受ガス実態）がないことになります。

また、高圧一括受電の場合と異なり、マンションやオフィスビル等に対するガスの供給が低圧・中圧・高圧のいずれであるかにかかわらず、一括受ガスを認めた場合、以下の３つの問題が指摘されています。

① 一括受ガス業者が各戸に設置するガスメーターは、ガス事業法上の保安規制を及ぼせないため、マイコンメーター（異常時における遮断機能を有したものをいいます）の設置を義務付けられないこと

② 一括受ガス業者がガバナー等の設備を所有又は維持管理していたとしても、ガス事業法上、一般ガス導管事業者に保安義務があり、一括受ガス事業者が実質的な維持・管理を行っているとはいえないこと（ガス第61条第1項）

③ 最終需要家毎のスイッチングができないこと、及びガス小売事業者等の供給条件の説明義務、書面交付義務、苦情等の処理義務といったガス事業法上の需要家保護を確保できないこと

③は高圧一括受電も同様ですが一括受ガスは、小売全面自由化前においても認められた類型ではないことも、高圧一括受電との結論の違いが生じている大きな理由の1つと考えられます。

(2) 一括受ガスを行った場合の罰則等

ガス小売事業者の登録をしていない事業者が一括受ガスを行う場合、無登録営業としてガス第3条に違反し、1年以下の懲役若しくは100万円以下の罰金又はこれらの併科の対象となります（ガス第196条第1号）。また、ガス小売事業者が一括受ガスを行う場合、業務改善勧告・命令の対象となります（ガス第178条第1項）。業務改善命令に違反した場合は、300万円以下の罰金の対象となります（ガス第199条第1項）。

(3) 近時の議論（ガス事業制度検討WG）

質問12、3（2）のとおり、ガス事業制度検討WGにおいて、一括受ガスの緩和に関する議論が行われましたが、電力との実態の違い等を理由として、一括受ガスは認められませんでした。

他方で、旧一般ガス事業者において、本来、最終需要家と契約を締結する必要があるにもかかわらず、複数の最終需要家を束ねた契約がされている事例も報告されています。これは、百貨店のテナントに資本関係のない法人が事後的に入った場合など、事後的に生じたものが多いとされていますが、このような状態は、可能な限り早期に是正することが求められるといえます。

質問50

ガスにおいては、ワンタッチ供給が認められるとのことですが、どのようなモデルでしょうか（ガスのみ）。

ワンタッチ供給とは、ガス小売事業者が需要家の需要場所において卸売事業者からガスの卸供給を受け、その需要場所において卸供給を受けたガスによる小売供給を行うことをいいます（ガス小売 GL2（3）（19 頁））。ワンタッチ供給については、小売全面自由化以前から、ガス事業法上ガスの卸供給のための託送供給が認められていたことから、中圧を中心に大口ガス事業者により行われていました。ガス小売事業に参入する一つのハードルとして、日々の払出計画の作成等の需給管理業務や託送供給契約に基づく注入計画と注入実績との差に関する精算等の実務が挙げられます。ワンタッチ供給の最大の特徴は、ガス小売事業者が一般ガス導管事業者との間で託送供給契約を締結せず、日々の払出計画作成等の業務は卸売事業者が実施することになり、インバランスの負担も第一義的には託送供給契約の締結主体である卸売事業者となる点にあります。このため、特に新規のガス小売事業者にとっては、メリットがある仕組みといえます。

質問 12、3（1）で触れた、スタートアップ卸において、ワンタッチ供給が活用されているのもそのためです。

なお、ワンタッチ供給については、ガス小売事業者が需要家から小売供給契約（ガス）解除の通知を受けた場合、卸売事業者との間で、その解除の通知を受けた需要家へのガスの供給に相当する卸供給を終了することが必要となります。これを不当に怠った場合、新たに小売供給契約（ガス）を締結するガス小売事業者（新たな契約もワンタッチ供給の場合はガスの卸売事業者）による託送供給契約の締結を阻害することになり、需要家がガスの供給を受けられないという事態が発生しかねません。そのため、このような行為は問題となる行為とされている点には、留意が必要です（ガス小売 GL2（3）（19 頁））。

図22. ワンタッチ供給のイメージ

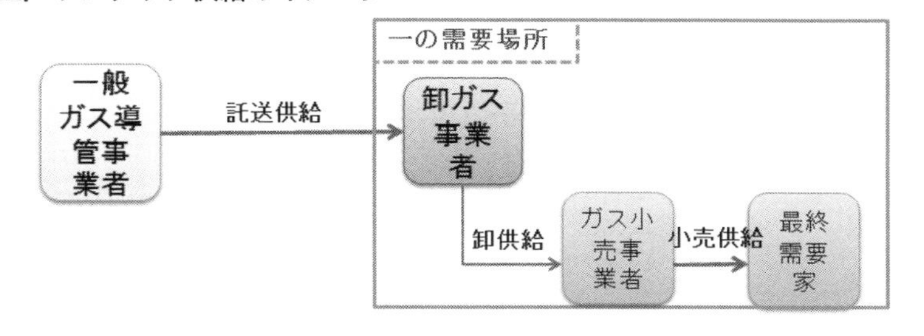

7

需要家トラブルを起こさないために

(1) 説明義務・書面交付義務について

ア 総論

質問 51

電力・ガスを小売販売する際に必要な説明義務・書面交付義務の概要について教えてください。

❶電力の小売販売について

電気事業法上、小売電気事業者が小売供給契約（電力）の締結をしようとするときは、①その小売供給に係る料金その他の供給条件を説明（電気第2条の13第1項）し、その際には、②当該供給条件を記載した書面を原則として、交付しなければならない（同第2項）とされています（説明義務及び契約締結前書面交付義務）。

また、小売電気事業者が、小売供給契約（電力）の締結をしたときは、遅滞なく、供給条件などを記載した書面を交付しなければならない（電気第2条の14第1項）とされています（契約締結後書面交付義務）。

これらの義務は、小売電気事業者のみではなく、媒介等業者も対象となっていますので、実務上は、これらの義務の履行を小売電気事業者が行うのか、媒介等業者が行うのかについて取り決めておく必要があります。

具体的に説明すべき事項としては、電気省令第3条の12第1項において、小売供給に関する料金等の具体的内容が規定されています（詳細は質問54、2をご参照ください）。

なお、締結に際して説明すべき事項と契約締結前書面の記載事項は同じ（電気省令第3条の12第8項）ものの、契約締結前書面と契約締結後書面の記載内容（電気省令第３条の13第２項）は、まったく同一ではない点には留意が必要です（詳細は質問60をご参照ください）。

❷ガスの小売販売について

ガス事業法も同様に、ガス小売事業者及びその媒介等業者に対して、小売供給に係る料金その他の供給条件について、①需要家に対する説明義務（ガス第14条第１項）及び、②当該説明をする際の書面交付義務（同第２項）を課しています（説明義務及び契約締結前書面交付義務）。また、電気事業法と同様に、ガス小売事業者及びその媒介等業者は、需要家と小売供給契約（ガス）を締結したときは、遅滞なく、料金その他の供給条件を記載した書面を交付しなければならない（ガス第15条第１項）とされています（契約締結後書面交付義務）。

具体的に説明すべき事項としては、ガス省令第13条第１項において、規定されており（詳細は質問54、３をご参照ください。）、説明義務・書面交付義務に関する基本的な法令上の関係性は電力と同様となります。

質問52

説明義務・書面交付義務は、小売全面自由化によって、なぜ新たに課されることになったのでしょうか。

小売全面自由化前においては、小売供給契約を結ぶ際に供給約款等を確認してその供給条件を確認した経験のある人はごく少数の方に限られるのではないかと思います。例えば、引っ越しの際は電話一本で済ませることのほうが多かったと思われます。かくいう筆者も供給約款等を確認したことはありませんでした。

これは、小売全面自由化前は、基本的には料金を含めた電力・ガスの供給条件が記載されている供給約款を国（経済産業大臣）が認可をすることとされており、その認可の際に、料金その他の供給条件の適切性・妥当性を国（経済産業大臣）が確認することとなっていたためです。従って、小売全面自由化前は供給を受ける際に、その条件の確認をすることは基本的には想定されていなかったといえます。

しかしながら、小売全面自由化により、経過措置料金規制（質問７、２及び

11、2をご参照ください）が残る部分を除き、国（経済産業大臣）による供給条件の認可が行われません。一方で、小売事業者は自由に料金メニューを作ることが認められているため、需要家にとっては、多様な事業者による多様なメニューをきちんと理解することが小売供給契約を締結する前提として不可欠となります。

そのため、小売事業者に対して、供給条件に関する説明及び書面交付が義務付けられることになったのです。

質問53

説明義務・書面交付義務は、消費者に電力・ガスを供給する場合のみに課されるものでしょうか。法人に電力・ガスを供給する際には、課されないという理解でよいでしょうか。

確かに、法人への供給が大部分を占める分野のみが自由化されていた小売全面自由化前の時点においては、説明義務・書面交付義務が課されていませんでした。

もっとも、小売全面自由化後は、法人（コンビニエンスストアや商店等が法人である場合等）が低圧で電力・ガスの供給を受ける場合であっても、説明義務・書面交付義務が免除されることはありません。また、高圧・特別高圧（電力）や大口（ガス）の分野においても、低圧と同様に説明義務・書面交付義務が課されることとなっています。これは、電力・ガスの需要家が自ら供給を受ける電力・ガスの条件について十分理解したうえで小売供給契約を締結することの重要性は個人であっても法人であっても変わらないことを重視し、小売全面自由化に際し、個人・法人問わず説明義務・書面交付義務を課すこととしたものと考えられます。

なお、一般論としては、消費者へ販売する場合と法人へ販売する場合とで求められる説明の程度等には一定の違いはあり得るところですが、そうであるからといって、法人に対して電力・ガスを販売する際に説明義務・書面交付義務自体が免除されるものではない点には、注意が必要となります。

イ　説明義務・契約締結前書面交付義務

質問 54

小売供給契約締結の際にどのような事項について説明する必要があるのでしょうか。

❶説明事項の概要

小売事業者等に求められる供給条件に関する説明事項は、電力の場合は25項目（電気省令第３条の12第１項）、ガスの場合は27項目（ガス省令第13条第１項）と多岐にわたります。その内容としては、需要家が知っておくべき、又は関心の高い、料金やその支払に関する事項、解約の際の違約金等に関する事項、小売事業者や媒介等業者の連絡先等に関する事項などが中心となります。具体的には、それぞれ以下のとおりです。各項目において留意すべき事項を併せて記載していますので、そちらもご確認ください。なお、小売事業者が媒介等業者の業務の方法についての苦情及び問合せを行うこととしている場合は、媒介等業者の苦情及び問い合わせに応じることができる時間帯の記載（以下の２④及び３④）は不要となります。

❷電気事業法に基づく説明事項

① 小売電気事業者の氏名又は名称及び登録番号

② 媒介等業者が小売供給契約（電力）の締結の媒介等を行う場合にあっては、その旨及び媒介等業者の氏名又は名称

③ 小売電気事業者の電話番号、電子メールアドレスその他の連絡先並びに苦情及び問合せに応じることができる時間帯

④ 媒介等業者が小売供給契約（電力）の締結の媒介等を行う場合にあっては、媒介等業者の電話番号、電子メールアドレスその他の連絡先並びに苦情及び問合せに応じることができる時間帯

⑤ 小売供給契約（電力）の申込みの方法

⑥ 小売供給開始の予定年月日

⑦ 小売供給に係る料金（料金の額の算出方法を含む）

⑧ 電気計器その他の用品及び配線工事その他の工事に関する費用の負担に関する事項

※電気計器その他の用品に関する需要家の費用負担や、電線や引込線等の設備の工事に伴う需要家の費用負担が生じるのか否か（費用負担が小売供給に係る料金に含まれる場合にはその旨を明示することを含みます）及び費用負担の算定方法などが考えられます（電力小売 GL【参考】1（3）ア（49・50 頁））。

⑨ ⑦及び⑧に掲げるもののほか、小売供給を受けようとする者の負担となるものがある場合にあっては、その内容

※領収書等を発行する際に、手数料がかかる場合はその旨を明記することなどが考えられます。

⑩ ⑦～⑨に掲げる小売供給を受けようとする者の負担となるものの全部又は一部を、期間を限定して減免する場合にあっては、その内容

※特定の需要家に対する割引キャンペーンなどで期間限定でないものなどがある場合は⑦の料金の説明として行う必要があります（電力小売 GL【参考】1（3）ア（50 頁））。

⑪ 小売供給契約（電力）に契約電力又は契約電流容量の定めがある場合にあっては、これらの値又は決定方法

⑫ 供給電圧及び周波数

⑬ 供給電力及び供給電力量の計測方法並びに料金調定の方法

※具体的には、検針日、料金の算定期間・算定方法、使用電力量の計量方法及び日割計算に関する規定を設けることなどが考えられます（電力小売 GL【参考】1（3）ア（50 頁））。

⑭ 小売供給に係る料金その他の小売供給を受けようとする者の負担となるものの支払方法

※具体的には、料金の支払方法（口座振替、クレジットカード、払込み等）のほか、⑧の電気計器その他の用品及び配線工事その他の工事に関する費用負担に関する精算方法（一括前払いなのか、複数回での分割払いなのか等）が考えられます（電力小売 GL【参考】1（3）ア（50 頁））。

⑮ 一般送配電事業者から接続供給を受けて小売供給を行う場合にあっては、託送供給等約款に定められた需要家の責任に関する事項

※小売供給を行うに当たり必要な工事を行うために一般送配電事業者など関係事業者が需要家の敷地内などに立ち入ることがあり、その立入りを許可するなど需要家の協力が必要な場合があるため、その旨を規定することが必要となります。その他、託送供給等約款上定められる、託送供給等に伴う需要家の協力、保安等や調査に対する需要家の協力に関する規定について、その概要をわかりやすく記載することが必要となります。

⑯ 小売供給契約（電力）に期間の定めがある場合にあっては、その期間

⑰ 小売供給契約（電力）に期間の定めがある場合にあっては、その更新に関する事項

⑱ 需要家が小売供給契約（電力）の変更又は解除の申出を行おうとする場合における小売電気事業者（媒介等業者が小売供給契約（電力）の締結の媒介等を行う場合にあっては、媒介等業者を含む）の連絡先及びこれらの方法

⑲ 需要家からの申出による小売供給契約（電力）の変更又は解除に期間の制限がある場合にあっては、その内容

⑳ 需要家からの申出による小売供給契約（電力）の変更又は解除に伴う違約金その他の需要家の負担となるものがある場合にあっては、その内容

㉑ ⑲及び⑳に掲げるもののほか、需要家からの申出による小売供給契約（電力）の変更又は解除に係る条件等がある場合にあっては、その内容

㉒ 小売電気事業者からの申出による小売供給契約（電力）の変更又は解除に関する事項

㉓ その小売電気事業の用に供する発電用の電気工作物の原動力の種類その他の事項をその行う小売供給の特性とする場合又は媒介等業者が、小売電気事業者が行う小売供給（その小売電気事業の用に供する発電用の電気工作物の原動力の種類その他の事項をその行う小売供給の特性とするものに限る）に関する契約の締結の媒介等を行う場合にあっては、その内容及び根拠

※電源特定メニューや地産地消メニューなど電源構成や地産地消であることを供給する電気の特性として、アピールして販売する場合をいいます。具体的には、質問 86 をご参照ください。

㉔ 需要家の電気の使用方法、器具、機械その他の用品の使用等に制限がある場合にあっては、その内容

㉕ ①～㉔に掲げるもののほか、小売供給に係る重要な供給条件がある場合にあっては、その内容

説明・契約締結前書面記載事項に過不足がないかについては、別紙 1-1 にチェックリストを作成しましたので、そちらを活用してください。

❸ガス事業法に基づく説明事項

① ガス小売事業者の氏名又は名称及び登録番号

② 媒介等業者が小売供給契約（ガス）の締結の媒介等を行う場合にあっては、その旨及び媒介等業者の氏名又は名称

③ ガス小売事業者の電話番号、電子メールアドレスその他の連絡先並びに苦情及び問合せに応じることができる時間帯

④ 媒介等業者が小売供給契約（ガス）の締結の媒介等を行う場合にあっては、媒介等業者の電話番号、電子メールアドレスその他の連絡先並びに苦情及び問合せに応じることができる時間帯

⑤ 小売供給契約（ガス）の申込みの方法及び申込みの取扱いに関する事項

⑥ 小売供給開始の予定年月日

⑦ 小売供給に係る料金（料金の額の算出方法を含む）

⑧ 導管、ガスメーターその他の設備に関する費用の負担に関する事項

※具体的には、内管や本支管、整圧器等の設備の工事に伴い需要家に費用の負担が生じるのか否か（費用負担が小売供給に係る料金に含まれる場合にはその旨を明示することを含みます）及び費用負担の算定方法などが考えられます（ガス小売 GL【参考】1（3）ア（30・31 頁））。

⑨ ⑦及び⑧に掲げるもののほか、小売供給を受けようとする者の負担となるものがある場合にあっては、その内容

※領収書等を発行する際に、手数料がかかる場合はその旨を明記することなどが考えられます。

⑩ ⑦～⑨に掲げる小売供給を受けようとする者の負担となるものの全部又は一部を期間を限定して減免する場合にあっては、その内容

※特定の需要家に対する割引キャンペーンなどで期間限定でないものなどがある場合は⑦の料金の説明として行う必要があります（ガス小売 GL【参考】1（3）ア（31 頁））。

⑪ ガス使用量の計測方法及び料金調定の方法

※具体的には、検針日、料金の算定期間・算定方法、ガス使用量の計量方法及び日割計算に関する規定を設けることなどが考えられます（ガス小売 GL【参考】1（3）ア（31 頁））。

⑫ 小売供給に係る料金その他の小売供給を受けようとする者の負担となるものの支払方法

※具体的には、料金の支払方法（口座振替、クレジットカード、払込み等）のほか、⑧の導管、ガスメーターその他の設備に関する費用負担に関する精算方法（一括前払いなのか、複数回での分割払いなのか等）が考えられます（ガス小売 GL【参考】1（3）ア（31 頁））。

⑬ 供給するガスの熱量の最低値及び標準値その他のガスの成分に関する事項

⑭ ガス栓の出口におけるガスの圧力の最高値及び最低値

⑮ 供給するガスの属するガスグループ並びに小売供給を受けようとする者からの求めがある場合にあっては、燃焼速度及びウォッベ指数

⑯ 一般ガス導管事業者又は特定ガス導管事業者から託送供給を受けて小売供給を行う場合にあっては、託送供給約款に定められた需要家の責任に関する事項（㉕に掲げる事項を除く）

※小売供給を行うに当たり必要な工事を行うためにガス導管事業者など関係事業者が需要家の敷地内などに立ち入ることがあり、その立入りを許可するなど需要家の協力が必要であることなどが想定されることから、その旨を記載することが必要となります。その他、託送供給約款上定められる、託送供給に伴う需要家の協力、保安等や調査に対する需要家の協力に関する規定について、その概要を分かりやすく記載することが必要となります（ガス小売 GL【参考】1（3）ア（31 頁））。なお、多くの託送供給約款においては、個別の条項で「①ガス小売事業者が小売供給契約締結時に交付する書面等に記載し、需要家へ通知し、承諾書等により承諾を得ること、②一般ガス導管事業者が、需要家が承諾していることについて疑義が生じた場合に、当該承諾書等の確認をすることがあること」との記載があり、基本的にはこの記載がある条項が本号に該当する事項となります。

⑰ 小売供給契約（ガス）に期間の定めがある場合にあっては、その期間

⑱ 小売供給契約（ガス）に期間の定めがある場合にあっては、その更新に関する事項

⑲ 需要家が小売供給契約（ガス）の変更又は解除の申出を行おうとする場合におけるガス小売事業者（媒介等業者が小売供給契約（ガス）の締結の媒介等を行う場合にあっては、媒介等業者を含む）の連絡先及びこれらの方法

⑳ 需要家からの申出による小売供給契約（ガス）の変更又は解除に期間の制限がある場合にあっては、その内容

㉑ 需要家からの申出による小売供給契約（ガス）の変更又は解除に伴う違約金その他の需要家の負担となるものがある場合にあっては、その内容

㉒ ⑳及び㉑に掲げるもののほか、需要家からの申出による小売供給契約（ガス）の変更又は解除に係る条件等がある場合にあっては、その内容

㉓ ガス小売事業者からの申出による小売供給契約（ガス）の変更又は解除に関する事項

㉔ 災害その他非常の場合における小売供給の制限又は中止に関する事項

※電気事業法においては、この点は、説明義務の対象とはなっていません。

㉕ 導管、器具、機械その他の設備に関する一般ガス導管事業者、特定ガス導管事業者、ガス小売事業者及び需要家の保安上の責任に関する事項

※具体的には、内管・消費機器の緊急保安及び内管の漏洩検査についてはガス導管事業者が、消費機器の調査・危険発生防止周知についてはガス小売事業者がそれぞれ保安責任を負うこと、その他需要家が負うべき保安責任の内容が考えられます。なお、旧簡易ガス事業者等が自己の維持及び運用する導管により小売供給を行っている需要家に対する関係では、いずれについても当該旧簡易ガス事業者等が保安責任を負うこととなる点は留意が必要です（ガス小売 GL【参考】1（3）ア（31・32 頁））。

㉖ 需要家のガスの使用方法、器具、機械その他の用品の使用等に制限がある場合にあっては、その内容

㉗ ①〜㉖に掲げるもののほか、小売供給に係る重要な供給条件がある場合にあっては、その内容

説明・契約締結前書面記載事項に過不足がないかについては、別紙 1- 3 にチェックリストを作成しましたので、そちらを活用してください。

❹望ましい行為（共通）

以上のほか、小売 GL 上、①質問 116 に記載した事項及び②小売供給契約について需要家がクーリング・オフをした場合や小売事業者から解除された場合などには、需要家が無契約状態となり、電力・ガスの供給が停止されるおそれがあること、そのため、他の小売事業者と小売供給契約を締結するか、最終保障供給（(電力の場合）経過措置料金規制期間中は特定小売供給、（ガスの場合）経過措置料金規制期間中は指定旧供給区域等小売供給又は指定旧供給地点小売供給）を申し込む必要があることについて、説明することが望ましいとされています。

また、③クーリング・オフや小売事業者からの契約解除などにより無契約状態で電力・ガスを使用している需要家から申込みを受けたことを認識した小売事業者等は、当該無契約状態での電力・ガスの使用を解消するため、「クーリング・オフ行使日や小売供給契約の解除日等、無契約状態での電力・ガスの使用を開始した日から小売供給契約締結日までの期間について、自己との小売供給契約の効力を遡らせるか、最終保障供給（(電力の場合）経過措置料金規制期間中は特定小売供給、（ガスの場合）経過措置料金規制期間中は指定旧供給区域等小売供給又は指定旧供給地点小売供給）を受けたとするかのどちらかを選択する必要がある」旨を需要家に対して説明すること、その他必要に応じて

適切な情報提供をすることが望ましいとされています。

なお、この場合、小売事業者が、需要家が無契約状態で電力・ガスを使用している事実を知りつつ、需要家が実際の電力・ガスの使用開始日を偽ることを助長するような行為を行うことは問題となるため、留意が必要です（以上、②及び③について、電力小売 GL1（2）イ ii）（8、9 頁）、ガス小売 GL1（2）イ iv）（11、12 頁））。

質問 55

小売供給契約締結の際の説明及びその際の書面の交付は、どのように行えばいいのでしょうか。基本的な考え方について教えてください。

❶低圧分野について

（1）契約締結前書面について

電力・ガスの供給については、基本的な内容は定型的であって、かつ、不特定多数の人に供給することが前提となります。そのため、需要家に電力・ガスを供給するための基本的な条件については、供給約款という「約款」形式で準備することが一般的となっています。

また、低圧分野のうち家庭への電力・ガスを供給する場合、契約書を取り交わすことは基本的にはなく、申込書等により申込を受けて、申込の際に提供を受ける情報に基づきスイッチングの手続き（小売事業者の切替え手続き）等の供給開始の手続きをし、問題がなければ供給を開始する実務が定着しています。

もっとも、一般的に供給約款を契約締結前書面として交付しているかというと、そうではありません。なぜなら、供給約款は、法令上求められている説明・書面記載事項のみが記載されているものではなく、供給に当たっての全ての条件が記載されており、需要家から申込みを受ける際の説明において、この供給条件の詳細を規定する供給約款だけで説明をしようとすると、需要家にとってわかりにくいという問題があるためです。

そのため、法令上求められている説明・書面記載事項を抽出してわかりやすく説明するための書面（以下便宜的に「重要事項説明書」といいます。）を準備し、この書面に基づいて説明をするという実務が定着しています。この重要事項説明書（供給約款を共に交付する場合はその供給約款も含みます）が供給条件の説明の際に交付する書面、すなわち契約締結前書面という位置づけとなります。

なお、需要家の責任に関する事項など重要事項説明書において供給約款を引用する場合、需要家による確認が可能となるよう、具体的な供給約款の該当箇所を示した形とすることが望ましいといえます。

(2) 説明について

どのような「説明」であれば、説明義務が履行されたといえるかについては、小売GLにおいて、以下の記述があります。

「「説明」とは、単に小売事業者等が説明すべき事項に関する情報を需要家が入手できる状態とする、あるいは需要家に伝達するだけでは不十分であり、需要家が当該事項に関する情報を一通り聴きあるいは読むなどして、その事項について当該需要家の理解の形成を図ることが必要」(電力小売GL【参考】1 (2) (48頁)、ガス小売GL【参考】1 (2) (29頁))。

この内容からすると、例えば、対面による説明の場合、需要家に対し申込書だけを手渡して、供給約款がホームページに掲載されている旨を伝えるといった対応だけでは不十分といえます。もっとも、上記のとおり、小売GL上、需要家が説明すべき事項を「読む」ことも想定されていることを踏まえると、例えば、説明を行うにあたって、重要事項説明書を用いて、料金や解約制限等特に重要な事項については口頭で説明し、その他の重要な事項は読んでもらうなどしたうえで、申込書にチェックボックスや署名欄を設け、供給条件の内容を理解した旨の確認を求めるといった対応は、説明義務が課された趣旨に沿ったものといえます。現在では、このような対応が実務的には一般的に行われているところです。

❷高圧・特別高圧（電力）及び大口（ガス）分野について

(1) 契約締結前書面について

高圧・特別高圧（電力）や大口（ガス）分野においては、供給約款と共に、契約書を締結する実務が一般的といえます。これは、法人同士の契約となることが多く金額も多額に上るという点や、料金等の供給条件に個別性があることが理由といえます。

高圧・特別高圧（電力）や大口（ガス）分野においても、重要事項説明書を作成して交付することが多く、基本的にはそのような対応が望ましいところですが、重要事項説明書を用いない場合もあり得ます。これは、上記のとおり、高圧・特別高圧（電力）や大口（ガス）分野においては、法人との間で契約書を締結する場合がほとんどであり、その場合、通常は契約書を締結するにあたって社内での必要な確認を経ていることが前提となるため、重要事項説明書を作成せずとも、需要家の理解の形成は図ることが可能と考えられるためです。

但し、上記質問53のとおり、需要家が法人であっても、書面交付義務は免除されないため、重要事項説明書を交付しない場合であっても、需要家に対して交付する契約書及び供給約款等においては、電気事業法・ガス事業法に基づき求められる記載事項は全て網羅していることが必要となる点は留意が必要です。

(2) 説明について

高圧・特別高圧（電力）及び大口（ガス）分野において法人と小売供給契約を締結する場合であっても、重要な事項はきちんと説明する必要がある点は変わりはなく、小売GLの規定を踏まえて説明をする必要があります。もっとも、法人に説明する場合と消費者に説明する場合とでその説明の程度について一定の差異はあったとしても、説明義務の履行の観点からは、直ちに問題となるとはいえないと思われます。例えば、見積もりを提示し、料金の交渉を経て個別に契約書を締結する場合においては、料金について改めて口頭で説明するのではなく、重要事項説明書や契約書を交付して確認を求めるといった形を取ることも考えられるところです。

なお、書面交付義務と説明義務双方にいえることですが、高圧・特別高圧（電力）や大口（ガス）分野においても、消費者やそれに準じるような相手方に対して供給する場合にあっては、1（2）に準じた対応が必要となる点には、留意が必要となります。

質問56

契約締結前書面の文字は、どの程度の大きさで記載しなければならないのでしょうか。法律上の規制はありますか。

契約締結前書面の文字の大きさに関しては、電気事業法・ガス事業法上の規制は特にありません。また、小売GLにおいては、「文字の大きさを工夫するなど、読みやすく記載することが望ましい」(電力小売GL【参考】2(2)ア(52頁)、ガス小売GL【参考】2(2)ア(33・34頁))とされていますが、具体的な文字の大きさについての指定はありません。

もっとも、契約変更の際の説明義務の文脈において、電力小売GLにおいては「検針票・請求書の裏面に小さい文字(日本工業規格Z8305に規定する8ポイント未満の文字)」で変更事項を記載するだけでは十分な説明がされたとはいえない(同GL【参考】1(3)イii)(51頁))とされており、また、消費者保護の観点から、特商法に基づき訪問販売や電話勧誘販売の際に消費者に交付することが求められる書面については、日本工業規格Z8305に規定する8ポイント以上とされているところです(特商法省令第5条第3項、第19条第3項)。契約締結前書面も需要家保護のために交付されるものであることから、少なくとも日本工業規格Z8305に規定する8ポイント以上の文字で記載することが適切といえます。

なお、この点は、契約締結後書面も同様といえます。

質問57

契約締結前書面について、「書面」以外の方法で履行をすることは可能でしょうか。その場合の留意点についても教えてください。

❶「書面」以外の履行方法

契約締結前書面については、需要家の承諾を得た場合に限って、以下の3つの方法が書面交付に代わる方法として認められています(電気第2条の13第3項、ガス第14条第3項)。

① 電子メールで送信する方法(電気省令第3条の12第12項第1号、ガス省令第13条第11項第1号)

② Webページでの閲覧による方法(電気省令第3条の12第12項第2号、ガス省令第13条第11項第2号)

③ CD-ROM等の記録媒体の交付による方法(電気省令第3条の12第12項第3号、ガス省令第13条第11項第3号)

❷留意事項

まず、需要家の承諾の方法としては、事前であること、並びに、口頭では足りず、用いる電磁的方法の種類（上記の①〜③いずれの方法であるか）及び内容（ファイルへの記録の方式）を示し、需要家からの書面又は電磁的方法による承諾を取得することが必要となります（電気施行令第2条第1項、電気省令第3条の14、第3条の15、電力小売GL【参考】2（2）ウi）（54頁）、ガス施行令第2条第1項、ガス省令第15条、第16条、ガス小売GL【参考】2（2）ウi）（35頁））。

また、需要家から事後的に求めがあった場合には書面を交付する努力義務がある点にも留意が必要となります（電気省令第3条の12第13項、ガス省令第13条第12項）。

その他、それぞれの方法による場合における留意事項としては、以下のとおりです。

（1）電子メールで送信する方法による場合

受信をした需要家が、必要事項が記載された電子メールの内容をプリントアウトすることで書面を作成することができることが必要とされています（電気省令第3条の12第12項第1号、ガス省令第13条第11項第1号）。

また、後日のトラブルを回避する観点からは、当該需要家から申込みを受けるにあたっては、電子メールに記載された説明事項をよく読み、十分に理解の上で申込みがされていることを確認することが適切といえます。

（2）Webサイトでの閲覧による方法の場合

質問58をご参照ください。

（3）記録媒体による場合

対面による場合は、少なくとも、書面又はCD-ROM等の記録媒体に記録されている事項をパソコンの画面に映し出して質問55に記載する内容に準じた説明をすることが、説明義務の履行という観点から適切と思われます。

質問58

小売事業者等のWebサイトを通じて申込みを受け付ける場合の留意点について教えてください。

小売事業者等のWebサイトを通じて申込みを受け付ける場合、契約手続きが全てWeb上で行われることとなります。

そのため、質問57にあるとおり、需要家が事前に書面又は電磁的方法により承諾した場合、契約締結前書面に代えて、Webページでの閲覧による方法で行うことが認められています。この場合、需要家がWebページに表示された説明事項をプリントアウトすることにより書面を作成することができるようにするか、又は、プリントアウトができない場合は、3カ月間は消去や改変できないようにしなければならないとされています（電気省令第3条の12第12項第2号、ガス省令第13条第11項第2号）。

また、契約締結時の説明についても、需要家がWebページに記載された説明事項を読むことなく申込みをすることを防止する観点から、画面をスクロールすることにより、説明事項を一通り読んだうえで申込画面に進むこととなるよう、申込ボタンを当該ウェブページの最後に表示する、説明内容を理解した旨のチェック項目を設けるなどの工夫をすることが望ましいとされています（電力小売GL【参考】2（2）ウii）②（55頁）、ガス小売GL【参考】2（2）ウii）②（36頁））。

小売事業者等のWebサイトを通じて申込みを受け付ける場合、以上の点に留意することが必要となります。

質問59

電話で申込みを受け付ける場合の留意点について教えてください。

小売事業者等が需要家に対し電話で営業活動をし、電話にて申込みを受け付けることも認められています。

この場合、供給条件の説明の際に書面を交付することを求めようとすると、事前に郵送で需要家に書面を交付する等の対応が必要となり、現実的に困難といえます。そのため、需要家が承諾した場合（※）には、電話での説明の時点で契約締結前書面を交付していることは求められていません（電気省令第３条の12第６項第１号、ガス省令第13条第５項第１号）。

但し、その場合であっても、電話での説明を行った後遅滞なく当該需要家に契約締結前書面を交付しなければならない点には留意が必要です（電気省令第３条の12第７項、ガス省令第13条第６項）。これは、小売事業者が需要家に対し説明する内容は説明義務を課されている全ての事項であって多岐にわたることに配慮し、事後的にせよ書面の交付を求めることとされたものと思われます。

また、電気事業法・ガス事業法上、電話で申込みを受け付ける場合であっても、説明義務が免除されたり軽減されることはありません。そのため、電話で申込みを受け付ける際に、電話口で説明義務の対象となっている事項全てを説明することが必要となる点にも留意が必要となります。

なお、特商法上の電話勧誘販売に該当する場合には、別途特商法上の留意点がありますので、詳細は、質問92、93、96～98をご参照ください。

※需要家からの承諾の取得方法については、特に明示されておらず、電話口で、口頭で承諾を得ることでも足りると思われますが、後日のトラブルを回避する観点からは、電話での会話内容については、録音をしておくこと等の対応が適切といえます。

ウ　契約締結後書面交付義務

質問60

契約締結後書面の記載事項を教えてください。契約締結前書面と同一で問題ないでしょうか。

電気事業法及びガス事業法上、小売事業者は、小売供給契約の締結をしたときは、遅滞なく、供給条件を記載した書面を交付することが求められています（電気第２条の14第１項、ガス第15条第１項）。この趣旨は、成立した契約の内容を明確化することにより、後日当事者間での紛争を予防する点にあります。

このように、小売供給を受けようとする者が料金その他の供給条件を十分に理解した上で小売供給契約を締結することができるよう、交付が義務付けられている契約締結前書面とは趣旨が異なります。そのため、契約締結後書面に記載する内容は、契約締結前書面に記載する内容とは全く同一ではない点には留意が必要となります。

具体的に契約締結後書面で新たに記載することが求められる点は、以下の3つとなります。

① 小売事業者及び媒介等業者の住所（電気第2条の14第1項第1号、ガス第15条第1項第1号）

② 契約年月日（電気第2条の14第1項第2号、ガス第15条第1項第2号）

③ 供給地点特定番号（電気第2条の14第1項第3号、電気省令第3条の13第2項第4号、ガス第15条第1項第3号、ガス省令第14条第2項第4号）

また、契約締結後書面を交付する時点では既に申込みを受けていることから、契約締結前書面に記載が義務付けられる事項のうち、「申込みの方法」については、契約締結後書面に記載することは不要とされています。

契約締結後書面記載事項に過不足がないかについては別紙1-2、1-4にチェックリストを作成しましたのでそちらを活用してください。

質問61

契約締結後書面について、「書面」以外の方法で履行することは可能でしょうか。

❶「書面」以外の履行方法

契約締結後書面については、契約締結前書面と同様、需要家の承諾(※)を得た場合に限り、以下の3つの方法が書面交付に代わる方法として認められています（電気第2条の14第2項、ガス第15条第2項）。

① 電子メールで送信する方法（電気省令第3条の13第5項第1号、ガス省令第14条第5項第1号）

② Webページでの閲覧による方法（電気省令第3条の13第5項第2号、ガス省令第14条第5項第2号）

③ CD-ROM等の記録媒体の交付による方法（電気省令第3条の13第5項第3号、ガス省令第14条第5項第3号）

※承諾の取得方法については、契約締結前書面と同様ですので、質問57も併せてご参照ください。契約締結後書面の場合、実務的には、①重要事項説明書及び供給約款において、需要家が書面以外の方法で提供することについて、承諾をしてもらうことを明記したうえで、②申込時に需要家に重要事項説明書及び供給約款の内容に同意する旨のチェックボックスを設け、当該チェックボックスにチェックしてもらうことなどにより同意を取得するということが行われています。

❷留意事項

契約締結前書面と同様、需要家から事後的に求めがあった場合には書面を交付する努力義務があります（電気省令第３条の13第６項、ガス省令第14条第６項）。

①の電子メールで送信する方法による場合、受信をした需要家が、必要事項が記載された電子メールの内容をプリントアウトすることで書面を作成することができることが必要とされている点には留意が必要です（電気省令第３条の13第５項第１号、ガス省令第14条第５項第１号）。

また、契約締結後書面は、締結をした個々の需要家との間の契約締結日や、需要家毎に割り振られている供給地点特定番号を表示することが求められるため、②のWebページでの閲覧による方法の場合、需要家個々に割り当てられるマイページ等を通じて提供されることとなります。この方法による場合は、契約締結前書面と同様、需要家がWebページに表示された説明事項をプリントアウトすることにより書面を作成することができるようにするか、又は、プリントアウトができない場合は、３カ月間は消去・改変できないようにしなければならないとされている点には留意が必要です（電気省令第３条の13第５項第２号、ガス省令第14条第５項第２号）。

エ　契約変更・更新時の説明義務・書面交付義務

質問 62

供給条件の変更があった場合の説明・書面の交付は、どのように行えばいいのでしょうか。

❶契約変更時の説明・書面交付内容

契約締結時のみならず、契約内容に変更があったときにおいても、その変更内容について需要家に、その変更内容を理解してもらう必要があることから、小売事業者等に電気事業法・ガス事業法に基づく説明及び書面の交付義務が課されることとなります（電気第２条の13条１項、第２項、電気省令第３条の

12第4項、電気第2条の14第1項、同省令第3条の13第4項、ガス第14条第1項、第2項、ガス省令第13条第3項、ガス第15条、同省令第14条第4項)。

具体的には、以下のとおりです。

<説明すべき事項及び契約締結前書面に記載すべき事項>

・変更事項

<契約締結後書面に記載すべき事項>

・変更事項
・小売事業者の名称及び住所
・契約(変更)年月日
・供給地点特定番号

また、供給約款上の誤記の訂正など、契約内容の実質的な変更を伴わない変更を行う場合にあっては、変更事項の詳細を説明する必要性が低く、需要家が不利益を被る恐れが低いことから、説明すべき内容としては、変更事項の概要のみを説明し、契約締結前書面及び契約締結後書面の交付をしないことが認められています(変更事項の概要のみの説明については、電気省令第3条の12第5項、ガス省令第13条第4項、契約締結前書面の不交付については、電気第2条の13第2項、電気省令第3条の12第6項第3号、ガス第14条第2項、ガス省令第13条第5項第3号、契約締結後書面の不交付については、電気第2条の14第1項、電気省令第3条の13第1項、ガス第15条第1項、ガス省令第14条第1項)。

但し、いずれの場合においても、需要家が上記のように説明事項及び書面への記載事項を一部省略すること、一定の場合において書面を交付しないことについて承諾しない場合は、省略できず、その場合は全ての事項について需要家に説明し、契約締結前書面及び契約締結後書面へ記載することが必要となる点には留意が必要です。

❷わかりやすい説明が必要

変更内容についても、小売供給契約の申込み、締結の場合と同様に、わかりやすい説明が必要となります(※)。特に、需要家にとって不利益となる事項については、単に記載をしているだけでは、必要な説明がされていないと判断される可能性があります。実際に、監視等委員会から業務改善勧告が出された事案でも、1年更新後の需要家が中途解約をした場合は違約金の対象となっていなかったものを1年更新後の需要家についても違約金の対象とする旨の約款変更を行った場合において、①その変更内容を通知する文書においては、その変更内容を読みとれる記載がなかったこと、②変更内容について、リンク先を閲覧しなければ確認できなかったこと、③そのリンク先においても、変更前と後の内容を対照する記載がなかったこと等を理由として、需要家の十分な理解の形成を怠ったものとして、説明義務違反が認定されていますので、留意が必要です。

※小売GLにおいても、「需要家の理解の形成を図るとの説明義務の趣旨に鑑みれば、小売供給に係る料金の値上げなどの供給条件の変更の場合には、需要家が当該変更しようとする事項についての説明であると認識可能な方法で伝達する必要があり、例えば、検針票・請求書の裏面に小さな文字で当該変更しようとする事項を記載するだけの方法では十分な「説明」がなされたとはいえないと解される」とされています（電力小売GL【参考】1(3)イii）（51頁）、ガス小売GL【参考】1(3)イii）（32頁））。

❸承諾の取得方法

上記1のとおり、説明事項の省略や契約締結前書面及び契約締結後書面の記載事項の省略並びに不交付については、需要家の承諾が必要となります。

実務的には、当初の契約時に交付する契約締結後書面において書面に代えて電磁的方法により提供する場合と同様ですが、①当初の重要事項説明書及び供給約款において、供給条件を変更する場合における上記の説明事項の省略や契約締結前書面及び契約締結後書面の記載事項の省略並びに不交付について、需要家に承諾をしてもらうことを明記したうえで、②申込時に需要家に重要事項説明書及び供給約款の内容に同意する旨のチェックボックスを設け、当該チェックボックスにチェックしてもらうことなどによりあらかじめ同意を取得するということが行われています。

この場合、併せて、契約変更の際の契約締結前書面及び契約締結後書面ついて、Webメール等書面以外の方法により提供することについても、同意を取得することが一般的といえます。

なお、約款の変更手続きについては、質問67をご参照ください。

質問63

小売供給契約の更新があった場合の説明・書面の交付は、どのように行えばいいのでしょうか。

既に締結されている小売供給契約を更新する場合(※)については、小売事業者等は、その小売供給契約の更新後の契約期間を説明することで足り、契約締結前書面を交付しないことが認められています（電気省令第３条の12第３項、電気第２条の13第２項、同省令第３条の12第６項第２号、ガス省令第13条第２項、ガス第14条第２項、同省令第13条５項第２号)。

また、契約締結後書面に記載すべき事項は、以下のとおりです（電気第２条の14第１項、同省令第３条の13第３項、ガス第15条第１項、同省令第14条３項)。これは、自動更新の場合も対象となると一般に考えられています。

・更新後の契約期間
・小売事業者の名称及び住所
・契約（更新）年月日
・供給地点特定番号

但し、いずれの場合においても、需要家が上記のように説明事項及び書面への記載事項を一部省略することについて承諾がない場合は、省略できず、その場合は全ての事項について需要家に説明し、書面へ記載することが必要となる点には留意が必要です。

需要家による承諾の取得方法については、契約変更の場合と同様ですので、質問62、３をご参照ください。

※料金のほか契約条件について一切の変更をせずに当該小売供給契約の期間の延長のみをする場合をいいます。

オ　違反時の処分・罰則について

質問64

説明義務・書面交付義務に違反した場合の行政処分や罰則等について教えてください。媒介等業者がこれらの義務に違反した場合、小売事業者も責任を問われることはありますか。

❶説明義務・契約締結前書面交付義務違反

まず、小売事業者等が説明義務又は契約締結前書面の交付義務に違反した場合、監視等委員会による監査、報告徴収又は立入検査を踏まえ、これらの義務の違反が「電力・ガスの適正な取引を図るため必要があると認めるとき」は、監視等委員会による小売事業者に対する必要な勧告が行われる可能性があります（電気第66条の12第1項、ガス第178条第1項）。

媒介等業者が説明義務又は契約締結前書面の交付義務に違反した場合、媒介等業者に媒介等の業務を委託した小売事業者も電気事業法・ガス事業法上の責任を免れることにはなりません。すなわち、電気事業法・ガス事業法の文言上、説明義務及び契約締結前書面交付義務が課されているのは、小売事業者「及び」媒介等業者であるため、媒介等業者が説明又は契約締結前書面の交付を果たしていない場合、小売事業者も電気事業法・ガス事業法に違反している状態となっており、また、媒介等業者が説明義務や契約締結前書面交付義務を履行することが小売事業者と媒介等業者との間で合意されている場合であっても、小売事業者は媒介等業者の管理・監督を行う義務があるためです。

また、小売事業者等が、説明義務又は契約締結前書面の交付義務に違反した場合、その違反者は、経済産業大臣による説明や書面交付の方法の改善に必要な措置をとることを求める命令、すなわち業務改善命令の対象となります（電気第2条の17第2項、ガス第20条第2項）。そして、この命令に違反した場合、300万円以下の罰金の対象となります（電気第118条第1号、ガス第199条第1号）。

❷契約締結後書面交付義務違反

小売事業者等が契約締結後書面の交付義務に違反した場合、監視等委員会による監査、報告徴収又は立入検査を踏まえ、この義務の違反が「電力・ガスの適正な取引を図るため必要があると認めるとき」は、監視等委員会による小売事業者に対する必要な勧告が行われる可能性があります。そして、小売事業者と媒介等業者との契約により媒介等業者が小売事業者に代わって契約締結後書面の交付を行うことを合意している場合であっても、説明義務や契約締結前書面交付義務と同様の理由で、小売事業者が電気事業法・ガス事業法上の責任を免れることはありません。

また、小売事業者が、契約締結後書面の交付義務に違反した場合であって、それが電気・ガスの使用者の利益の保護又は電気事業・ガス事業の健全な発達に支障が生じるおそれがある場合は、小売事業者は小売事業運営の改善に必要な措置をとることを求める命令、すなわち業務改善命令の対象となります（電気第2条の17第1項、ガス第20条第1項）。そして、この命令に違反した場合は、300万円以下の罰金の対象となります（電気第118条第1号、ガス第199条第1号）。

なお、契約締結後書面の交付義務違反については、電気事業法・ガス事業法上、小売事業者の媒介等業者は措置命令の対象とはなりません。但し、小売事業者のみならずその媒介等業者が契約締結後書面の交付義務に違反した場合、その違反した者に対しては、直ちに30万円以下の罰金を科されることもあり得ますので、留意が必要です（電気第120条第2号、ガス第201条第2号）。

カ　媒介等業者との間で合意すべき事項

質問65

説明義務・書面交付義務の履行に関して媒介等業者との間で合意しておくべき事項について教えてください。

小売事業者は、媒介等業者との契約において、いずれが需要家との間の小売供給契約の締結における説明をし、契約締結前書面及び契約締結後書面を交付するか、といった点について合意することが必要となります。

そして、小売事業者が媒介等業者を活用する場合は、媒介等業者が説明や契約締結前書面の交付を行うケースが多いと思いますが、そのような場合であっても、質問64のように、小売事業者はその責任を免れることにはなりません。そのため、小売事業者としては、①必要な書面は小売事業者側で作成すること又は媒介等業者が作成したものを小売事業者がチェックすること、②業務マニュアルを作成しその遵守を媒介等業者に求めることなどを合意することにより、媒介等業者が適切に説明や書面交付を行うことができるようにすること、③定期的又は必要に応じて説明義務や書面交付義務の履行状況についての報告を媒介等業者に求めることや、④媒介等業者に対し、説明や書面の交付に関する需要家からの問い合わせや苦情等があった場合に速やかに報告を求めることなどを合意しておくことで、媒介等業者による問題が発覚した場合に迅速に対応ができるようにしておくことが重要といえます。

（2） 約款について

質問66

需要家へ電力・ガスを供給する条件を定めている供給約款は、通常、需要家がその記載内容を個別・詳細に検討する訳ではないにもかかわらず、なぜ需要家との間の契約内容となるのでしょうか。これらの約款の内容を需要家との契約内容とするにあたって、留意すべき事項を教えてください。

❶約款の必要性・改正民法における明確化

需要家に電力・ガスを供給する場合、その基本的な条件については、ほとんどの小売事業者が供給約款を用いて定めているといえます。これは、電力・ガスの供給は、不特定多数の需要家を相手方として大量の取引が行われることから、そのような大量取引を迅速かつ安定的に行うためには、相手方ごとに取引（契約）の内容を変えるのではなく画一的な取引を行うことが合理的といえるためです。

通常、需要家は、小売供給契約を締結するにあたり、供給約款の記載内容を個別・詳細に検討したうえで締結することはないにもかかわらず、供給約款に拘束されることになります。しかしながら、改正民法施行前には、約款に関する特段の規定は設けられていないため、その根拠は法律で明確にされていませんでした。

このような問題状況を踏まえ、改正民法においては、供給約款をはじめとする「定型約款」（※）を対象として、定型約款が契約内容となるための要件に関する規定が新たに設けられています。定形約款に関する規定は2020年4月1日に施行されています。

※定型約款とは、定型取引において契約の内容とすることを目的として特定の者により準備された条項の総体をいい、「定型取引」とは、ある特定の者が不特定多数の者を相手方として行う取引であって、その内容の全部又は一部が画一的であることがその双方にとって合理的なものをいうとされています（民法第548条の2第1項）。供給約款は、一般的にこの定義に当てはまるといえます。

❷供給約款が需要家との間の契約内容となるための要件

具体的には、小売供給契約の場合、小売供給契約の締結にあたり、①供給約款を契約の内容とする旨を小売事業者と需要家が合意すること、又は、②供給約款を契約内容とする旨を小売事業者があらかじめ需要家に表示していること、のいずれかが必要になります（民法第548条の2第1項)。このいずれかの要件（以下「組入要件」といいます）を満たせば、原則として、需要家に供給約款の内容を示す必要はなく、供給約款が需要家との間の契約内容となるとされています。

もっとも、組入要件を満たす場合であっても、不当条項（約款の個別の条項のうち、相手方の権利を制限し又は義務を加重する条項であって、信義則に反して相手方の利益を一方的に害すると認められるもの）については、契約内容とならない点には留意が必要です。

❸実務的な対応方法

以上の点を踏まえると、供給約款に不当条項がないことを前提とすると、供給約款を小売供給契約の内容とするための実務的な対応方法としては、低圧の需要家など、契約書を締結しない場合は、小売供給契約の申込書において、「供給約款を契約内容とすることを同意の上申し込みます」といった記載をすることや、重要事項説明書において「供給約款を契約内容とすることに同意の上申し込んで頂きます」といった記載をすることが考えられます。また、需要家が法人である場合等契約書を締結する場合は、同契約書において、「供給約款を契約内容とすること」を明記するといった対応が考えられるところです。

❹需要家からの請求による供給約款の提示

なお、上記のとおり、組入要件さえ満たせば、定型約款の内容を相手方に示さなくとも定型約款が契約内容となるのが原則ですが、需要家の契約内容を知る権利を保証する観点から、相手方から請求がある場合には、遅滞なく、相当な方法で定型約款の内容を示すことが必要とされています（民法第548条の3第1項)。取引の合意前になされたこのような需要家からの請求を拒むと、一時的な通信障害などの正当な事由がない限りは、組入要件を満たす場合であっても定型約款が契約内容とならなくなる点にも留意が必要となります（同第２項）。

そのため、契約前に需要家から供給約款の表示請求があった場合には、もれなく供給約款の内容を示すことが必要となります。この場合の方法としては、供給約款を面前で示すことのほか、書面・電子メールで供給約款を送付する方法や、供給約款が掲載されたホームページを閲覧するよう促す方法も認められます。

❺改正民法施行（2020年４月）前の対応

改正民法施行前に実施している約款についても、原則として上記２の組入要件を満たしていれば、引き続き需要家との間の契約内容となります。

もっとも、2018年４月１日から2020年３月31日までの間に書面又はメール等の電磁的記録による方法で反対の意思表示をした場合、その意思表示をした需要家との間では、改正後の民法は適用されないこととされています。但し、契約又は法律の規定により解除権や解約権等を現に行使することができる者はこの反対の意思表示を行うことは認められていません（以上につき、改正民法附則第33条第２項、第３項）。

質問67

約款の変更手続きについて、教えてください。

定型約款は、①相手方の一般の利益に適合する場合、又は、②契約をした目的に反せず、かつ、合理的な変更である場合には、個別に相手方と合意することなく一方的に変更が可能とされています（民法第548条の４第１項）。この合理的な変更か否かの判断にあたっては、「変更の必要性」「変更後の内容の相当性」「定型約款の変更をすることがある旨の定めの有無」「その他の変更に係る事情」を踏まえて判断されます。

定型約款を変更することがある旨の変更条項をあらかじめ定型約款に定めておくことについては、変更の要件ではないものの、合理的な内容の変更条項が定められており、それに従った変更がなされる場合には、合理性を認める方向の事情として考慮されることになります。

このため、供給約款においては、供給約款を変更することがある旨や手続きなどを具体的に定めておくことが適切と考えられます。

また、実際に供給約款を変更する場面においては、変更の合理性を確保する観点から、変更により相手方に与える不利益を低減させるための措置を講じることも考えられます。例えば、不利益の程度が大きい場合には変更までの猶予期間を長くすることや、違約金等を支払うことなく解約を認めることなどが考えられます。

なお、定型約款を変更するにあたっては、変更の効力発生時期を定め、定型約款を変更する旨及び変更後の定型約款の内容並びにその効力発生時期をインターネットの利用その他の適切な方法で周知する必要があるとされています（同条第２項）。定めた効力発生時期が到来するまでに周知をしない場合は、変更の効力は生じないとされている点には留意が必要となります（同条第３項）。

（3） 供給条件について

ア 総論

質問 68

電気事業法・ガス事業法に基づいた説明や書面交付を行えば、供給条件はどのようなものであっても構わないのでしょうか。

小売全面自由化の下では、どのような供給条件を設定したとしても、本来は自由といえます。しかしながら、そうであるからといって全く自由な供給条件の設定を認めると、需要家の利益を損なう結果となり、何のための自由化なのか、といったことになりかねません。

そのため、小売 GL や適取 GL においては、料金の設定や契約期間中の解約の際の違約金等について、基本的な考え方を示しており、これらのガイドラインに記載された「問題となる行為」に従わない場合は、監視等委員会による業務改善勧告（電気第 66 条の 12 第 1 項、ガス第 178 条第 1 項）や経済産業大臣による業務改善命令（電気第2条の17第1項、ガス第20条第1項）の対象となります。そして、業務改善命令に従わない場合は、300万円以下の罰金が科されることとなります（電気第118条第1号、ガス第199条第1号）ので注意が必要です。

以降の各質問に対する回答において、主に検討が必要な事項に関する具体的な考え方を説明しますが、供給条件の設定に関しては、電気事業法・ガス事業法の観点のみに限られず、独占禁止法や消費者契約法、特商法等の規定も念頭に置いて検討することが必要な点は、頭に入れておく必要があります。

イ　料金

質問69

料金設定上の留意点について、教えてください。

※セット販売の場合は、質問75及び76をご参照ください。

❶自由化の下における料金設定の原則

小売全面自由化の下では、どのような料金を設定したとしても、本来は自由といえます。そのため、これまでの電気・ガス料金は、毎月固定額で支払う基本料金と使用量に応じて支払う従量料金とに分かれていましたが、現在では、電力分野における一部の新電力が設定する電気料金においては、従量料金のみとするメニューなどもでています。また、電気料金における従量料金は、使用量が多くなる程高くなるという構造があります。これは、「公共財」である電力を誰もが必要最低限利用ができるようにするための措置として、低使用量の部分については料金を安く設定し、その安く設定したことによる赤字分を高使用量帯で補てんするため及び、省エネルギーを促進するために設けられたものです。もっとも、「公共財」という意味では同じガスにおける従量料金においては、使用量が多くなるほど安くなる構造となっており、電気料金をガス料金と同じ構造とすること、又はガス料金を電気料金に合わせることも自由に行うことができます。

但し、料金の設定については、以下のとおり、いくつか留意すべき点があります。

❷留意点①（料金の算出方法は明確に）

「時価」などといった不明確な料金の算出方法とすることが問題となる行為とされています（電力小売GL3（1）（38頁）、ガス小売GL3（1）（21頁））。もっとも、電力において、例えば、スポット市場の取引価格に連動して料金を決定することは、料金自体は変動するものの、電気料金の算出方法は明確であることから、許容されると考えられています。

❸留意点②（安値設定に関する留意点）

（1）不当廉売等（独占禁止法）

電力分野における旧一般電気事業者やガス分野における一部の旧一般ガス事業者といった電力・ガス市場における支配的な事業者が留意すべき点として、不当廉売との関係が挙げられます。すなわち、独占禁止法は、正当な理由がないのに(a)「供給に要する費用を著しく下回る対価」で(b)継続して供給し、(c)他の事業者の事業活動を困難にさせるおそれがある価格での販売を、法定の不当廉売として禁止しています（独占禁止法第2条第9項第3号）。

不当廉売については、公正取引委員会より不当廉売ガイドラインが示されていますが、(a)に関しては、実務的には「可変的性質を持つ費用」を下回るかどうかにより、「供給に要する費用を著しく下回る対価」か否かを判断するとされています（不当廉売ガイドライン3（1）ア（エ））。事業者が「可変的性質を持つ費用」を下回る価格で供給を行った場合、供給すれば供給するほど損失が膨らむことになるため、特段の事情がない限り、このような価格設定に経済合理性はありません。一方で、当該事業者と競争するには、他の事業者も同等の価格で供給しなければならなくなり、同等に効率的な他の事業者が早晩撤退又は参入断念を余儀なくされ、公正な競争が阻害されることから、不当廉売として規制すべきと考えられています。

例えば、電気料金について見ると、一般に、その構成要素としては、①電源固定費（発電設備の減価償却費等発電量にかかわらず発生する費用）、②電源可変費（発電に要する燃料費等発電量に応じて変動する費用）、③託送コスト（託送供給等約款に基づき支払われる託送料金）、④インバランス料金、⑤販売費（営業人員の人件費等）、⑥事業報酬があり、非化石価値取引証書を購入した場合、⑦当該費用が含まれます。不当廉売ガイドラインの考え方によれば、基本的には、②、③、④及び⑦の全部、⑤の一部が「可変的性質を持つ費用」に該当するものと考えられます（※）。

他方、ガス料金について見ると、①製造原価（基地の経費）、②従量原価（LNGの原料費や石油石炭税）、③託送コスト（託送供給約款に基づき支払われる託送料金）、④インバランス料金、⑤保安や販売費（人件費等）、⑥事業報酬があります。不当廉売ガイドラインの考え方によれば、基本的には、②、③、④の全部、⑤の一部が「可変的性質を持つ費用」に該当するものと考えられます（※）。

また、適取GLにおいては、「特定の需要家に対する不当な安値設定」として、区域において一般電気事業者であった小売電気事業者（電力の場合）又はガス小売事業者（ガスの場合）（以下総称して「支配的事業者」といいます）が、他の小売事業者から自己に契約を切り替える需要家又は他の小売事業者と交渉を行っている需要家に対してのみ、供給に要する費用を著しく下回る料金で電気を小売供給すること又はそのような料金を提示することにより、他の小売事業者の事業活動を困難にさせるおそれがある場合には、独占禁止法上違法となるおそれがある（私的独占、差別対価、不当廉売等）、とされています（電力適取GL第二部I2（1）①イii（6頁）、ガス適取GL第二部I2（1）イ②（8頁））。但し、より細かく個別の需要家の利用形態を把握したうえで、当該需要家への供給に要する費用を下回らない料金に設定することは、原則として独占禁止法上問題とならないとされています（ガス適取GL第二部I2（1）イ②（8頁））。

なお、「可変的性質を持つ費用」以上の価格であれば、「供給に要する費用を著しく下回る対価」には該当せず、法定の不当廉売には該当しませんが、「不当に商品又は役務を低い対価で供給し，他の事業者の事業活動を困難にさせるおそれがある」場合には、別途一般指定第6項に違反する行為として、独占禁止法上問題となることがある点には留意が必要となります。我が国の電力・ガス市場は、歴史的に地域独占が認められて来たことを踏まえると、電力分野における旧一般電気事業者やガス分野における一部の旧一般ガス事業者といった電力・ガス市場における支配的な事業者が新規参入者の排除など何らかの競争制限的意図をもって廉売行為を実施したような場合には、これに該当する場合もあり得ると思われますので、慎重な検討が必要となります。

※本書では詳細を割愛しますが、電気・ガス料金いずれも①については、「可変的性質を持つ費用」の計算において完全に除外してよいかは全く議論がないわけではありません。

(2) 子会社等に対する不当に低い料金設定（独占禁止法）

電力適取 GL 上、「区域において一般電気事業者であった小売電気事業者が、自己の子会社等に対してのみ、不当に低い料金で電気を小売供給することにより、自己の子会社等を著しく有利に扱うことは、独占禁止法上違法となるおそれがある(私的独占、差別対価等)。」とされています(電力適取 GL 第二部 I 2(1)①イ ii（6 頁))。

(3) 競争者排除目的での不当に安い料金設定（電気事業法・ガス事業法)

上記の独占禁止法の観点とは別に、特定の競争相手を市場から退出させる目的での不当に安い価格を設定する場合は、問題となる行為とされています（電力小売 GL3（3)（39 頁)、電力適取 GL 第二部 I1（1）④（4 頁)、ガス小売 GL3（3)（22 頁)、ガス適取 GL 第二部 I1（1）③（4 頁))。この点に関しては、どういう場合が「特定の競争相手を市場から退出させる目的での不当に安い価格設定」といえるのか、独占禁止法の不当廉売等との関係が問題となります。今後の実務・議論の蓄積が待たれるところですが、競争研の議論等を踏まえると、独占禁止法の観点とは別の「電気事業・ガス事業の健全な発達」といった事業法独自の観点から基準を設けることもあり得るところと思われます。

❹留意点③（高値設定に関する留意点）

(1) 戻り需要に対する不当な高値設定等（独占禁止法)

支配的事業者と小売供給契約を締結していた需要家が、他の小売事業者との契約に切り替えた後、再びその区域において支配的事業者との契約を求めた場合（この場合の需要家の需要を以下「戻り需要」といいます）において、不当に高い料金を適用する又はそのような適用を示唆することは、需要家の取引先選択の自由を奪い、他の小売事業者の事業活動を困難にさせるおそれがあることから、独占禁止法上違法となる恐れがあるとされています。また、支配的事業者が、戻り需要を希望する需要家に対して、不当に交渉に応じず、その結果従来小売供給していた料金に比べて高い最終保障供給約款が適用されることとなることも、同様に、独占禁止法上違法となるおそれがあるとされています（私的独占、排他条件付取引、差別対価等、電力適取 GL 第二部 I2（1）①イ iv（9頁）、ガス適取 GL 第二部 I2（1）イ④（9 頁））。

（2）つなぎ供給における不当な高値設定等（独占禁止法）

ガス小売事業者が、他のガス小売事業者に契約を切り替える需要家に対して、その他のガス小売事業者が参入準備等の事情により契約終了後直ちに供給できない場合に、当該他のガス小売事業者が供給可能となるまで供給することを希望する需要家に対して、不当に契約の締結を拒絶したり、需要形態が同様である他の需要家の料金に比べて不当に高い料金を設定したり、又は他の需要家に比べて不当に不利な条件を設定することは、当該需要家が引き続き当該ガス小売事業者から供給を受けざるを得なくさせ、他のガス小売事業者の事業活動を困難にさせるおそれがあります。そのため、独占禁止法上違法となるおそれがあるとされています（私的独占、取引拒絶、排他条件付取引、差別対価、差別取扱い等、ガス適取 GL 第二部 I2（1）イ③（8 頁））。

質問 70

料金の公表義務はありますか、教えてください。

❶公表義務の有無

料金についての電気事業法・ガス事業法上の公表義務はありません。もっとも、小売 GL 及び適取 GL においては、各 GL の目的に照らして、それぞれ、以下のとおり、「標準メニュー」の公表が望ましいとされています。

❷小売 GL における規律

料金水準の適切性を判断しやすくすることを目的として、低圧需要家向けの「標準メニュー」については、公表することが望ましいとされています。「標準メニュー」を公表した場合であっても、期間限定の割引料金を適用するなど公表されているメニュー以外の供給条件による販売も許容されますが、定型化された条件の下で広く需要家に提供されているメニューは「標準メニュー」として、広く一般に公表したうえで、これに従って、同じ需要特性をもつ需要家群毎に、その利用形態に応じた料金を適用することが望ましいとされています(以上につき、小売GL1（1）イi)（4・5頁))。

また、同様の観点から、低圧需要家向けの平均的な電力使用量又は一般消費者向けの平均的なガス使用量における月額料金例を公表することも望ましいとされています（小売GL1（1）イii)（5頁))。

❸適取GLにおける規律

同じ需要特性を持つ需要家群ごとに、その利用形態に応じた料金を適用することは、利用形態以外の需要家の属性（例えば、競争者の有無、部分供給か否か、戻り需要か否か、自家発電設備を活用して新規参入を行うか否か等）にかかわらず、全ての需要家を公平に扱うこととなるため、公正かつ有効な競争を確保するうえで有効であるといえます。そのため、旧一般電気事業者に対しては、低圧の需要家だけではなく、高圧・特別高圧の需要家に対しても「標準メニュー」を広く一般に公表したうえで、これに従って料金を適用することが望ましいとされています(※)（電力適取GL第二部I2（1）①ア（5頁))。

他方、ガス小売事業者に対しては、同様の観点から、①家庭向けの「標準メニュー」を広く一般に公表したうえで、これに従って料金を適用すること、②大口供給に係る料金については、旧一般ガス事業者が自主的な取組として、合理的な算定方法による平均価格や標準モデルケース価格を広く一般に公表することが望ましいとされています（ガス適取GL第二部I2（1）ア①（6頁))。

電力とガスで若干規律が異なるのは、実務・実態の違いを反映したものと思われます。

※「標準メニュー」の内容については、特に低圧に関しては、従来の供給約款・選択約款や小売全面自由化後の特定小売供給に関する約款の料金体系と整合的であることは、コストとの関係で料金の適切性が推定される一つの判断材料となるとされています。

質問71

料金を請求するにあたって、留意すべき事項はありますでしょうか。教えてください。

❶使用量の情報を需要家へ示すことが必要

料金の請求にあたって、需要家が請求された料金が正しいかどうかを判断できるようにすることが必要であることから、料金請求の根拠となる使用電力量やガス使用量等の情報を需要家に示さないことは問題となる行為とされています（小売GL1（1）ア i）（4頁））。このため、請求書又はWebのマイページ等において、使用電力量やガス使用量等の情報を需要家に示すことが必要となります。

❷料金に含まれている工事費等を示すことが望ましい

電気・ガス料金の透明化の観点から、電気・ガス料金に工事費等(※)が含まれている場合は、請求書、領収書等にこれらの工事費等の相当額を記載することが望ましいとされています（小売GL1（1）イ iv）（5頁））。

※電力の場合、小売電気事業者が託送供給等約款に基づき一般送配電事業者に支払った電気計器及び工事に関する費用をいい、ガスの場合、ガス小売事業者が託送供給約款に基づき一般ガス導管事業者に支払った導管その他の設備に関する工事費等をいいます。

❸ 託送料金相当額を示すことが望ましい

同様の観点から、小売事業者が、需要家への請求書、領収書等に当該需要家の料金に含まれる託送料金相当額を明記することが望ましいとされています（小売GL1（2）ア ii）①（7頁）、電力適取GL第二部I2（1）①ア（5頁）、ガス適取GL第二部I2（1）ア②（6頁））。

但し、ガスの場合、システム開発等の技術的な理由により、小売全面自由化後、直ちに託送料金相当額を請求書、領収書等に明記することが困難な場合には、正確な金額に代えて、概算額や適用される単価を記載することとし、今後のシステム改修等において対応することが望ましいとされています。

なお、簡易ガス事業者であったガス小売事業者など、ガス導管事業者が維持・運用していない導管により小売供給を行うガス小売事業者は、需要家に明示すべき託送料金相当額が存しないため、当該金額を請求書、領収書等に記載することは必要ありません。

また、ワンタッチ供給（質問50をご参照ください）の場合、ガス小売事業者が需要家に託送料金相当額を示すため、卸売事業者が、卸供給を受けるガス小売事業者に対して、卸供給料金に含まれる個々の需要家ごとの託送料金相当額を明示することが望ましいとされています（以上につき、ガス適取 GL 第二部 I2（1）ア②（6・7 頁））。

ウ　解除に伴う違約金等

質問 72

当社は、ガス小売事業者です。小売供給契約（ガス）には違約金条項はないのですが、その契約の解除に伴い、消費機器のリース契約も同時に解除となり、そのリース契約に基づく違約金が発生します。この違約金は、小売供給契約（ガス）とは別個のものであることから、ガス小売 GL の規律は及ばない、という理解でよいでしょうか。電力についても、同様でしょうか。

ガス小売 GL 上、一定の規律が及ぶ「違約金等」とは、需要家からの申出による小売供給契約（ガス）の変更又は解除に伴う違約金その他の需要家の負担（小売供給契約（ガス）の変更又は解約に伴い、消費機器のリース契約等、別個の契約に係る違約金・精算金その他の需要家の負担となるものがある場合には、当該負担を含む。）となるもの（ガス小売 GL 序（3）（2 頁））とされています。

このように、消費機器のリース契約に基づく違約金も、ガス小売 GL でいう「違約金等」には含まれることから、小売 GL の規律は及ぶことになります。

なお、電力小売 GL においても同様に、「違約金等」とは、需要家からの申出による小売供給契約（電力）の変更又は解除に伴う違約金その他の需要家の負担（小売供給契約（電力）の変更又は解約に伴い、電気用品のリース契約等、別個の契約に係る違約金・精算金その他の需要家の負担となるものがある場合には、当該負担を含む。）となるもの（電力小売 GL 序（3）（2 頁））とされています。

質問 73

小売の販売戦略として、一定額の違約金等を設定することを考えています。具体的には、いくらまで設定しても問題ないものでしょうか。基本的な考え方について教えてください。

❶総論

小売事業者としては、需要家と一旦契約した以上は、可能な限り需要家からの解約を制限したいと考えるのが自然といえます。そのための方法としては、契約期間中に需要家が解約を希望する場合に、一定額の違約金等、需要家に一定の負担を求めることが考えられるところですが、このような中途解約の際の違約金等については、原則として小売事業者が自由に決定することができます。

もっとも、消費者契約法、特商法、電気事業法、ガス事業法、及び独占禁止法の観点から、違約金等の設定にあたっては、留意が必要な点がありますので、以下、それぞれ説明します。なお、特商法については、訪問販売により小売供給契約を締結した場合については、質問95、2（3）を、電話勧誘販売により小売供給契約を締結した場合については質問97、2（3）をご確認ください。

❷各法令上の留意点

（1） 消費者へ販売する場合

＜消費者契約法＞

(i)「平均的な損害の額」

まず、消費者契約法第9条第1号においては、違約金等については、以下のとおり、「平均的な損害の額」を超えた場合にその超えた部分が無効となります。

(参考) 消費者契約法第9条第1号

(消費者が支払う損害賠償の額を予定する条項等の無効)

第九条　次の各号に掲げる消費者契約の条項は、当該各号に定める部分について、無効とする。

一　当該消費者契約の解除に伴う損害賠償の額を予定し、又は違約金を定める条項であって、これらを合算した額が、当該条項において設定された解除の事由、時期等の区分に応じ、当該消費者契約と同種の消費者契約の解除に伴い当該事業者に生ずべき平均的な損害の額を超えるもの　当該超える部分

(ii) 判断基準

それでは、どのような場合に、「平均的な損害の額」を超えることになるのでしょうか。

「平均的な損害」とは、「同一事業者が締結する多数の同種契約事案について類型的に考察した場合に算定される平均的な損害の額という趣旨であ」り、「具体的には、解除の事由、時期等により同一の区分に分類される複数の同種の契約の解除に伴い、当該事業者に生じる損害の額の平均値を意味する」とされています（逐条解説消費者契約法277頁）。

そのため、契約期間において時期を区切って違約金の額を設定することも考えられますが、電力・ガスの場合、契約期間中の中途解約については、一律に一定の金額が設定されることが一般的です。

以上を前提とすると、「平均的な損害の額」の考え方については、継続的な契約という意味で同種である、携帯電話の契約において2年間の契約期間中に中途解約をした際に支払う違約金等の額が、消費者契約法9条1号に該当するなどとして争われた2つの大阪高裁の裁判例（①大阪高判平成25年3月29日（判時2219号64頁））、②大阪高判平成24年12月7日（ジュリスト1467号90頁））が一つの参考となります。

これらの裁判例においては、まず当該携帯電話の契約において、中途解約がされる場合の平均解約期間を検討し、そのうえで、「平均的な損害の額」の考え方について、①の判決は解約がなければ得られたであろう利益（以下「逸失利益」といいます）を損害とし、②の判決は解約に至るまでの割引累計額を損害と判断しています。

具体的には、①の判決は、2年間の契約期間から平均解約期間を差し引いた残存契約期間における平均的な携帯電話の月額通信料金から、解除に伴い支出を免れた費用を差し引いた金額を「平均的な損害の額」と捉え、他方、②の判決は、平均解約期間までに割り引いた累積割引額を「平均的な損害の額」と捉える考え方です。

(iii) 電力・ガスに当てはめた場合

これを電力･ガスに当てはめると、「平均的な損害の額」の基本的な考え方は、表9のとおりとなります。

表9. 各裁判例における平均的な損害の額の考え方（概要）

判決①の考え方
((契約期間－平均解約期間)×(平均的な月額電気、ガス料金))－(解除に伴い支出を免れた費用)

判決②の考え方
平均解約期間×月額電気、ガス料金の割引額

消費者に電力・ガスを販売する際の違約金等の設定にあたっては、①及び②の考え方を踏まえて設定することが必要となります。

＜電気事業法・ガス事業法＞

(i)「不当に高額の違約金等・解約補償料」

小売GLにおいては、「小売供給契約の解除に関して、不当に高額の違約金等を設定すること」が、ガス適取GLにおいては、中途解約の際に「不当に高額の解約補償料を設定すること」が、問題となる行為とされています（電力小売GL3（2）アi）（38頁）、ガス小売GL 3（2）アi）（21頁）、ガス適取GL第二部I2（1）イ⑤（10頁））。

(ii) 判断基準

何が不当に高額の違約金等や解約補償料かについての具体的な基準については、小売GLやガス適取GLでは示されておらず、また、監視等委員会における制度設計専門会合の議論においても、「総合的な事情を勘案して、事実上消費者の解約が制限されているかどうかという観点から総合的に判断する」とされており、これまでの議論をみると、現時点では逸失利益、累積割引額いずれかの考え方が不適切又は適切ということはないというのが監視等委員会の基本的なスタンスと思われます。

この点については、今後の議論の状況を見守る必要がありますが、上記のとおり消費者契約法の規制もかかることから、現時点においては、消費者契約法に関する上記の考え方を踏まえて検討するということが現実的な対応として考えられるところです。

(iii) その他（転居の場合）

転居を理由とする場合で、その転居先で転居前に契約をしていた小売事業者からの供給を受けることができない場合は、契約期間中の解約となる場合であっても違約金等の負担なく解除を認めることが望ましいとされています（電力小売GL3（2）イ（39頁）、ガス小売GL 3（2）イ（22頁））。これは、転居前の小売事業者から供給を受けたくても転居後は物理的に受けることができない場合は、不利益を需要家に負わせるのは望ましくない、という考え方によるものと思われます。

＜独占禁止法＞

(i)「不当に高い違約金・精算金」

電力適取GLでは、旧一般電気事業者である小売電気事業者について、例えば「特定期間の取引を条件として料金が安くなる契約において、当該契約期間内に需要家が解約する場合に、不当に高い違約金・精算金を徴収すること」は、「需要家が当該小売電気事業者との契約を実質的に解約できず、他の小売電気事業者との取引を断念せざるを得なくさせるおそれがあることから、独占禁止法上違法となるおそれがある（私的独占、拘束条件付取引、排他条件付取引、取引妨害等）」とされています（電力適取GL第二部Ⅰ 2（1）①イ vii（11頁））。

また、ガス適取GLにおいては、ガス小売事業者が、需要家が他のガス小売事業者からガスの供給を受けるため自己との小売供給契約（ガス）を契約期間中に解約するに当たって、不当に高い解約補償料を徴収することにより、当該需要家が自己との小売供給契約（ガス）を事実上解約できず、他のガス小売事業者との取引を断念せざるを得なくさせ、他のガス小売事業者の事業活動を困難にさせるおそれがある場合には、独占禁止法上違法となるおそれがある（私的独占、拘束条件付取引、排他条件付取引、取引妨害等）」とされています（ガス適取GL第二部Ⅰ 2（1）イ⑤（9頁））。

(ii) 判断基準

どのような場合に「不当に高い」違約金・精算金又は解約補償料といえるかについては、需要家が解約までに享受した割引総額、当該解約による小売事業者の収支への影響の程度、割引額の設定根拠等を勘案して判断されるとされています。

上記のように、独占禁止法は、「他の小売事業者の事業活動を困難にさせるおそれ」を違法性の要件としていることから、新規参入者（供給区域外で電力を販売する場合の旧一般電気事業者、供給区域外でガスを販売する場合の旧一般ガス事業者などもこれに該当します）にとっては、違約金等の設定にあたり、基本的には気にする必要はないものといえます。また、適用があり得る事業者との関係でも、消費者へ電力・ガスを販売する場合は、基本的には消費者契約法に関する上記の考え方を踏まえて検討することになると思われます。

(iii) 消費機器のリースやメンテナンス等の契約の解約補償料も含まれる

なお、ガス適取 GL においては、「不当に高い解約補償料」には、実態を踏まえ、ガス小売事業者が、需要家との間で小売供給契約（ガス）を締結することを条件に消費機器のリースやメンテナンス等の契約を締結する場合において、需要家が他のガス小売事業者からガスの供給を受けるため自己との小売供給契約（ガス）を解約するに当たって、当該リースやメンテナンス等の契約を不当に高い解約補償料を徴収して解約することを含むことが明確にされています（ガス適取 GL 第二部Ⅰ 2（1）イ⑤（注 1）（9 頁））。これは、小売 GL と同様の考え方に立つものといえ（質問 72 をご参照ください）、電力の場合も同様の趣旨が当てはまるといえます。

(iv) その他

適取 GL 上、小売事業者（電力では旧一般電気事業者であるものに限ります）が需要家との間で付随契約・付帯契約（例えば、電力では週末の電気料金を安くする特約等、ガスでは高効率給湯器を設置した場合にガス料金を安くする特約等）を締結する際、主契約と異なる時期に一方的に契約更改時期を設定することにより、当該需要家が他の小売事業者に契約を切り替える場合に違約金・精算金を支払わざるを得なくさせることにより、他の小売事業者の事業活動を困難にさせるおそれがある場合は、独占禁止法上違法となるおそれがある（私的独占、拘束条件付取引、排他条件付取引、取引妨害等）とされている点にも留意が必要となります（電力適取 GL 第二部Ⅰ 2（1）①イ vii（11 頁）、ガス適取 GL 第二部Ⅰ 2（1）イ⑤（9、10 頁））。

(2) 事業者へ販売する場合

消費者ではない事業者へ販売する場合の違約金等の設定にあたっては、消費者契約法や特商法は適用されないため、上記の（1）消費者へ販売する場合のうち、電気事業法・ガス事業法と独占禁止法上の観点を押さえておく必要があります。他方、制度設計専門会合では、「高額違約金付き長期契約が都市ガス及びその上流のLNG事業の事業構造上やむを得ない場合には、それを禁止することで事業自体が成立困難となる可能性も考えられることから、ある程度、反競争的効果があるとしても、一概に否定することは適切ではないのではないか。」「事業構造上やむを得ない場合として、具体的には、LNG市場における売り手の強い交渉力に起因する柔軟性の乏しい長期契約（takeor pay 条項や仕向地条項等が付与されているもの）などが考えられるか」などとされています（第38回制度設計専門会合資料4（3頁））。

電気事業法・ガス事業法の観点からは、違約金等に関する小売GL、適取GLにおける規制目的はスイッチング阻害を防止するという点にあるところ、この観点は事業者に対する電力・ガスの販売であっても同様に当てはまります。そのため、基本的には、上記の消費者へ販売する場合の考え方と同様の観点から検討をすることになります。

もっとも、事業者、特に高圧・特別高圧（電力）や大口（ガス）の需要家へ電力・ガスを販売する場合は、消費者への販売と異なり、①電気・ガス料金に個別性があることから、一定額の違約金等ではなく、計算式に基づき個別に算出される、②契約規模が大きくなること及び契約が長期に渡ることから、違約金等が一般的に高額となる、といった違いがあります。

そのため、特に違約金等の額が高額となる場合は、当該違約金等を設定する根拠の妥当性が特に問われることになります。

また、競争研においては、特に支配的事業者及び市場における有力な地位にある事業者については、長期契約＋高額な違約金等について、産油国との関係でtake or payが求められるため、逸失利益の違約金等が正当化されるという主張に対して、①リスク管理の問題であること、②需要離脱が生じた場合には、同量を他の事業者に卸供給が可能であることを理由に、事業法上の考え方としては、特別の投資を行ったなど例外的な場合を除き、基本的に正当化が困難とされています（競争研中間論点整理 VI1.38.（22頁））。

他方、制度設計専門会合では、「高額違約金付き長期契約が都市ガス及びその上流のLNG事業の事業構造上やむを得ない場合には、それを禁止することで事業自体が成立困難となる可能性も考えられることから、ある程度、反競争的効果があるとしても、一概に否定することは適切ではないのではないか」

「事業構造上やむを得ない場合として、具体的には、LNG 市場における売り手の強い交渉力に起因する柔軟性の乏しい長期契約（take or pay 条項や仕向地条項等が付与されているもの）などが考えられるか」などとされています（第38 回制度設計専門会合資料 4（3 頁））。

このため、事業者へ販売をする場合であっても、違約金等を設定するにあたっては、①逸失利益相当額や②累積割引額相当額といった基本的な考え方をベースとしつつ、契約期間や違約金等の額、更には最近の議論や業界慣行、他の事業者の動向等を踏まえて、合理的な範囲内に設定をすることが必要となります。

なお、上記のとおり、独占禁止法上の問題が生じるのは、「不当に高額な違約金等」であることに加えて「他の小売電気事業者・ガス小売事業者の事業活動を困難にさせるおそれがある」ことが要件となります。このため、違約金等の設定にあたっては、まず上記の電気事業法・ガス事業法上問題がないかという点を整理することが重要といえます。

質問 74

違約金等のほか、契約の解除に関する条件を設けるにあたって、留意すべき点はありますか。

❶解除を著しく制約する契約条項の禁止

小売供給契約の解除を著しく制約する内容の契約条項を設けることが、小売GL 上、問題となる行為とされています。具体的には、以下の①及び②の各条項を設ける行為が、問題となる行為とされているため留意が必要です（電力小売 GL3（2）ア i）（38 頁）、ガス小売 GL3（2）ア i）（21 頁））。

① 需要家からの小売供給契約の解除を一切許容しない期間を設定する契約条項

② 需要家からの申出がない限り、契約期間終了時に契約を自動的に更新するという小売供給契約において、更新を拒否できる期間を極めて短い期間に設定するなどによって、需要家が更新を不要と考えた場合に、容易に更新を拒否することができないような契約条項

❷留意点

①に関しては、中途解約をする際に、小売事業者の承諾を要件とする契約となっている場合も該当すると考えられます。小売全面自由化以前に自由化がされていた高圧・特別高圧（電力）や大口（ガス）分野における小売供給契約・約款において、このような規定が設けられている例もあることから、この契約や約款を引き継いで利用しているような場合は、確認が必要となります。

②に関して、更新を拒否できる期間をについて「極めて短い期間」は、ケースバイケースではありますが、電気通信の例を参考にすると、1カ月よりも短い期間を設定する場合には、慎重な対応が必要となり、このような契約条項を設ける場合には、需要家の契約を解除する権利を不当に制限していないかを確認する必要があります。

なお、例えば、取次業者がその契約条項において上記の問題となる条項を設けたときであっても、小売事業者による指導・監督が適切でない場合には、小売事業者自身の問題となる行為となる点にも留意が必要です。

❸不当な交渉機会を義務付ける契約条項の禁止

電力適取GL上、旧一般電気事業者について、需要家が新小売電気事業者との小売供給契約（電力）への切替えを希望する場合、その需要家との間で、自己との交渉をさせ自己がその需要家の希望する取引条件を提示することができなかったときのみ解除が可能となる契約条項を設けることは、その需要家が当該小売電気事業者との取引を断念せざるを得なくさせるおそれがあるとして、独占禁止法上違法となるおそれがあるとされています（私的独占、拘束条件付取引、排他条件付取引、取引妨害等、電力適取GL第二部I2（1）イviii（11頁））。

これは、特定の地域において、このような条項が設けられたことがあり、問題となったことを受けて、2019年5月の改正により新たに定められたものです。

ガス適取GLにおいては、このような規定は設けられていませんが、同様に旧一般ガス事業者がその供給区域で支配的事業者である場合も同様の規律があてはまるものと思われます。

エ　セット販売

質問 75

電力・ガス等のセット販売をする場合、説明すべき事項、契約締結前書面及び契約締結後書面に記載すべき事項を教えてください。

❶料金算定方法について

小売事業者等については「当該小売供給に係る料金（当該料金の算出方法を含む。）」を説明し、契約締結前書面及び契約締結後書面にその内容を記載することが求められています（説明義務につき、電気第2条の13第1項、同省令第3条の12第1項第7号及びガス第14条第1項、同省令第13条第1項第7号、契約締結前書面につき、電気第2条の13第2項、同省令第3条の12第8項・第1項第7号及びガス第14条第2項、同省令第13条第7項・第1項第7号、並びに、契約締結後書面につき、電気第2条の14第1項第3号、同省令第3条の13第2項第3号・同省令第3条の12第1項第7号及びガス第15条第1項第3号、同省令第14条第2項第3号・同省令第13条第1項第7号）。

このため、電力・ガスのセット販売を行うにあたっても、料金額の算出方法は明示する必要があり、値引き前の料金を示すことと、料金の算出方法を示す必要があります。

もっとも、セット割引等の料金への配分額を常に明示をすることは求められておらず、「電力・ガスと他の商品のセットで毎月●円割引」といった説明、契約締結前書面及び契約締結後書面への記載で足りるとされています（小売GL1（2）ア ii）①（6・7頁））。

❷その他（説明義務等）について

（1）説明、書面記載事項

その他、セット販売にあたっては、以下の事項につき、適切に説明し、契約締結前書面及び契約締結後書面に記載することが必要とされています（小売GL1（2）ア ii）②（7・8頁））。そのため、セット販売をするにあたっては、以下の事項の記載に不備がないかについても確認することが必要となります。

① セット販売される商品・役務と小売供給とで契約先が異なるときはその旨

② 料金割引等の適用条件（どの商品・役務とセットで購入することで料金割引が適用されるのか、セット販売されるうちの一部の商品・役務に係る契約を解除した場合に適用が無くなるのか等）

③ キャッシュバック（現金還元）等を行うときは、誰が責任を持ってどのような手続でキャッシュバック等を行うのか

(2) 望ましい行為

また、セット販売の際に、各契約の契約期間が個別に設定されている場合、複数の契約の更新時期が重なり合わず、複数の契約を同時に解除すると常に違約金等が発生する事態が生じることとなります。そのため、このような場合は、セット販売にかかる複数の契約を解除すると常に違約金等が発生することについても適切に説明し、契約締結前書面及び契約締結後書面に記載することが望ましいとされています。

なお、このような場合においては、セット販売における複数の契約を同時に解除することによるスイッチングを事実上抑制する効果があることから、新規にセット販売を行う際には、セット販売における各契約期間を同じに設定すること、又は最も長期の契約期間満了時には違約金等の負担なく解除することを認めることなどが望ましいとされています（以上につき、電力小売GL1（2）イ v)（10・11頁)、ガス小売GL1（2）イ iii)（10・11頁))。

質問 76

電力・ガス等のセットメニューによる割引を行うにあたり、留意すべき事項を教えてください。

❶セット販売のメリット

現在、電力・ガスのセット販売を含め、様々なパターンのセット販売が行われています。様々な組合せのセット販売がなされることで、需要家には多様な選択肢が提供されることになります。また、セット販売に伴う割引は、値下げの一種として需要家の利益となることが多く、複数の商品・役務に共通した費

用がある場合、コスト削減効果が見込め、新規参入時の顧客獲得策としても有効といえます。このようなことから、一般にセット販売には、競争促進効果があると考えられています。

❷独占禁止法上の規律

(1) 問題となる場合

もっとも、セット販売の割引による価格差を大きくする場合、実質的に需要家がセット購入を強制されるという場合には、一方の商品・役務市場において同じ程度に効率的な競争者が市場から排除されるということがあり得ます。

このため、セット割引に関しては、適取GLにおいて電力分野における旧一般電気事業者やガス分野における一部の旧一般ガス事業者といった電力・ガス市場における支配的な事業者に対して、以下の行為が、独占禁止法上問題となり得る行為として挙げられています。

「小売事業者がセット割引を行い、『供給に要する費用を著しく下回る料金』で供給することにより、他の小売事業者の事業活動を困難にさせるおそれがある場合」(電力適取GL第二部I2 (1) ①イⅰ (5・6頁)、ガス適取GL第二部I2 (1) イ① (7頁))。

この『供給に要する費用を著しく下回る料金』という言葉は、不当廉売の成立要件である『供給に要する費用を著しく下回る対価』と同様の表現であり、不当廉売と同様の価格・費用基準、すなわち、「可変的性質を持つ費用」を下回るか否かを基準としていると思われます。

(2) 2つの論点

この点に関しては、2つの論点があります。

(i)『供給に要する費用』は、セットで考えるのか、各商品・役務毎か

まず、セット販売において、『供給に要する費用を著しく下回る料金』か否かを判断する場合、2つの商品・役務の費用の合算を「供給に要する費用」と捉え、セット価格がこれを上回っていればよいとするのか、それぞれの商品・役務について価格が費用を上回っていなければならないのかという論点です。

この点、適取GLでは、注記において、「電気・ガスと併せて他の商品また

は役務を販売する場合、一般的には、電気・ガスと他の商品または役務それぞれについて、その供給に要する費用を著しく下回る対価で供給しているかどうかにより判断することとなる」と記載されており、個々の商品・役務ごとに判断することが原則とされています（電力適取GL第二部I2（1）①イｉ(i)（注）(6頁)、ガス適取GL第二部I2（1）イ①（i）（注）（7頁)）。一方で、担当官解説によれば、一般的にはそれぞれの商品・役務について検討するとしながらも、セットで販売する商品や役務の特性等を踏まえて個々の事案の状況に応じて判断すると説明されています。

確かに、市場においてセット商品が基本となっており、他の事業者も同様のセット商品を容易に市場に投入できるような場合には、セット商品自体をめぐって競争が成り立つといえます。そのため、セット商品を一体として見たうえで価格・費用基準を満たすかを検討することが適当な場合もあり得るところです。

もっとも、現時点の電力・ガス小売市場においては、新規参入者が既存事業者と同様のセット商品を容易に市場に投入できるとは言い難い状況といえます。そのため、少なくとも当面の間は、それぞれの商品・役務について価格・費用基準への該当性を検討することが合理的と思われます。

(ii) 割引分をいずれの商品・役務に割り当てるのか

次に、セット商品のそれぞれについて価格・費用基準を検討するとしても、具体的にセット料金として割り引いた部分を、いずれの商品・役務の価格に割り当てるのかという論点があります。

この点について、適取GLに特段の言及はありません。しかし、割引を伴うセット販売の場合、セット販売を行う事業者が一方の商品・役務（A商品）について市場支配力を有しているような場合には、他方の商品・役務（B商品）の価格からセット販売の割引額全体を控除した額が、当該商品・役務（B商品）の費用を下回れば、B商品を単独で提供する事業者は、セット販売する事業者と同等又はそれ以上に効率的な事業者であってもセット販売する事業者に対抗することは困難であり、そうした事業者が市場から排除されるおそれがあります。

このような観点から、セット販売の割引額全体を競争的商品（B商品）の価格に全て割り当て、これを差し引いた価格を前提に費用割れの有無を判断することが、独占禁止法上問題となる事例を絞り込むうえで有益とされています。これを「割引総額帰属テスト」といい、実務においても、セット割引による安値販売が、独占禁止法上問題となり得るかを判断する一つのメルクマールとなるといえます。

オ　電源構成について（電力のみ）

質問 77

電源構成を開示する義務はありますか。

電気事業法上、電源構成をアピールして電力を販売する場合を除き、電源構成の開示は義務付けられていません（電源構成をアピールして電力を販売する場合については、質問 86 を参照ください）。これは、①小規模な事業者にとっては負担となること、②小売電気事業者が開示するためには、発電事業者から小売電気事業者に対する電源種別に関する情報提供が必要となること等を踏まえたものとされています。また、電源構成に関心のある需要家がいる場合、電源構成の開示がされている小売電気事業者を選択し、開示をしていない小売電気事業者を選択しないことになるため、電源構成の開示を義務付けなくても、電源構成の開示に関する需要家の選択は適切に行われているともいえるところです。

もっとも、開示された電源構成に関する情報を基に需要家が電気の選択を行うことには一定の意義があるため、電源構成については、ホームページやパンフレット、チラシを通じてわかりやすい形で掲載・記載し、需要家に対する情報開示を行うことが望ましいとされています。

また、その際には、CO_2排出係数を併せて記載することが望ましいとされています（以上につき、電力小売 GL1（3）イ i）（11、12 頁））。

質問 78

電源構成を開示する場合の基本的な考え方と留意点について教えてください。

質問 77 のとおり、電源構成の開示自体は必ずしも義務付けられているものではありませんが、電源構成を開示する以上は、電力小売 GL に定められたルールに従って開示をすることが必要となります。このルールに従った開示をしていない場合や割合等の数値及びその算定の具体的根拠を示さない場合は、問題となる行為となりますので、留意が必要です（電力小売 GL1（3）ウ i）③（18、19 頁））。

また、電源構成を電気の質と結びつけるような説明をしないことも必要です。すなわち、電気は一般送配電事業者等の送配電網へ流れると、特定の発電所で発電した電気であっても系統に繋がっている他の発電所からの電気と物理的に混ざり、需要家が実際に供給を受ける電気は全て均質になります。このため、小売電気事業者が開示する電源構成が、あたかも需要家が供給を受ける電気の質と同様であるかのような説明や、電源構成によって需要家が供給を受ける電気の質に差異があるかのような説明をする場合、問題となる行為となりますので、留意が必要です（電力小売 GL1（3）ウ i）①（18 頁））。この点に関する問題となる説明の例、問題とならない説明の例は、以下のとおりとされています。

＜問題となる説明の例＞

①「クリーンな電源で発電しているためきれいな電気が届く」

②「安定的に発電できる電源を用いているため周波数や電圧が安定している」

＜問題とならない説明の例＞

「当社は、クリーンな電源で発電しており、地球温暖化対策に積極的に取り組んでいる」

具体的な開示ルールは、質問 79 ～ 84 のとおりです。

また、各ルールを踏まえた、電源構成の開示例については、別紙 2 をご参照ください。

質問 79

電源構成を開示する場合、いつの時点の電源構成を開示する必要があるのか、教えてください。

この点については、いつの時点のものではなければいけないというものはありませんが、特定の算定期間における実績又は計画であることの明示が必要となります（電力小売 GL1（3）ウ i）②（18 頁））。

但し、年度単位で、前年度実績値（前年度実績値の数値が確定する前においては前々年度実績値）又は当年度計画値とすることが望ましいとされていますので、特別な事情がない限りは、直近で判明している実績値か当年度の計画値を開示し、年度単位で更新するということが適切な対応といえます。なお、実績値がない新規参入者の場合、供給開始後数カ月間の直近実績値をもって開示することもありうるとされています（電力小売 GL1（3）イ iii）①（15 頁））。また、実績のない新規参入者に限らず、月単位などとすることも認められますが、この場合は、年度単位の情報を併記することが望ましいとされています（電力小売 GL1（3）イ iii）①（15 頁））（※）。

※電源構成をアピールして電力を販売する場合は、当年度の計画値とする必要がある点には、留意が必要です（詳細は、質問 86 をご参照ください）。

質問 80

電源構成の内訳を示すにあたって、最低限開示することが必要な内容を教えてください。

電源構成を開示する際には、最低限、以下の内訳を示すことが必要となります（電力小売 GL1（3）ウ i）④（19・20 頁））。更に詳細な開示を行うかは小売電気事業者の任意に任されています。

なお、以下に従い、調達した電気をどのように仕分けるかについては、質問 81 で説明をします。

① 水力発電所（※1）（出力 3 万 kW 以上（※2））により発電された電気

② 火力発電所により発電された電気のうち、石炭を燃料種とするもの

③ 火力発電所により発電された電気のうち、ガスを燃料種とするもの

④ 火力発電所により発電された電気のうち、石油その他を燃料種とするもの

⑤ 原子力発電所により発電された電気

⑥ 再生可能エネルギー発電所（※3）により発電された電気（FIT 電気（※4）を除く）

⑦ FIT 電気（※4）（※5）

⑧ JEPX を通じて調達した電気

水力、火力、原子力、FIT 電気、再生可能エネルギーなど、どのような電気が含まれ得るのかについても明示することが求められています（電力小売 GLI（3）ウ i）⑥（21・22 頁））。

⑨ その他

※1　揚水発電所を含みます。
※2　3万 kW 未満は、⑥又は⑦に分類します。
※3　以下の発電所をいいます。
(a) 太陽光発電所、(b) 風力発電所、(c) 水力発電所（出力合計3万 kW 未満のもの）、(d) 地熱発電所、(e) バイオマス発電所（バイオマスを電気に変換する発電所）
※4　FIT 制度の対象となっている発電所から発電された電気をいいます。
※5　具体的な説明方法については、質問 82 をご参照ください。

質問 81

電源構成を開示するにあたって、調達した電気をどのように仕分ける必要があるのでしょうか。電源の仕分けの基本原則とその具体的な方法について、間接オークションにより調達した電気の仕分けの方法も含めて、教えてください。

❶基本原則

電源構成の仕分けにあたっての基本原則は以下のとおりです。

・ダブルカウント（電力量の「二重計上」）の禁止（電力小売 GLI（3）ウ i）⑦（22 頁））

①他の小売電気事業者に転売・譲渡等をしているにもかかわらず、自己の需要家向けの電源構成に算入する、又は②電源別メニューなどで特定の需要家向けに用いることとしているにもかかわらず、他のメニューを契約している需要家向けの電源構成に算入するなどの行為は、問題のある行為となります。

❷具体的な方法

自社が需要家へ販売する電力については、大きく分けて①自社で保有している発電所から電力を供給するものと② JEPX を通じた調達を含め他社から調達した電力を供給するものに分かれます。

①については、その電源の種類に応じて質問80で定めるところに従って仕分けて開示をすればよいため、比較的わかりやすいのですが、②については、調達する段階で電源が特定されていない場合などもあり、一義的に決まらない部分もあります。そのため、②他社から調達した電力に関する電源の仕分けの方法については、以下のようなルールが定められています。

(1) 供給を受ける発電所を特定して調達した電気（電力小売 GL1（3）ウ i）⑤（21頁））

発電事業者等との間で締結した特定の発電所から電力の供給を受ける契約に基づき電力を調達した場合が当てはまりますが、この場合は、当該発電所の電源種を持った電気として取り扱うとされています。

(2) 供給を受ける発電所を特定せずに調達した電気（常時バックアップ・JEPX を通じた調達を除く）（同⑤（21頁））

この場合は、調達先から電源構成情報の開示を受けている場合又は調達先のホームページで過去の電源構成が公開されている場合などは、その情報を基に仕分けることになります。それでも、仕分けることができない場合は、「その他」に区分することになります。

(3) 常時バックアップにより調達した電気（同⑤（21頁））

常時バックアップは、法的には旧一般電気事業者との間の相対契約に基づくものであって、供給を受ける発電所を特定していない場合に該当するため、(2)の類型の一つといえます。この場合は、調達元である旧一般電気事業者がウェブサイト等で電源構成を公表している場合はその数値とし、それ以外の場合は、電力調査統計（資源エネルギー庁）において公表される旧一般電気事業者の発電部門の電源種別の発電実績に基づき仕分けることが必要とされています。

実情として、年度単位の実績は、旧一般電気事業者においてそれぞれ電源構成を開示しているため、年度単位の実績で開示をする場合は、その値に基づき仕分けることになります。

(4) JEPXを通じて調達した電気（同⑥（21・22頁））

この場合は、理論的には、スポット市場等において売入札で落札した発電事業者等毎の電源構成を基に振り分けることも考えられるところですが、現実的ではないため、「卸電力取引所」（JEPX）と区分することとされています。

但し、どのような電気が含まれ得るのか（水力、火力、原子力、FIT電気、再生可能エネルギーなどが含まれ得ること）といったことを明示することが必要とされています。

(5) 間接オークションを用いて調達をした電気（同④（※）（20頁））

既に説明をしたとおり、2018年10月から、連系線の利用についての間接オークション制度が導入され、連系線を利用して電気を調達する場合は、JEPXを通じて電気を取引することが必要となります。

そのため、原則として、間接オークションを用いて調達した電気は、「卸電力取引所」（JEPX）と区分することになります。もっとも、以下の2つの要件を満たした場合は、例外的にその契約に定められた電源構成の割合で調達したものとみなして区分をしてもよいこととされています。現状、この要件を満たす限り市場分断の発生や連系線が事故等で不通となったとしても、売入札側の電源構成が維持されているものとして電源構成を算定可能とされています。

① 売入札側の事業者との間で電源構成等を特定した契約を締結すること

② 卸電力取引所（JEPX）において同一の30分の時間帯に買入札側の小売電気事業者及び売入札側の事業者が入札し約定した電気の総量が当該契約に基づいて調達されたとする電力量以上であること

また、例えば、発電所が東北電力エリアにあり、その電気を東京電力エリアの需要家に供給するような場合は、東北電力エリアで売入札をした電気を東京電力エリアで買い戻すことになりますが、この場合は、同一の30分の時間帯における自社電力の買戻しに相当する電力量については、売入札側の電源構成の割合で区分して電源構成を算定することができるとされています。

なお、このような例外的な取扱いができる場合であっても、電源種別ごとに異なる取扱いをするのではなく、一律に、特定された電源構成の割合を用いて算定し、表示するか、全量を「卸電力取引所」（JEPX）に区分して表示することが望ましいとされています（電力小売GL1（3）イiii）③（15・16頁））。

（6）インバランス補給を受けた電気（電力小売GL1（3）イiii）②（15頁））

計画値同時同量制度の下では、需要実績が需要計画を上回った場合、小売電気事業者は一般送配電事業者からその不足分について、電気の補給を受けることになります。この補給をインバランス補給といいます。

この場合、インバランス補給を受ける一般送配電事業者が公表するインバランス補給に係る電源構成の数値を織り込んで電源構成を算定することが望ましいとされています（公表されていない場合は、「その他」へ分類することになります）。

また、計画値同時同量制度の下では、発電事業者についても発電実績が発電計画を上回った場合、インバランス補給を受けることになりますが、この点については、以下のいずれかの方法により算定することが望ましいとされています。

① 発電事業者と小売電気事業者との間の契約に基づき計画どおりの発電量が供給されたとみなして算定する方法

② 供給を行う一般送配電事業者が公表するインバランス補給に係る電源構成の数値を織り込んで算定する方法

インバランス補給に関する電気については、織り込んで算定することが「望ましい」とされていることに留まることが他のルールと異なります。

質問82

FIT電気の説明方法について、教えてください。

❶ CO_2フリーを訴求しない方法で説明すること

FIT電気は、FIT制度による交付金の補てんを受けて調達している電気であることから、CO_2フリーの電気であるという付加価値を訴求することなく説明をしなければならないとされています（電気省令第３条の 12 第２項）。

これは、小売電気事業者は、FIT 制度を利用した場合、通常調達に必要となる費用（回避可能費用といいます）を超えた費用については、全ての需要家が負担する FIT 賦課金を財源とした交付金という形で費用の補填を受けることができることから、その費用の補填を受けて小売電気事業者が買い取り、販売する電気の CO_2フリーという価値は、非化石価値証書の購入分について購入者に帰属するものを除き、その小売電気事業者から調達した特定の需要家に帰属するのではなく、FIT 賦課金を負担した需要家に、その負担に応じて薄く広く帰属すると考えられているためです。

❷ CO_2フリーを訴求しない方法で説明するといえるための３要件

「CO_2フリーという付加価値を訴求することのない説明」といえるためには、以下の３要件を満たした説明である必要があります（電力小売 GL1（3）ウ iii）（24・25 頁））。

① 「FIT 電気」である点について誤解を招かない形で説明すること

② 当該小売電気事業者の電源構成全体に占める割合を説明すること

③ FIT 制度の説明をすること

③ FIT 制度の説明のポイントは、① FIT 賦課金及び非化石証書の売却収入により賄われている点並びに② CO_2排出係数が全国平均の電気の CO_2排出量を持った電気として扱われることの２点です。この場合、小売電気事業者が販売する FIT 電気の量に相当する量の再生可能エネルギー指定の非化石証書を購入している場合、その再生可能エネルギー指定の非化石証書の使用により実質的に再生可能エネルギーによる電気を供給している旨の注釈を付記することは認められます。

具体的な説明の例は、別紙２をご参照ください。

❸不適切な例

上記３要件を満たさない説明を行った場合の他、以下の場合が、「CO_2フリーという付加価値を訴求することのない説明」として不適切な例と考えられています（電力小売GL1（3）ウiii）（25・26頁））。

① FIT電気を販売している場合において、「グリーン電力」、「クリーン電力」、「きれいな電気」その他これらに準ずる用語を、個別メニューや事業者の電源構成の説明に用いること。

このような説明は、上記3要件を全て満たしていたとしても、需要家の誤認を招く行為として認められません。

② FIT電気について、「FIT電気」以外の曖昧な用語や需要家の誤認を招く用語を用いること。

需要家の混乱を回避する観点から、「FIT電気」は一語として表示・説明することが求められ、これに反する表示・説明は問題となります（問題となる例：「FIT（再生可能エネルギー／太陽光）電気」という表示に、割合の表示やFIT制度の説明を付記する場合等）。

なお、上記3要件を全て満たした上で、「再生可能エネルギー」や「太陽光」などといった契約上の電源種別の事実を表示・説明することや、「再生可能エネルギー発電事業者から調達した電気」といった中立的な事実関係を追加的に表示・説明することは問題とならないとされています。

❹ FIT電気メニューを作ることも可能

以上の1～3を踏まえた説明・表示を行えば、FIT電気を供給条件とする電源別メニューを作り、販売することも認められます。

なお、FIT制度は、抜本的な見直しをすることが予定されており、その議論においては、競争電源である大型の太陽光発電や風力発電については、固定価格での買取を保証するのではなく、市場取引を基本としつつ、スポット市場等の市場価格を参照指標として一定のプレミアムを支払ういわゆるFeed in Premiumという制度（以下「FIP制度」といいます）を導入する方向が示されています。FIP制度の下においても、プレミアム分については補てんを受けているという点ではFIT制度と同様といえますが、市場取引を基本とする点や実際の補てんの考え方が異なります。FIP制度で調達した再生可能エネルギー電源に関する電源構成の説明の在り方については、今後FIP制度導入までの間に国において整理がされることになると思われます。FIP制度については、2020年6月5日に成立した強靭化法において定められており、2022年4月

1日に施行が予定されています。

質問83

電源構成に関する開示と合わせて開示が望ましいとされている、CO_2排出係数について、教えてください。

温対法上、二酸化炭素などの温室効果ガスを一定量以上排出する工場や事業場の事業者等（以下「特定排出者」といいます）に対して、温室効果ガスの排出量の届出が求められています。そして、特定排出者が、その排出量を算定するために、小売電気事業者は、使用量に乗じるCO_2排出係数を公表することが求められています。

その算出方法については、排出係数に関する通達に従うことになりますので、詳しくはその通達をご覧いただく必要がありますが、1点だけ、JEPXを通じて調達した電気のCO_2排出係数の取扱いについて、連系線を利用する場合を含めて簡単に説明します。

まず、JEPXを通じて調達した電気のCO_2排出係数については、原則として、スポット市場等で約定された全事業者の事業者別の基礎排出係数を約定した電力量に応じて加重平均することにより算定する方法により算定することとされ、年1回JEPXから公表される値によることになります（電力小売GL1（3）ウi）⑥（21頁）、排出係数に関する通達）。

もっとも、連系線を利用した電気の調達については、売入札側及び買入札側の事業者が、任意で、スポット市場等において契約ごとに別IDで取引を行うことが認められています。この場合、CO_2排出係数の算定においては、連系線を利用したエリアを跨ぐ取引を行う場合において、以下の2つの要件を満たした場合、買入札側の事業者は、その取引により調達した電気の排出係数をその契約に基づき特定した電源（又は電源構成）の排出係数とすることができるものとされています（電力小売GL1（3）ウi）④脚注15（20頁））、排出係数に関する通達）。

① 売入札側と買入札側が電源を特定した契約に基づいた取引を行っていること

② 両者がスポット市場等において通常の取引とは別のユーザーIDを取得しその契約に基づく取引の約定量が確認されたこと

このように、IDを別管理することは、電源構成を仕分けるといった観点からは必須ではないものの、CO_2排出係数について、特定した電源からのCO_2排出係数の受け渡しを行うことを予定する場合は、必須となる点には留意が必要です。

質問84

電源特定メニューで電気を販売している場合において、小売電気事業者として、自社（事業者単位）の電源構成を開示するにあたって、留意すべき点を教えてください。

電源特定メニュー（特定の電源構成を供給条件としたメニューをいいます。以下同様とします）で電気を販売している場合、小売電気事業者は、自社（事業者単位）の電源構成の開示にあたっては、以下のいずれかの対応をとることが必要となります（電力小売GL 1（3）イ iii）④（16・17頁）、同ウ i）⑨（23頁））。

① 電源特定メニューでの販売電力量を控除して算定した電源構成を開示する

② 電源特定メニューでの販売電力量を控除しない場合は、以下のような電源特定メニューによる販売電力量を含んだ電源構成割合であることに関する適切な注釈を付す

（例）＜水力電源を20%とする電源特定メニューを販売している場合＞

当社は水力電源を20%とするメニューを一部のお客様に対して販売しており、表示されている電源構成割合は、全販売電力量（○ kWh）のうち、このメニューによる販売電力量（○ kWh）を含んだ数値です。（○年度（○年4月1日～○年3月31日）の実績値）

事業者単位の電源構成の開示を前年度の実績で行っていれば、控除等の対象となる電源特定メニューもその実績値をベースとし、当該電源構成の開示を計画値で行っているのであれば、控除等の対象となる電源特定メニューも計画値をベースにすることが基本となります。もっとも、新たに電源特定メニューを

設けた場合は、前年度実績値が存在しない旨を付記したうえで、当該電源特定メニューの当年度計画値を用いて控除を行うことも認められます（電力小売GL 1（3）イ iii）④（16・17頁））。

質問 85

小売電気事業者である当社は、現状再生可能エネルギーの調達実績がほとんどありませんが、将来的には、需要家へ供給する電力の全てを再生可能エネルギーとすることを目指したいと考えています。その場合、当社のホームページ等で「再生可能エネルギー 100%」を目指すと表示することは、問題ないでしょうか。

「再生可能エネルギー 100%」を目指すなどという目標を定め、それを対外的に公表すること自体は、基本的には問題はありません。もっとも、電力小売GL 上、「調達計画と著しく異なるにもかかわらず供給する電気の電源構成が当該目標値のとおりであると需要家を誤認させる場合には、問題となる」とされています（電力小売 GL1（3）ウ i）③（19 頁））。そのため、上記のような表示をする場合は、現時点の電源構成を明記するなど、「再生可能エネルギー 100%」ということが、現時点の電源構成ではないことを明確にしたうえで、公表等をすることが必要となります。

質問 86

供給する電気の特性を供給条件とした電気を販売する際に説明・記載すべき事項を教えてください。

❶「内容及び根拠」が必要

供給する電気は再生可能エネルギー 100% であること（電源特定メニュー）や特定の地域の発電所で発電した電気をその発電所の所在する特定の地域の需要家へ供給すること（地産地消メニュー）など供給する電気の特性を供給条件として電気を販売する場合、その「内容及び根拠」を説明し、契約締結前書面及び契約締結後書面に記載しなければならないとされています（説明事項について、電気第 2 条の 13 第 1 項、同省令第 3 条の 12 第 1 項第 23 号、契約締結前書面について、電気第2条の13第2項、同省令第3条の12第8項・第3条の12第1項第23号、契約締結後書面について、電気第2条の14第1項、同省令第3条の13第2項第3号・第3条の12第1項第23号)。

❷いつの時点の電気の特性を前提とするか

まず、いつの時点の電気の特性をアピールして販売できるか、という点が問題となりますが、事業者単位における電源構成の開示と異なり（質問79をご参照ください)、実際に販売する電気の特性を供給条件とすることから、過去の実績値ではなく、実際に供給する電気の特性（＝計画値）とし、供給する年度（4月1日～翌年の3月31日（販売する期間が年度に満たない場合は、当該販売日から当該日が属する年度の末日）を単位とするとされています（電力小売GL1（3）ウii）①（24頁))。

そのため、小売電気事業者は、供給計画や電源の調達計画を踏まえて、どの電気をどの程度供給する電気の特性として販売することが可能かを検討して判断することになります。

❸具体的な説明・書面記載事項

次に、説明し、契約締結前及び契約締結後書面に記載すべき具体的な内容としては、供給する電気の特性毎に以下のように考えられます。

(1) 特定の電源構成を供給条件とする場合

具体的なメニューの内容とそのメニューの電源構成の内訳を説明し、書面に記載することが必要となります。例えば、再生可能エネルギー100%メニューを販売する場合、その旨と当該メニューの電源構成の内訳の説明及び各書面への記載が必要となります。なお、例えば、再生可能エネルギー指定の非化石証書を用いて再生可能エネルギー比率を実質的に100%とするような場合の説明及び各書面への記載事項は、質問88をご参照ください。

(2) 特定のCO_2排出係数を供給条件とする場合

電源構成に関するルール制定時の制度設計WGにおける議論を踏まえると、

具体的なメニューの内容とそのメニューの電源構成の内訳、表示された電源毎の CO_2排出係数を説明し、各書面に記載することが、原則として必要となると思われます。また、非化石証書等を利用して CO_2排出係数を下げている場合はその旨と下げた排出係数の数値も合わせて説明し、各書面に記載することが必要となると思われます。この場合、「実質」であることを表示することが必要となります（質問88をご参照ください）。

(3)「地産地消」や「○○地域産電力」であることを供給条件とする場合（電力小売GL 1（3）ウ V）（27・28頁））

特定の地域の発電所で発電した電気をその発電所の所在する特定の地域の需要家へ供給すること（地産地消であること）を供給条件とする場合は、特定の地域の発電所で発電した電気を同一地域の需要家へ供給することと発電所の立地場所及び電気の供給地域を説明し、各書面に記載することが必要となります。

また、○○地域で発電された電力であること（○○地域産の電力であること）を供給条件とする場合は、特定の地域の発電所で発電した電気を需要家へ供給することと発電所の立地場所を説明し、各書面に記載することが必要となります。

「地産地消」については、一定の限定された地域において発電し消費されることが基本とされ、関東地方など一定の広い地域を特定して「地産地消」であると訴求することは望ましいものではないとされています。但し、合理的な限定が困難であることから、「地産地消」や「地域」の範囲については特に限定することはされていません。商品に魅力がないと売れないことから、実際には需要家が魅力を感じる範囲に「地産地消」や「地域」が限定されることになると思われます。

また、以下の点を説明し、各書面に記載することが望ましいとされています。

① どのような意味で地産地消であるか

（例）輸入燃料を用いずに特定の地域で産出された燃料をもって発電したことを理由に「地産」と訴求するのであれば、こうした点を説明すること

②「地産」と訴求していても、JEPXを通じた調達や常時バックアップなど他者から調達した電気を用いている場合には、その点

なお、連系線を利用して特定地域に立地する発電所で発電した電気を調達するため、スポット市場を介して取引を行う場合において、「地域産」であることを表示するための要件については、質問81、2（5）をご参照ください。

❹事後的な説明が必要

事後的には、計画値と実績値との整合性の程度についての説明を行うことが必要とされています（電力小売GL 1（3）ウ ii）②（24頁））。この乖離が著しい場合は、そもそも販売している電気の特性自体の合理性が問われることになり、場合によっては、説明義務や契約締結前及び契約締結後書面交付義務違反に問われる可能性もある点には留意が必要です。

質問87

その他、供給する電気の特性を供給条件とした電気を販売する際に留意すべき事項を教えてください。

供給する電気の特性を供給条件とした電気を販売するにあたっては、異なる時点間で発電・調達した電力量を移転する取扱いを行うことが禁止されている点には留意が必要です（電力小売GL1（3）ウ i）⑧（22・23頁））。

典型的には、太陽光発電所から発電した電気の取扱いが考えられます。太陽光発電所は、夜間は物理的に発電しない時間帯がありますが、昼間に発電した電気を夜間に供給した電気とみなすことや、特定の時間帯に発電・調達した電気を別の日の同じ時間帯に供給する電気とみなすことなど、異なる時点間で電力量を移転する取扱いを行うことは、電気の供給実態と著しく乖離していること、時間帯によって電気の価値が異なる点を無視していることから、問題となるとされています。

例えば、24時間供給するメニューにもかかわらず、太陽光100%メニューとして販売をしたり、太陽光発電所から発電された電気の比率を供給条件とするメニュー（例えば、太陽光●%メニュー等）の事後的な実績の開示において、例えば太陽光が発電している時間帯の需要が合計で100万kWhしかなかったにも関わらず、当該時間帯の太陽光発電量が120万kWhあった場合において、

20万kWh分についても当該メニューにおける太陽光の実績に含めるようなことは、認められません。

但し、蓄電池を用いている場合などは、実際に異なる時点間で電気の充放電が行われていることから、電力量が移転したとして算定することは問題ないとされています。

質問88

非化石証書を購入した場合において、電源構成の開示等にあたって、留意すべき事項を教えてください。

非化石証書を購入したとしても、開示する電源構成自体には変わりはありません。

そのため、例えば、小売電気事業者が再生可能エネルギー指定の非化石証書を使用したことを理由として「再生可能エネルギー電気を100%発電・調達している」と表示するなど、実際に再生可能エネルギー電気を発電・調達しているものという需要家の誤認を招くような表示をすることは問題となります。

但し、実際の電源構成の表示を併せて行うなど、実際の電源構成と異なることについて誤認を招かない表示である限りにおいては、以下のような表示は問題とならないとされています。

① 「再生可能エネルギー指定の非化石証書の使用により、実質的に、再生可能エネルギー電気●●%の調達を実現している」などの表示

② 「非化石証書の使用により、実質的に、CO_2排出量がゼロの電源（いわゆる「CO_2ゼロエミッション電源」）●●%の調達を実現している」などの表示

ここでのポイントは、非化石証書を購入した場合、その価値をアピールすることはできますが、あくまでも電源構成とは異なる点を踏まえることが必要となることといえます。

また、①及び②を供給する電気の特性として電気を販売する場合、①の場合で、説明し、各書面へ記載すべき「根拠」としては、当該メニューの電源構成の内訳と再生可能エネルギー指定の非化石証書を使用している旨と思われます。②における「根拠」としては、当該メニューの電源構成の内訳、表示された電源毎のCO_2排出係数及び非化石証書を使用している旨が考えられます。

もっとも、この場合、個々のCO_2排出係数の値は根拠として示す必要性は低いと思われます。そのため、この点は電源全体のCO_2排出係数で足りるといった整理も可能と思われます。

カ　保安・開閉栓（ガスのみ）

質問 89

ガスの保安について、ガス小売事業者に課されている義務を教えてください。

❶ガス保安に関する責任主体

ガスの保安業務のうち、需要家所有の内管漏えい検査及び緊急時対応（消費機器も含みます。）については、一般ガス導管事業者が責任を有することとされていますが（ガス第61条、159条等）、消費機器の調査・危険発生防止の周知（以下「調査・周知等」といいます）については、需要家と契約関係にあって接点が多く、契約に当たって消費機器情報を把握する場合が多いガス小売事業者が責任を負うことになります（ガス第159条第1項、第2項等）。

保安義務と責任主体のイメージについては、図23をご参照ください。

図23．保安義務と責任主体のイメージ

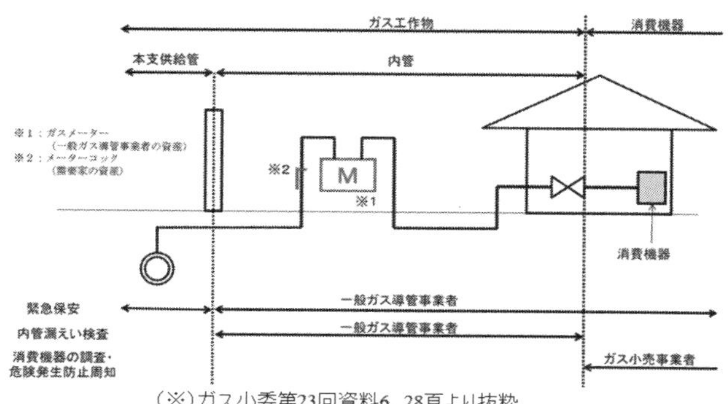

（※）ガス小委第23回資料6、28頁より抜粋。

❷ガス小売事業者に課されるガス事業法上の保安に関する義務

この調査・周知等の実施を担保するため、ガス小売事業者は、調査・周知等の業務に関する「保安業務規程」を作成し、事業開始前に経済産業大臣へ届出をすることが必要となります(ガス第160条第1項)。ガス小売事業者とその従業者は、この保安業務規程の遵守が求められています（ガス第160条第4項)。保安業務規程については、経済産業省が作成した「モデル保安業務規程」が公表されていますので、この規程を踏まえた保安業務規程の記載や対応が必要となります。

また、緊急時や災害時における的確な初動対応及び早期の復旧のためには、ガス導管事業者とガス小売事業者が、それぞれの業務の役割の垣根を越えて協働する体制の構築が重要となります。このため、ガス小売事業者を含むすべてのガス事業者は、「公共の安全の維持又は災害発生の防止」に関するガス事業者間の連携・協力義務を負っています（ガス第163条)。この連携・協力義務の具体的な指針を示した連携・協力ガイドラインが公表されていますので、同ガイドラインに従った連携・協力が必要となります。

❸自主保安

以上がガス事業法上定められている義務ですが、従来ガス事業者は法令によらない自主的な保安活動（以下「自主保安」といいます）を実施してきており保安水準の維持・向上が図られています。このため、今後ともガス小売事業者の自主保安の水準の維持・向上を図ることを目的として、経済産業省の委託事業として高圧ガス保安協会が事務局となって、ガス小売事業者自主保安促進制度（ガス保安見える化／ガスホ）が創設されています。

この制度は、ガス小売事業者の申出に基づき、自主保安の取り組み状況の評価を行うと共に、自主保安の活動状況を、HPを通じて需要家にわかりやすく紹介するものであり、需要家にガス小売事業者の保安面での選択を支援するために構築されたものです。ガス事業にとって保安は重要であるため、需要家に保安面での優位性をアピールすることは重要な一つのポイントになりますので、この制度を上手く活用することも小売戦略の一つといえます。

❹ ガス工作物を維持・運用する場合における保安に関する義務

ガス小売事業者がガス工作物を維持・運用する場合には、ガス導管事業者と同様に、技術基準適合維持義務（ガス第21条）等の保安規制が課されます。ガス小売事業者が維持運用するガス工作物としては、以下のようなものが考えられます。

① 一定規模以下のガス工作物（例：サテライト基地や小規模導管）

② 旧簡易ガス事業のガス工作物

質問90

小売供給開始にあたってのガスの開栓業務について（要否を含みます）教えてください。

❶ガスの開閉栓が必要な場面・不要な場面

小売供給開始時のうち、供給元であるガス小売事業者が変更されるいわゆるスイッチングの場合、物理的な閉開栓作業は不要と整理されています。

他方で、それ以外の小売供給開始時においては、物理的な開閉栓作業が必要となります。

この場合の開栓は、内管漏えい検査と消費機器の調査を実施し、安全性を確認したうえで行われることになりますが、内管漏えい検査は一般ガス導管事業者が、消費機器の調査はガス小売事業者が実施する責任をガス事業法上負っています。

このため、どのような場合であれば、この開栓作業が認められるかが問題となりますが、以下のように整理されています（連携・協力ガイドライン5（59～61頁））。

❷認められる場合

まず、開閉栓作業については、以下の3パターンが認められています。

① 一般ガス導管事業者とガス小売事業者が共に需要場所に行く場合

② 一般ガス導管事業者とガス小売事業者から委託を受けた者が需要場所に行く場合

③ まず一般ガス導管事業者が需要場所に行き、その後（例えば別日に）、ガス小売事業者が需要場所に行く場合

①及び②については、開栓時において、内管漏えい検査のための開栓と消費機器調査を連続して実施することになりますが、小売全面自由化前もこのような対応がされており、適切な対応といえます。

次に、③についてですが、内管漏えい検査後に一般ガス導管事業者が閉栓を行わずに需要場所から立ち去った場合は、ガス小売事業者による消費機器調査が行われる前に需要家が、ガスの使用を開始してしまう可能性があります。そのため、③の場合は、一般ガス導管事業者に対して以下の対応が求められています。

(a) 一般ガス導管事業者が、内管漏えい検査後に閉栓を実施してから需要場所を立ち去ること。

(b) 一般ガス導管事業者が内管漏えい検査を終えた際には、内管に異常はなく、ガス小売事業者による開栓作業が可能となったことを、ガス小売事業者に連絡すること。

❸認められない場合

他方、開閉栓作業が認められない場合としては、まずガス小売事業者が需要場所に行き、その後（例えば別日に）、一般ガス導管事業者が需要場所に行く場合が挙げられています。

消費機器調査項目は、排気筒の材料や設置場所の確認など外観確認を行えば良いものの他に、燃焼時の排気排出など、消費機器を運転したうえで確認する項目が含まれています。また、供給開始時には、「供給ガスに対する適応性の確認」を消費機器の調査項目としており、消費機器の銘板確認ができない場合には、消費機器の点火試験を行う必要があります。このように消費機器の運転や点火試験を行うためには、開栓の上内管にガスを流すことが必要となりますが、漏えい検査前の、一般ガス導管事業者による安全性の確認がなされていない内管にガスを流すことは保安の観点から不適切といえます。そのため、このような場合、開閉栓作業は認められていません。

質問 91

消費機器調査等に関する業務の受委託に関して留意すべき事項について教えてください。また、新規参入者が自社顧客の内管保安業務を受託することは可能でしょうか。

❶消費機器調査等の受委託について

質問37のとおり、ガス小売事業者が義務を負う、ガスの保安業務である消費機器調査等の業務を他の事業者へ委託することは、そのガス小売事業者の責任において実施することが認められています。

そして、最近では、新たにガス小売事業のプラットフォームを提供する事業者が出てきており、ガスの卸供給を受けることと共に、そのような事業者に消費機器調査等の業務を委託することも、新規参入者にとっては重要な選択肢の一つといえます。

もっとも、ガス小売全面自由化からまだ日の浅い現状においては、新規のガス小売事業者の中には消費機器調査等のノウハウがないことが予想されます。特に、小売全面自由化により新たに自由化の対象となった低圧の分野においては、旧一般ガス事業者であったガス小売事業者（以下「既存事業者」といいます）や既存事業者から受託している関連事業者(※)のみが消費機器調査等を行うための体制が整備されているという実態があります。

その点を踏まえ、既存事業者又は関連事業者が新規参入者から消費機器調査等の委託を依頼された場合については、受委託の類型毎に以下の対応が求められます。

2020年4月からスタートアップ卸（質問12、3（1）をご参照ください）が開始された後は、このような依頼は増えてくるものと思われます。

※関連事業者とは、小売全面自由化前に既存事業者から委託を受けて、需要家に対して、消費機器調査等を行っていた事業者であり、小売全面自由化後も、主として既存事業者から委託を受けて消費機器調査等を行う者をいいます（ガス適取GL第二部I1（2）注（6頁））。

（1） 既存事業者が受託する場合

（ｉ）既存事業者に求められる対応（ガス適取GL第二部I2（2）イ（12・13頁））

新規参入者が消費機器調査等の委託を既存事業者に行う場合、既存事業者は、以下の対応が求められます。

① 正当な理由がない限り、新規参入者に係る消費機器調査等の業務を、適正な料金で受託すること

② 消費機器調査等を行う新規参入者の需要家に対して新規参入に支障を来し得る営業行為等を行わないこと

また、既存事業者が関連事業者に対して再委託をしている場合は、上記に加えて、関連事業者に対する以下の対応が求められています。

③ 新規参入者に係る消費機器調査等について再委託を行うこと

④ 新規参入者に係る消費機器調査等を、受託しないように求めたり、自己に対して求めている料金を上回る料金で受託するように求めたりしないこと

⑤ 新規参入に支障を来し得る営業行為等を行うように求めないこと

上記①から⑤を遵守しない場合は、ガス事業法上問題となる行為とされています。

また、既存事業者が関連事業者に対して再委託をしている場合には、関連事業者との契約において、関連事業者が、新規参入に支障を来し得る営業行為等を行わないように努めることを求めることが望ましいとされています（ガス適取GL第二部I2（2）ア（12頁））。

上記①及び②に関する具体的な考え方は以下のとおりです。

（ii）要件①

①における「正当な理由」とは、既存事業者の人員・体制等に余力がないことから、新規参入者に係る消費機器調査等を物理的に受託できない場合等が挙げられています。また、「適正な料金」とは、自ら実施する場合と関連事業者へ再委託する場合とに分けて、それぞれ以下のとおりとされています。

(a) 既存事業者が消費機器調査等を行う場合
自己の消費機器調査等の業務に係る費用と同等の料金

(b) 関連事業者に再委託を行う場合
関連事業者への再委託費用に、再委託に必要とされる合理的な金額の範囲内の事務手数料やその他合理的な費用（例えば、合理的な範囲のシステム関連費用や人材育成費等）を付加した料金

（a）における「同等」とは、消費機器調査等の実施地域の需要密度や委託す

る業務の具体的内容等の条件が同様である場合には、同水準の料金が設定されることを意味します。例えば、新規参入者が、消費機器調査等のうち比較的費用のかさむ業務のみ既存事業者に委託する場合など、既存事業者が、自己の消費機器調査等の業務に係る費用よりも高い料金単価を当該新規参入者に設定することに合理性がある場合に、そのような高い料金単価を当該新規参入者に設定することは妨げられないと思われます(ガス適取 GL 第二部 I2 (2) ア (12 頁)をご参照ください)。

(iii) 要件②

②「新規参入に支障を来し得る営業行為等」とは、既存事業者が需要家と接触する際に又は新規参入者から受託した消費機器調査等を行う過程で得た情報を活用して、(i) 既存事業者自らのガス供給に係る営業活動を行うことや (ii) 委託をした新規参入者との小売供給契約（ガス）の解約を勧めたり、その小売供給契約（ガス）の継続を躊躇させたりするような言動を行うなど新規参入者のガス小売事業の拡大や円滑な遂行等に支障を来し得る営業活動を行うことをいうとされています。

(iv) 独占禁止法上の留意点（ガス適取 GL 第二部 I2 (2) イ (13 頁))

ガス小売事業者が、例えば以下のような行為を行うことにより、不当に他のガス小売事業者による消費機器調査等の保安業務の委託を妨げ、他のガス小売事業者の事業活動を困難にさせるおそれがある場合には、私的独占、取引拒絶、拘束条件付取引等として独占禁止法上違法となるおそれがあるとされていますので、併せて留意が必要です。

① 消費機器調査等の保安業務の委託を希望する他のガス小売事業者に対して、不当に、当該業務の受託を拒絶し又は当該業務の受託料を高く設定し若しくは交渉期間を引き延ばすことにより事実上当該業務の受託を拒絶すること。

また、ガス小売事業者が消費機器調査等の保安業務を再委託している場合は、上記に加えて、再委託先に対する以下の行為について独占禁止法上違法となる恐れがあります。

② 不当に、他のガス小売事業者からの消費機器調査等の保安業務の受託を拒絶させ又は当該業務の受託料を高く設定し若しくは交渉期間を引き延ばすことにより事実上当該業務の受託を拒絶させること。

③ 他のガス小売事業者から消費機器調査等の保安業務を受託する場合に一定の地域を割り当て、地域外において実施する当該業務の受託を制限すること。

これらの規律がかかる対象は、「ガス小売事業者」とされ、文言上既存事業者に限定されているものではありませんが、「他のガス小売事業者の事業活動を困難にさせるおそれがある」ことが要件となるため、現状を踏まえると既存事業者を対象とした規律といえます。

(2) 関連事業者が受託する場合

(ⅰ) ガス小売事業者に求められる対応（ガス適取GL第二部Ⅰ2（2）イ（12・13頁））

新規参入者が消費機器調査等の委託を関連事業者に行う場合、既存事業者は、以下の対応が求められます。

① 関連事業者に対して、新規参入者に係る消費機器調査等を、受託しないように求めたり、自己に対して求めている料金を上回る料金で受託するように求めたりしないこと。

② 関連事業者に対して、新規参入に支障を来し得る営業行為等を行うように求めたりしないこと又は自己がそのような営業行為を行わないこと。

上記①及び②を遵守しない場合は、ガス事業法上問題となる行為とされています。

また、関連事業者との契約において、関連事業者が、新規参入に支障を来し得る営業行為等を行わないように努めることを求めることが望ましいとされています（ガス適取GL第二部Ⅰ2（2）ア（12頁））。

(ⅱ) 独占禁止法上の留意点（ガス適取GL第二部Ⅰ2（2）イ（13頁））

ガス小売事業者が、例えば以下のような行為を行うことにより、不当に他のガス小売事業者による消費機器調査等の保安業務の委託を妨げ、他のガス小売事業者の事業活動を困難にさせるおそれがある場合には、私的独占、取引拒絶、拘束条件付取引等として独占禁止法上違法となるおそれがあるとされていますので、併せて留意が必要です。

① 不当に、他のガス小売事業者からの消費機器調査等の保安業務の受託を拒絶させ又は当該業務の受託料を高く設定し若しくは交渉期間を引き延ばすことにより事実上当該業務の受託を拒絶させること。

② 他のガス小売事業者から消費機器調査等の保安業務を受託する場合に一定の地域を割り当て、地域外において実施する当該業務の受託を制限すること。

（iii）関連事業者に求められる対応（ガス適取GL第二部12（2）ア（12頁））

新規参入者が消費機器調査等の委託を関連事業者に行う場合、関連事業者は、以下の対応を実施することが望ましいとされています。

① 新規参入者に係る消費機器調査等を、当該関連事業者に消費機器調査等の委託を行っている既存事業者に対して求めている料金と同等以下の料金で受託すること。

② 新規参入に支障を来し得る営業行為等を行わないこと。

上記①の「同等」とは、既存事業者が受託する場合（上記1（1）（ii））と同様の考え方ですが、関連事業者の受託においては、例えば、新規参入者が、消費機器調査等のうち比較的費用のかさむ業務のみ関連事業者に委託する場合など、関連事業者が、既存事業者よりも高い料金単価を当該新規参入者に設定することに合理性がある場合に、そのような高い料金単価を当該新規参入者に設定することは妨げられないとされています。

関連事業者は、ガス事業に関するライセンスが求められていないため、業務改善命令や勧告を出すことができないことから、望ましい行為とされています。もっとも、事実上、上記の規律は、既存事業者と同様に遵守することが期待されているといえるでしょう。

❷内管保安業務の受委託について

新規参入者において、自らが消費機器調査等を実施する能力がある場合、例えば、小売供給開始時において物理的な開閉栓作業が必要な場合、一般ガス導管事業者の内管漏えい検査と同じタイミングで消費機器調査を行うことができれば別ですが、都合が合わず、一般ガス導管事業者が内管漏えい検査を実施した後、別のタイミングでガス小売事業者が消費機器調査を実施する場合、需要家には、2度立ち合いを求めることとなります。小売全面自由化前は内管漏えい検査と消費機器調査を同一の事業者が行っていたことからすると、需要家の利便性を阻害することになります。

このため、実務上、消費機器調査等の業務と内管保安業務とをワンストップで行うニーズ（以下「ワンストップニーズ」といいます）がありますが、ワンストップニーズを満たす方法としては、以下の2つの方法が考えられるところです。

① 既存事業者又は関連事業者に対して、消費機器調査等の業務を委託すること。

② 一般ガス導管事業者から、内管保安業務を受託すること。

①については、上記1で述べたとおりです。

②については、現在、ガス安全小委員会において、内管保安業務の委託要件の透明化に関する議論が行われています。緊急保安以外の「内管漏えい検査」については、現在「定期漏えい検査」（法定業務）と「開栓時漏えい確認」（自主保安業務）とに分けて委託先に求めるべき要件を明確化すると共に、その要件の周知の仕組みづくりを行うことが予定されています。具体的には、2019年度内に一般社団法人日本ガス協会が基本的事項を示したガイドラインを作成し、全国の一般ガス導管事業者に適切な対応を周知することとされています。

このように、今後は、新規参入者が一般ガス導管事業者から、内管保安業務を受託するという方法によってもワンストップニーズを満たすことも可能となるといえます。

(4) 他法令に関する留意事項

ア 特商法

質問 92

電力・ガスについては、特商法上の訪問販売や電話勧誘販売に該当する場合、クーリング・オフの適用があると聞いています。どのような対応が必要か、具体的に教えてください。

❶電力・ガスの自由料金は、クーリング・オフの適用がある

特商法上、役務提供事業者等がその商品の販売又は役務の提供に関して、訪問し、又は電話で勧誘したことにより、消費者である需要家（以下（4）他法令に関する留意事項において、「消費者」といいます）(※)が契約を申込んだり、契約をした場合、特商法で定める書面を受け取った日から数えて8日以内であれば、消費者は小売事業者に対して、書面により申込みの撤回や契約の解除(以下「クーリング・オフ」といいます)をすることができます(特商法第9条・第24条)。

※特商法は、役務の提供を受ける者が「営業のために又は営業として」締結する契約に関しては適用が除外されています（特商法第26条第1項第1号）。これは、契約の相手方が事業者や法人である場合を一律に適用除外する趣旨ではなく、例えば、事業者名で小売供給契約を締結していても、実質的に廃業をしていたり、事業実態がほとんどなく、購入する電力・ガスが主として個人用・家庭用に使用するためのものであった場合は、特商法が適用される可能性が高いと考えられている点には留意が必要となります。但し、主として対象となっているのは、消費者ですので、以下特商法に関する説明においては便宜的に「消費者」と記載します。

「役務提供事業者」とは、役務の提供を業として営む者をいい、「業として営む」とは、営利の意思をもって反復継続して取引を行うこと、とされています(特商法通達第2章第1節1（11）(6頁))。特商法上、電力・ガスの供給は、役務の提供に該当すると考えられていますので（特商法施行令第6条の3第1号及び第2号)、小売事業者及び取次業者は、営利の意思をもって、反復継続して、電力・ガスの小売供給という役務提供の取引を行う者として、「役務提供事業者」に該当します。

また、特商法上、電力・ガスの供給に関する訪問販売及び電話勧誘販売におけるクーリング・オフについては、表10のとおり、供給義務の有無に着目して、その適用対象が分かれており、経過措置料金規制の対象ではない小売供給

は、クーリング・オフの対象となります。

表10. クーリング・オフの対象

役務提供の種類	供給義務	クーリング・オフ対象
小売供給	×	○
経過措置料金規制期間中の小売供給（※1）、最終保障・離島供給（※2）	○	×

※１（電力の場合）経過措置料金規制期間中は特定小売供給、（ガスの場合）経過措置料金規制期間中は指定旧供給区域等小売供給又は指定旧供給地点小売供給）
※２ ガスにはなし。

❷クーリング・オフを踏まえた対応方法

消費者がクーリング・オフを行った場合、電力やガスの供給がすでにされている場合でも、小売事業者及び取次業者はクーリング・オフを行った消費者に対して、その対価である電気・ガス料金の支払いを求めることはできません（特商法第９条第５項、第24条第５項）。また、損害賠償や違約金の支払いも求めることはできません（特商法第９条第３項、第24条第３項）。

そのため、電気・ガス料金の回収ができない事態を防ぐという観点からは、小売事業者及び取次業者は申込みを受けてから８日間が経過するまでは電力・ガスの供給を行わないようにするというのが実際の対応として考えられるところです。

なお、その受領がクーリング・オフの起算日の対象となる「特商法で定める書面」とは、訪問販売・電話勧誘販売ごとにそれぞれ表11のとおりとなります（特商法第９条第１項、第24条第１項）。

表11. クーリング・オフの起算日

類型	申込の際に契約を締結する場合	申込後に契約を締結する場合
訪問販売	第5条書面を受領した日	第4条書面を受領した日（※1）
電話勧誘販売	第19条書面を受領した日	第18条書面を受領した日（※2）

※１ 第５条書面を受領した日よりも前に第４条書面を受領している場合
※２ 第19条書面を受領した日よりも前に第18条書面を受領している場合

❸特商法書面のポイント

表11の訪問販売における特商法第４条・第５条書面、電話勧誘販売におけ

る特商法第18条・第19条書面（以下「特商法書面」といいます）の記載事項については、別紙3及び別紙4のチェックリストをご覧頂ければと思いますが、記載内容に関して特に注意すべき事項としては、以下の点が挙げられます。

① 書面をよく読むべきことを赤枠の中に赤字で記載すること

② クーリング・オフに関する事項についても赤枠の中に赤字で記載すること

③ 書面の字の大きさは日本工業規格Z8305に規定する8ポイント以上であること

④ 担当者の氏名を記載する必要があること

なお、実務的には、料金に関する記載等一つの書面に記載しきれない場合もあると思われますが、その場合は、「別紙による」旨を記載したうえで、特商法書面との一体性が明らかとなるよう、その別紙と同時に交付することが必要となります（特商法通達第2章第2節3 (2)（ハ）（ホ）(9・10頁)、同第4節3 (2)（ロ）(39頁))。また、上記の特商法上の書面は、電気事業法・ガス事業法に基づく書面と異なり、「書面」で交付することが求められており、Web上や電子メール等の電磁的方法による提供は認められていない点にも留意が必要です。

質問93

特商法書面は、いつ交付しなければならないのでしょうか。その書面の交付を省略できる場合はありますか。

訪問販売、電話勧誘販売いずれも共通しますが、小売業者及び取次業者による特商法書面の交付が1枚で足りるのか、2枚必要となるのかの違いは、消費者から申込みを受けた際に、小売事業者及び取次業者が承諾をするか否かによります。

すなわち、消費者から申込みを受けた際に承諾をしない場合は、申込みを受けた際に交付する書面（訪問販売は第4条書面、電話勧誘販売は第18条書面)、締結後に交付する書面（訪問販売は第5条書面、電話勧誘販売は第19条書面）を作成し、それぞれ消費者に交付することが必要となります。他方、消費者から申込みを受けた際に承諾をする場合は、締結後に交付する書面を作成し、消費者に交付することで足ります。

申込みを受けた際に交付する書面については、訪問販売の場合は「直ちに」、電話勧誘販売の場合は「遅滞なく」交付することが必要とされています。また、締結後に交付する書面については、訪問販売、電話勧誘販売いずれも「遅滞なく」交付することが必要とされています。

この「直ちに」とは「その場で」を意味しており、「遅滞なく」とは、「通常3～4日以内」をいうと解釈されていますので（特商法通達第2章第2節3(3)（10頁）、同第4節3（3）（40頁））、これらの書面を交付する際には、この点を踏まえて実務フローを確立することが必要となります。

質問 94

どのような場合が特商法上の訪問販売に該当するのでしょうか。具体的に教えてください。

❶訪問販売の定義

「訪問販売」とは、販売業者又は役務提供事業者が、営業所等以外の場所で契約して行う商品、権利の販売又は役務の提供等のことをいいます（特商法第2条第1項第1号）。また、営業所等で販売する場合でも、営業所等以外の場所において呼び止めて同行させる等の方法により、販売する場合（いわゆるキャッチセールス等）や一定の場合におけるアポイントメントセールスなども「訪問販売」に該当します（特商法第2条第1項第2号）。

❷　訪問販売該当性に関する具体例

（1）営業所等以外の場所で契約等をする場合

営業所等については、①営業所、②代理店、③露店、屋台店その他これらに類する店、④「自動販売機その他の設備であって、当該設備により売買契約又は役務提供契約の締結が行われるものが設置されている場所」等が該当するとされています（特商法省令第1条）。

すなわち、「営業所等以外の場所」とは、「通常の店舗とみなし得る場所以外の場所」を意味するものですので、職場へ訪問して販売する場合はこれに含まれ、訪問販売の規制対象となります。また、例えば、1日だけイベントのブースに出店して電力・ガスの販売を行う場合も、「営業所等以外の場所」に該当し、訪問販売の規制対象となる可能性が高いと思われます。

(2) キャッチセールス

上記のとおり、いわゆるキャッチセールスも訪問販売の規制対象となりますが、駅や街頭におけるチラシの配布行為のみでは「呼び止めて同行」させていないこと、及び店舗の前で行う「呼び込み」も「同行させる」行為が欠けているとして、これらの行為は、訪問販売の規制対象でではないとされています（特商法解説50、51頁）。

(3) アポイントメントセールス

訪問販売の規制対象となるアポイントメントセールスについては、以下の場合が該当するとされています（特商法通達第2章第1節1（7）（3頁、4頁））。

① 勧誘の意図を告げずに、営業所等への来訪を要請すること（「あなたは選ばれたので、○○を取りにきてください」と告げる場合等）（特商法施行令第Ⅰ条第Ⅰ号）

② 他の者よりも著しく有利に小売供給契約を締結できること（「あなたは特に選ばれたので非常に安く買える」等）を告げて、営業所等への来訪を要請すること（特商法施行令第Ⅰ条第2号）

但し、②の要請については、既に小売供給契約を締結している既存の顧客に対するものは、通常行われる健全な取引であることを理由として、除外されています。

なお、①の要請の方法としては、以下の方法が列挙されています（特商法施行令第1条第1号）。

(a) 電話、郵便、信書便、電報、ファクシミリ、電子メールを利用する方法
(b) ビラやパンフレットを配布する方法
(c) 拡声器で住居の外から呼びかける方法
(d) 訪問による方法

また、②の要請の方法としては、上記のうち、(b) と (c) は、不特定多数

の者に対するものであり、「他の者と比べて著しく有利」という誘引が不可能であることから、除外されています（特商法施行令第1条第2号）。

以上のように、訪問販売に該当するのは、自宅に訪問する場合に限られる訳ではないことから、どのような場合に訪問販売の適用を受けるのか、正確に理解しておくことが重要となります。

質問 95

特商法上の訪問販売に該当する場合、クーリング・オフに関する規制の他、どのような規制が課されることになるのでしょうか。具体的に教えてください。

特商法上の訪問販売に該当する場合には、大きくわけて、以下のとおり、行政上の規制と民事上の規制が課されることになります。

❶行政上の規制

（1）事業者の氏名等の明示（特商法第３条）

小売事業者及び取次業者は、訪問販売を行うときには、勧誘に先立って、消費者に対して小売事業者又は取次業者の名称、電力・ガスの販売の勧誘をする目的であることを告げることが必要になります。なお、媒介業者又は代理業者が訪問販売をする場合であっても、小売事業者又は取次業者の名称を示すことが必要となります。

（2）再勧誘の禁止等（特商法第３条の２）

小売事業者及び取次業者は消費者が契約締結の意思がないことを示したときには、そのまま勧誘を継続すること、及びその後改めて勧誘することが禁止されています。

なお、小売事業者及び取次業者は、あらかじめ消費者に対して勧誘を受ける意思があるかを確認するよう努めることとされています。

（3）書面の交付（特商法第４条、法第５条）

質問 92、93 及び別紙 3 をご参照ください。

(4) 禁止行為（特商法第６条）

以下のような行為は、不当な行為として禁止されています。

① 契約締結の勧誘を行う際、又は契約の申込みの撤回（契約の解除）を妨げるために、料金等の消費者の判断に影響を及ぼすこととなる重要な事項について、事実と違うことを告げること（質問 106 を除き、以下「不実告知」といいます）

② 契約締結の勧誘を行う際、一定の重要な事項について、故意に事実を告げないこと（質問 106 を除き、以下「重要事実の不告知」といいます）

③ 契約を締結させ、又は契約の申込みの撤回（契約の解除）を妨げるために、相手を威迫して困惑させること（以下「威迫・困惑行為」といいます）

④ 訪問販売に該当する態様のキャッチセールスやアポイントメントセールスと同様の方法により誘引した消費者に対して、カラオケボックス等公衆の出入りする場所以外の場所で、売買契約等の締結について勧誘を行うこと

(5) 行政処分・罰則

(1) ～ (4) の規制に違反した小売事業者又は取次業者は、業務の是正等のための措置をとるべきことの指示（特商法第７条第１項）や２年以内の期間内における業務の全部又は一部の停止命令（以下「業務停止命令」といいます。特商法第８条第１項）といった行政処分の対象となります。また、(1) ～ (4) 以外の場合においても、例えば、以下のような行為を行った場合は上記各行政処分の対象となる点はご留意ください。より詳細には、特商法第７条第１項及び同省令第７条をご確認ください。

① 小売供給契約又はその解除により生じる債務の履行を拒否し又は不当に遅延させること

② 迷惑を覚えさせる方法で勧誘（原則午後９時から午前８時までの間の勧誘、長時間勧誘、執ような勧誘等）をし、又は契約の申込みの撤回（契約の解除）を、迷惑を覚えさせる方法で妨げること

③ 老人その他の者の判断力の不足に乗じて、契約を締結させること

④ 契約締結の勧誘をするため、道路その他の公共の場所で消費者の進路に立ちふさがり、又は付きまとうこと

更に、業務停止命令の実効性を確保する観点から、主務大臣は、業務停止命令を受けた法人の役員及びその業務停止命令を受けた業務を統括する者等の一定の使用人（いずれも、その命令の日前の60日以内において役員や当該使用人であった者を含みます）に対しては、業務停止命令と同一の期間、その停止を命じる範囲の業務を新たに開始すること（役員となることを含みます）を禁止する命令（以下「業務禁止命令」といいます）を行うことができるとされています（特商法第8条の2）。

罰則については、禁止行為（特商法第6条）に違反した者、業務停止命令及び業務禁止命令に違反した者については、3年以下の懲役又は300万円以下の罰金に処し、又はこれが併科されることとなります（特商法第70条）。また、書面の交付義務（特商法第4条、第5条）に違反した者及び同法第7条第1項に基づく指示に違反した者については、6月以下の懲役又は100万円以下の罰金に処し、又はこれが併科されることとなります（特商法第71条）。

法人である小売事業者又は取次業者に対しては、(a) その役員や従業員が業務停止命令及び業務禁止命令に違反した場合は、3億円以下の罰金刑が、禁止行為（特商法第6条）に違反した場合は、1億円以下の罰金刑が、(b) その役員や従業員が書面の交付義務（特商法第4条、第5条）及び同法第7条第1項に基づく指示に違反した場合は、100万円以下の罰金刑が科されることとなっています（特商法第74条第1項）。

なお、行政指導とは異なり、業務改善の指示、業務停止命令及び業務禁止命令いずれにおいても、これらの行政処分が行われると公表が義務付けられており（特商法第7条第2項、第8条第2項、第8条の2第2項）、事業に与えるインパクトは大きいといえます。

また、小売電気事業者に関して特商法に違反している例が少なくないことを踏まえ、2020年6月17日付で消費者庁長官名で、各小売電気事業者に対して、特商法及び関係法令の各規定の遵守について重点的な点検を行い、コンプライアンス体制の一層の確立を図るよう要請されています。小売電気事業者に対しては、厳しい眼が注がれていることを踏まえた対応が求められるところです。

❷民事上の規制

(1) 過量販売契約の申込みの撤回又は契約の解除（特商法第9条の2）

訪問販売の際、消費者が通常必要とされる量を著しく超える電力・ガスを購入する契約を結んだ場合、消費者にその契約を結ぶ特別の事情がない限り、契約締結後１年間、消費者は契約の申込みの撤回又は契約の解除ができます。

この場合、クーリング・オフの場合と同様、電力やガスの供給がすでにされている場合でも、小売事業者又は取次業者は契約の解除を行った消費者に対して、その対価である電気・ガス料金の支払いを求めることはできません（特商法第９条の２第３項・同第９条第５項）。また、小売事業者又は取次業者は損害賠償や違約金を支払いも求めることはできません（特商法第９条の２第３項、第９条第３項）。但し、電力・ガスの場合、通常は想定し難いと思われます。

(2) 契約の申込み又はその承諾の意思表示の取消し（特商法第９条の３）

小売事業者又は取次業者が、契約の締結について勧誘する際、一定の事項に関する不実告知や重要事実の不告知をした結果、消費者が事実誤認をし、契約の申込みやその承諾の意思表示をしたときには、消費者からその意思表示を取り消されることがあります。

そして、取り消された場合、消費者は現に利益の存する限度に限り、得た利得の返還義務を負うことになります（特商法第９条の３第５項）。

なお、この取消権は、追認をすることができるときから１年間、契約締結時から５年を経過した場合は、時効によって消滅します（特商法第９条の３第４項）。

(3) 契約を解除した場合の損害賠償等の額の制限（特商法第 10 条）

小売事業者又は取次業者から法外な損害賠償を請求されることがないようにするため、例えば電気・ガス料金の支払い遅延など、消費者の債務不履行を理由として小売供給契約が解除された場合において、小売事業者又は取次業者は、違約金や損害賠償の定めがある場合であっても、以下の金額に法定利率による遅延損害金を加算した金額を超える額の損害賠償・違約金を消費者に請求することができないとされています（特商法第 10 条第１項）。

① 供給開始前
契約の締結及び履行のために通常必要とする費用の額

② 供給開始後
電力・ガスの対価に相当する額

また、同様の趣旨で、小売供給契約の解除前に電気・ガス料金の支払い遅延など、消費者の債務不履行がある場合において、小売事業者又は取次業者は、違約金や損害賠償の定めがある場合であっても、以下の額に法定利率による遅延損害金を加算した金額を超える額の損害賠償・違約金を請求することができないとされています（特商法第10条第2項）。

・電力・ガスの対価に相当する額から既に支払われた対価を控除した額

従って、小売事業者又は取次業者としては、訪問販売で契約を獲得した消費者に関して、実際に小売供給契約の解除や料金の未払いがあった場合に通常の規定どおり請求することができるかについては、上記の点を確認することが必要となります。

(4) 適格消費者団体による差し止め請求権の行使（特商法第58条の18）

訪問販売に関しては、適格消費者団体による差止請求が認められています。具体的には、不特定かつ多数の一般消費者に対して、①不実告知、②重要事実の不告知、③威迫・困惑行為を現に行い又は行う恐れがあるときは、その行為の停止、予防又はそれに供した物の廃棄若しくは除去その他の当該行為の停止若しくは予防に必要な措置を採ることを適格消費者団体が裁判所に請求することができることとされています（特商法第58条の18第1項）。

また、損害賠償請求等に関する不当請求を予防する観点から、適格消費者団体による差止請求が認められています。すなわち、不特定かつ多数の一般消費者との間で、クーリング・オフ等に関する不利な特約や損害賠償等の額の制限に反する特約を含んだ小売供給契約の申込や承諾の意思表示を現に行い又は行うおそれがあるときは、適格消費者団体がその行為の停止、予防又はそれに供した物の廃棄若しくは除去その他の当該行為の停止若しくは予防に必要な措置を採ることを裁判所に請求できるとされています（同条第2項）。

質問96

どのような場合が特商法上の電話勧誘販売に該当するのでしょうか。具体的に教えてください。

❶電話勧誘販売の定義

「電話勧誘販売」とは、販売業者又は役務提供事業者が、①消費者に電話をかけ、又は特定の方法により電話をかけさせ、②その電話において行う勧誘によって、消費者からの売買契約又は役務提供契約の申込みを郵便等により受け、又は契約を締結して行う商品、権利の販売又は役務の提供のことをいいます（特商法第２条第３項）。

❷電話勧誘販売該当性に関する具体例

(1) 一定の場合、電話を掛けさせる場合も含まれる

小売事業者等から電話するケースが代表例ではありますが、以下の２つの方法については、「特定の方法により電話をかけさせ」た場合に該当するとして、電話勧誘販売に該当する点には留意が必要です（特商法政令第２条、特商法通達第２章第１節１（9）（ロ）（4、５頁））。

① 電話、郵便、ファクシミリ、電子メール等により、又はビラ・パンフレットを配布して、小売供給契約の締結についての勧誘をするためのものであることを告げずに電話をかけることを要請すること

(例)「至急下記へお電話ください。○○ - ○○○○」と記載されたビラ等を配布する場合等

② 電話、郵便、ファクシミリ、電子メール等により、他の者に比して著しく有利な条件で、小売供給契約の締結することができる旨を告げ、電話をかけることを要請すること

(例)「あなたは抽選に当選されたので非常に安く買えます」等のセールストークを用いて電話をかけさせる場合　等

(2) 勧誘によることが必要

「勧誘」とは、「販売業者等が顧客の契約締結の意思の形成に影響を与える行為」をいい、直接購入を勧める場合のほか、その商品を購入した場合の便利さを強調するなど客観的にみて消費者の購入意思の形成に影響を与えている場合も含まれるとされています（特商法通達第２章第１節１（9）（ハ）（５頁））。

また、「勧誘によって」とは、消費者による申込み又は契約の締結が小売事業者等の電話勧誘に起因して行われていることが必要となります。どの程度の

期間が経てば「勧誘によって」に該当しなくなるかについては、勧誘の威迫性、執拗性、トークの内容等により異なるため、日数で一概に規定できるものではないものの、小売事業者等から最後に電話があった時から1カ月以上も経ってから消費者から申込みがあったというようなケースについては、これに該当しない場合が多いとされています(特商法通達第2章第1節1(9)(ニ)(5頁))。

従って、電話での勧誘時から1カ月程度の期間内は、影響力があるとして、電話勧誘販売に該当し得る点には留意する必要があります。

なお、「郵便等」とは、(a) 郵便又は信書便、(b) 電話機、FAXその他の通信機器又は情報処理の用に供する機器を利用する方法、(c) 電報、(d) 預金又は貯金の口座に対する払込みをいうとされています(特商法第2条第2項、特商法省令第2条)。

質問97

特商法上の電話勧誘販売に該当する場合、クーリング・オフのほか、どのような規制が課されることになるのでしょうか。具体的に教えてください。

特商法上の電話勧誘販売に該当する場合には、大きく分けて、以下のとおり、行政上の規制と民事上の規制が課されることになります(訪問販売の規制と共通する部分も多いので質問95も併せてご参照ください)。

❶行政上の規制

(1) 事業者の氏名等の明示(特商法第16条)

小売事業者及び取次業者は、電話勧誘販売を行うときには、勧誘に先立って、消費者に対して小売事業者又は取次業者の名称、電力・ガスの販売の勧誘をする目的であることを告げることが必要になります。なお、媒介業者又は代理業者が電話勧誘販売をする場合であっても、小売事業者又は取次業者の名称を示すことが必要となります。

（2）再勧誘の禁止等（特商法第17条）

小売事業者又は取次業者は消費者が契約締結の意思がないことを示したときには、そのまま勧誘を継続すること、及びその後改めて勧誘することが禁止されています。

（3）書面の交付（特商法第18条、第19条）

質問92、93及び別紙4をご参照ください。

（4）前払式電話勧誘販売における承諾等の通知（特商法第20条）

消費者が役務の提供を受ける前に、代金の全部又は一部を支払う「前払式」の電話勧誘販売の場合には、事業者は、代金を受け取り、その後役務の提供を遅滞なく行うことができないときには、その申込みの諾否等について、法で要求される重要事項（申込みの承諾の有無・事業者の氏名・住所、電話番号、受領した金銭の額・受領した年月日等）を記載した書面を渡すことが必要となります。

但し、電気・ガス料金は通常は電力・ガスの供給を行った後に支払われることから、本条は適用がない場合が多いと思われます。

（5）禁止行為（特商法第21条）

質問95、1（4）に規定する、①不実告知、②重要事実の不告知及び③威迫・困惑行為が、不当な行為として禁止されています。

（6）行政処分・罰則

（1）～（5）の規制に違反した小売事業者又は取次業者は、業務の是正等のための措置をとるべきことの指示（特商法第22条第1項）や業務停止命令（特商法第23条第1項）といった行政処分の対象となります。また、（1）～（5）以外の場合においても、例えば、以下のような行為を行った場合は上記各行政処分の対象となる点はご留意ください。より詳細には、特商法22条第1項及び同省令第23条をご確認ください。

① 小売供給契約又はその解除により生じる債務の履行を拒否し又は不当に遅延させること

② 迷惑を覚えさせる方法で勧誘（原則午後9時から午前8時までの間の勧誘、長時間勧誘、執ような勧誘等）をし、又は契約の申込みの撤回（契約の解除）を、迷惑を覚えさせる方法で妨げること

③ 老人その他の者の判断力の不足に乗じて、契約を締結させること

更に、業務停止命令の実効性を確保する観点から、訪問販売と同様、業務禁止命令を行うことができるとされています（特商法第23条の2第1項）。

罰則については、禁止行為（特商法第21条）に違反した者、業務停止命令及び業務禁止命令に違反した者については、3年以下の懲役又は300万円以下の罰金に処し、又はこれが併科されることとなります（特商法第70条）。また、書面の交付義務（特商法第18条、第19条）に違反した者及び同法第22条第1項に基づく指示に違反した者については、6月以下の懲役又は100万円以下の罰金に処し、又はこれが併科されることとなります（特商法第71条）。

法人である小売事業者又は取次業者に対しては、(a) その役員や従業員が業務停止命令及び業務禁止命令に違反した場合は、3億円以下の罰金刑が、禁止行為（特商法第21条）に違反した場合は、1億円以下の罰金刑が、(b) その役員や従業員が書面の交付義務（特商法第18条、第19条）及び同法第22条第1項に基づく指示に違反した場合は、100万円以下の罰金刑が科されることとなっています（特商法第74条第1項）。

なお、行政指導とは異なり、業務改善の指示、業務停止命令及び業務禁止命令等いずれにおいても、これらの行政処分が行われると公表が義務付けられており（特商法第22条第2項、第23条第2項、第23条の2第2項）、事業に与えるインパクトは大きいといえます。

また、小売電気事業者に関して特商法に違反している例が少なくないことを踏まえ、2020年6月17日付で消費者庁長官名で、各小売電気事業者に対して、特商法及び関係法令の各規定の遵守について重点的な点検を行い、コンプライアンス体制の一層の確立を図るよう要請されています。小売電気事業者に対しては、厳しい眼が注がれていることを踏まえた対応が求められるところです。

❷民事上の規制

(1) 過量販売契約の申込みの撤回又は契約の解除（特商法第24条の2）

電話勧誘販売の際、消費者が通常必要とされる量を著しく超える電力・ガスを購入する契約を結んだ場合、消費者にその契約を結ぶ特別の事情がない限り、契約締結後1年間、消費者は契約の申込みの撤回又は契約の解除ができます。

この場合、クーリング・オフの場合と同様、電力やガスの供給がすでにされている場合でも、小売事業者又は取次業者は契約の解除を行った消費者に対して、その対価である電気・ガス料金の支払いを求めることはできません（特商法第24条の2第3項・同第24条第5項)。また、小売事業者又は取次業者損害賠償や違約金を支払いも求めることはできません(特商法第24条の2第3項、第24条第3項)。但し、電力・ガスの場合、通常は想定し難いと思われます。

(2) 契約の申込み又はその承諾の意思表示の取消し（特商法第24条の3)

小売事業者又は取次業者が、契約の締結について勧誘する際、一定の事項に関する不実告知や重要事実の不告知をした結果、消費者が事実誤認をし、契約の申込みやその承諾の意思表示をしたときには、消費者からその意思表示を取り消されることがあります。

そして、取り消された場合、消費者は現に利益の存する限度に限り、得た利得の返還義務を負うことになります（特商法第24条の3第2項・第9条の3第5項)。

なお、この取消権は、追認をすることができるときから1年間、契約締結時から5年を経過した場合は、時効によって消滅します（特商法第24条の3第2項・同第9条の3第4項)。

(3) 契約を解除した場合の損害賠償等の額の制限（法第25条）

小売事業者又は取次業者から法外な損害賠償を請求されることがないようにするため、例えば電気・ガス料金の支払い遅延など、消費者の債務不履行を理由として小売供給契約が解除された場合において、小売事業者又は取次業者は、違約金や損害賠償の定めがある場合であっても、以下の金額に法定利率による遅延損害金を加算した金額を超える額の損害賠償・違約金を請求することができないとされています（特商法第25条第1項)。

① 供給開始前
契約の締結及び履行のために通常必要とする費用の額

② 供給開始後
電力・ガスの対価に相当する額

また、同様の趣旨で、小売供給契約の解除前に電気・ガス料金の支払い遅延など、消費者の債務不履行がある場合において、小売事業者又は取次業者は、違約金や損害賠償の定めがある場合であっても、以下の額に法定利率による遅延損害金を加算した金額を超える額の損害賠償・違約金を請求することができないとされています（特商法第25条第2項)。

・電力・ガスの対価に相当する額から既に支払われた対価を控除した額

従って、小売事業者又は取次業者としては、電話勧誘販売で契約を獲得した消費者に関しては、実際に小売供給契約の解除や料金の未払いがあった場合に通常の規定どおり請求することができるかについては、上記の点を確認することが必要となります。

(4) 適格消費者団体による差し止め請求権の行使（特商法第58条の20)

電話勧誘販売に関しては、適格消費者団体による差止請求が認められています。具体的には、不特定かつ多数の一般消費者に対して、①不実告知、②重要事実の不告知、③威迫・困惑行為を現に行い又は行う恐れがあるときは、その行為の停止、予防又はそれに供した物の廃棄若しくは除去その他の当該行為の停止若しくは予防に必要な措置を採ることを適格消費者団体が裁判所に請求することができることとされています（特商法第58条の20第1項)。

また、損害賠償請求等に関する不当請求を予防する観点から、適格消費者団体による差止請求が認められています。すなわち、不特定かつ多数の一般消費者との間で、クーリング・オフ等に関する不利な特約や損害賠償等の額の制限に反する特約を含んだ小売供給契約の申込や承諾の意思表示を現に行い又は行うおそれがあるときは、適格消費者団体がその行為の停止、予防又はそれに供した物の廃棄若しくは除去その他の当該行為の停止若しくは予防に必要な措置を採ることを裁判所に請求できるとされています（同条第2項)。

質問 98

クーリング・オフに関する対応について、電気事業法・ガス事業法上留意すべき点はありますか、教えてください。

クーリング・オフによる解除の申し出を受けた小売事業者は、一般送配電事業者（電力の場合）又は一般ガス導管事業者（ガスの場合）に託送供給契約に関する解除の連絡をするにあたっては、クーリング・オフを理由とすることの通知をすることが必要となります。但し、ガスの場合、旧簡易ガスに相当する事業を行う者は、一般ガス導管事業者による需要家保護措置は想定できないことから、クーリング・オフによる解除の申し出を受けた場合であっても、上記の通知は不要となります（電力小売 GL5（1）ア iv）（43 頁）、ガス小売 GL5（1）ii）※）（26 頁））。

また、小売事業者等は、消費者から小売供給契約についてクーリング・オフの通知を受けたときは、小売供給契約について消費者がクーリング・オフをした場合には、消費者が無契約状態となり、電力・ガスの供給が停止されるおそれがあること、そのため、他の小売事業者又は取次業者と小売供給契約を締結するか、最終保障供給（（電力の場合）経過措置料金規制期間中は特定小売供給、（ガスの場合）経過措置料金規制期間中は指定旧供給区域等小売供給又は指定旧供給地点小売供給）を申し込む必要があることを消費者に対して説明することが望ましいとされています（電力小売 GL1（2）イ ii）（8 頁）、ガス小売 GL1（2）イ iv）（11、12 頁））。

質問 99

Web を通じて申込みを受け付ける場合、特商法上留意すべき点はありますか。

❶ Web を通じた申込みは、「通信販売」に該当する

「通信販売」とは、販売業者又は役務提供事業者が郵便等により、売買契約又は役務提供契約の申込みを受けて行う商品若しくは特定権利の販売又は役務の提供であって電話勧誘販売に該当しないものをいいます（特商法第 2 条第 2 項）。

そして、郵便等とは、質問96、2（2）のとおり、情報処理の用に供する機器を利用する方法が含まれるところ、Webを通じて申込を受け付ける場合、インターネットという情報処理の用に供する機器を用いていますので、「通信販売」に該当します。

特商法上の通信販売に該当する場合には、2の行政上の規制が課されることになります。

❷行政上の規制について

（1）広告の表示（特商法第11条）

(a) 広告における表示義務・対応方法

通信販売の場合、消費者に対する唯一の情報提供手段は、広告であるといえますので、その広告の記載が不十分であったり、不明確だったりすると、後日トラブルを生ずることになります。

そのため特商法は、通信販売をする場合の電気・ガス料金等の役務の提供条件について広告をする場合においては、消費者にとって、重要な事項（料金、支払い時期・方法、供給開始時期、小売事業者の名称、住所及び電話番号等）を、広告に表示することを原則として義務付けています。記載事項の詳細は、別紙5をご参照ください。

なお、商品の販売又は権利の移転については、商品の引渡し又は指定権利の移転を受けた日から数えて8日間以内であれば、消費者は事業者に対して、契約申込みの撤回や解除ができ、消費者の送料負担で返品ができるとされており、これを排除する場合は、供給条件の広告において明記をすることが必要となります（特商法第15条の3)。但し、質問92、1のとおり、電力・ガスの供給は、「役務の提供」であることから、この規定は、適用されません。

Webにおいて広告を行う場合、Webサイトの下部に「特定商取法に基づく表記」などとしたリンクを貼り、どのサイトにおいてもこの箇所をクリックすれば特商法上求められている記載事項が表示される形とすることが一般的に行われています。

(b) 表示が省略できる場合も

消費者からの請求によって、これらの事項を記載した書面（Web広告の場合は、電子メール等の電磁的方法も認められています）を「遅滞なく」提供することを広告に表示し、かつ、実際に請求があった場合に「遅滞なく」提供できるような措置を講じている場合には、例外的に広告の表示事項を一部省略することができることとされています。

これは、広告のスペースに限りがある場合に配慮した規定となります。

Webを通じて申込みを受ける場合であっても、ダイレクトメールやチラシを配布することもあると思われます。また、郵便やFAX、消費者からの電話により申込みを受ける場合も通信販売に該当するところ、これらの方法による申込みを受けるためにダイレクトメールやチラシをする場合もあると思われます。これらは、いずれも本条における広告規制の対象となりますので、ダイレクトメールやチラシを配布する場合は、広告のスペース等を踏まえ、全て記載をするのか、上記のように一部省略をするのか、といった点を検討することが必要となります。

(2) 誇大広告等の禁止（特商法第12条）

電気・ガス料金等の役務の提供条件について広告をする場合、役務の内容等の一定の事項について、著しく事実に相違する表示をしたり、実際のものより著しく優良であり、又は有利であると人を誤認させるような表示が禁止されています。

(3) 未承諾者に対する電子メール広告の提供の禁止（特商法第12条の3、12条の4、同省令第11条の2～第11条の7）

消費者があらかじめ承諾しない限り、小売事業者等は、通信販売をする場合の電気・ガス料金等の役務の提供条件に関する電子メール広告（以下「通信販売電子メール広告」といいます）を送信することが、原則として、禁止されています（オプトイン規制）。この通信販売電子メール広告には一定の事項を表示することが義務付けられていますが、その詳細については、電子メール広告ガイドラインをご参照ください。

また、当該電子メール広告の提供について、消費者から承諾や請求を受けた場合は、最後に電子メール広告を送信した日から3年間、その承諾や請求があった記録を保存することが必要です。

但し、以下の場合は、例外的に、消費者の承諾なく通信販売電子メール広告をすることができます。

① 消費者の請求に基づく場合

②「契約成立のお知らせ」「申込内容の確認」等、小売供給契約の申込み又は小売供給契約を締結した者に対し、その申込みの受理及び内容、小売供給契約の成立及び内容並びに契約の履行に関する事項のうち重要なものを電子メール等により通知する場合において、その通知に付随して行う場合(※)

※アフターフォローや単なる挨拶をする場合等については、「内容又は履行に関する事項」には該当しないとされています（特商法通達第２章第３節４（4）（28頁））。

③ メールマガジン等の相手方の請求に基づいて、又はその承諾を得て送信する電子メール等の一部に掲載する場合

④ フリーメールやメーリングリスト等、送信される電子メール等の一部に広告を掲載することを条件として、利用者に電子メールアドレスを利用させる等のサービスを提供する場合において、そのサービス提供に際して行う場合(※)

※フリーメール等のサービスの利用を誘引し、又は強制して、広告が掲載されている電子メール等を送信させようとする場合は、除かれます。

なお、ファクシミリ広告も基本的には同様の規制が設けられており、原則として消費者の事前承諾が必要となります（特商法第12条の5)。

(4) 前払式通信販売の承諾等の通知（特商法第13条）

代金支払いを役務の提供に先立って行う場合において、申込みを受け、かつ、代金を受領した場合は遅滞なく、その申込みを承諾するか否かを消費者に書面により通知することが求められます。もっとも、電気・ガス料金は、通常は電力・ガスの供給を行った後に支払われることから、本条は適用がない場合が多いと思われます。

(5) 行政処分・罰則

（1）～（4）の規制に違反した小売事業者は、業務の是正等のための措置をとるべきことの指示（特商法第14条第1項）や業務停止命令（特商法第15条第1項）といった行政処分の対象となります。また、（1）～（4）以外の場合においても、例えば、以下のような行為を行った場合は上記各行政処分の対象となる点はご留意ください。より詳細には、特商法14条第1項及び第15

条第1項並びに同省令第16条第2項及び電子メール広告ガイドラインをご確認ください。

① 小売供給契約又は小売供給契約の解除に基づく債務の履行を拒否し、又は不当に遅延させる行為

② 消費者の意思に反して契約の申込みをさせようとする一定の行為

②については、例えば、Webサイトにおいて、あるボタンをクリックすれば、それが有料の申込みとなることを、消費者が容易に認識できるように表示していないこと、申込みをする際、消費者が申込み内容を容易に確認し、かつ、訂正できるように措置していないことなどが該当するとされています。詳細は、インターネット通販ガイドラインをご参照ください。

更に、業務停止命令の実効性を確保する観点から、主務大臣は訪問販売や電話勧誘販売と同様、業務禁止命令を行うことができるとされています（特商法第15条の2第1項）。

罰則については、業務停止命令及び業務禁止命令に違反した者については、3年以下の懲役又は300万円以下の罰金に処し、又はこれが併科されることとなります（特商法第70条）。また、特商法第14条第1項に基づく指示に違反した者については、6月以下の懲役又は100万円以下の罰金に処し、又はこれが併科されることとなります（特商法第71条）。

法人である小売事業者又は取次業者に対しては、(a) その役員や従業員が業務停止命令及び業務禁止命令に違反した場合は、3億円以下の罰金刑が (b) その役員や従業員が特商法第14条第1項に基づく指示に違反した場合は、100万円以下の罰金刑が科されることとなっています(特商法第74条第1項)。

なお、行政指導とは異なり、業務改善の指示、業務停止命令及び業務禁止命令等いずれにおいても、これらの行政処分が行われると公表が義務付けられており（特商法第14条第3項、第15条第3項、第15条の2第2項)、事業に与えるインパクトは大きいといえます。

❸適格消費者団体による差し止め請求権の行使（特商法第58条の19）

通信販売に関しても、適格消費者団体による差止請求が認められています。具体的には、役務の提供条件について広告をするにあたり、不特定かつ多数の

一般消費者に対して、役務の内容等について、著しく事実に相違する表示をしたり、実際のものより著しく優良であり、又は有利であると人を誤認させるような表示を現に行い又は行う恐れがあるときは、適格消費者団体がその行為の停止、予防又はそれに供した物の廃棄若しくは除去その他の当該行為の停止若しくは予防に必要な措置をとることを裁判所に請求することができることとされています（特商法第58条の19）。

イ　景表法等

質問100

電力・ガスの小売販売に関する広告をしようと思うのですが、景表法上留意すべき点を教えてください。

❶不当表示の類型

景表法は、虚偽・誇大広告など、消費者の誤認を招くような不当な表示を禁止しています（景表法第５条）。

不当表示の類型は、以下の３つに分けられています。

① 優良誤認表示（第１号）

② 有利誤認表示（第２号）

③ その他誤認されるおそれのある表示（第３号）

第３号については、内閣総理大臣による指定がされた場合に、規制の対象となります。電力・ガスに関して適用される可能性があるのは、おとり広告に関する表示が挙げられますが、ここでは主に問題となる場面が多い、①優良誤認表示及び②有利誤認表示についての主な留意事項について、説明します。

❷優良誤認表示

優良誤認表示とは、品質などの販売する電力・ガスの内容を実際よりも著しく優れていると偽って宣伝したり、競争業者が販売する電力・ガスよりも特に優れているわけではないのに、あたかも著しく優れているかのように偽った表示をいいます。
「著しく」とは、「当該表示の誇張の程度が、社会一般に許容される限度を超えて、一般消費者による商品又は役務の選択に影響を与える場合」を指すとされています（不実証広告ガイドライン第1、2（2）第1段落）。広告は、ある程度の誇張を含むものであり、一般消費者もある程度の誇張が行われることは通常想定しているため、社会一般に許容される程度の誇張を取り締まるのは過剰規制となることから、「著しく」という表現が用いられていると思われます。
優良誤認表示に該当する場合としては、「当社の電気は停電をしにくい」「当社のガスは停止しにくい」などの表示や、供給する電気について再生可能エネルギーが含まれる割合が他の事業者と同様であるのに、他の事業者よりも多く含まれているかのような表示が該当すると考えられます。
他社が提供する電力やガスとの比較において、供給する電力・ガスの優良性を表示する場合には、優位性があることについての客観的な根拠が必要となるため、その根拠があるかについては、慎重に検討することが必要となります。また、比較する事項が公正であることが要求されますので、自社の電力・ガスについては、優位点のみを並べて、他社の電力・ガスについての欠点だけを並べて比較するような表示は、優良誤認となると考えられています。比較広告ガイドラインにおいて、考え方が示されているので、詳細はそちらをご参照ください。

❸有利誤認表示

有利誤認表示とは、取引条件について、実際よりも著しく有利であると消費者に誤認させたり、他の小売事業者よりも有利な取引条件でないにもかかわらずあたかも著しく有利であるかのように消費者に誤認させる表示をいいます。
有利誤認表示については、特に価格表示、その中でも「・・・より●%安い」などの自社の過去の販売価格や他社の販売価格などと比較する場合（二重価格表示）が特に問題となりやすいところです。価格表示に関する景品表示法上の基本的な考え方については、価格表示ガイドラインにおいて示されていますので、このガイドラインを踏まえた対応が必要となります。
例えば、新電力の広告等において、旧一般電気事業者の経過措置規制料金との比較で「●●電力（旧一般電気事業者）より●%安い」などの記載が見受けられますが、その場合は、その旧一般電気事業者の経過措置規制料金との比較であることを適切に明記しないと、有利誤認表示に該当するおそれがありますので、注意が必要です。また、年間で●円お得、といった表示をする場合は、その前提となる電力・ガスの使用量の合理性が必要となり、その算定の条件（家族構成等）も正確に示すことが必要となります。

なお、優良誤認表示・有利誤認表示のいずれにも共通する問題ですが、例えば、「年間で●円お得！」という強調表示をした場合、一定のモデルケースでの試算ですので、有利誤認表示とならないためには、お得にならない場合やお得額が異なる場合が生じることの表示についても必要となります。この表示を打消し表示と一般にいいますが、強調表示と打消し表示とが矛盾するような場合は当然のこと、打消し表示の文字が小さい場合や、打消し表示の配置場所が強調表示から離れている場合等、打消し表示の表示方法に問題がある場合は、消費者による有利誤認が生じるおそれがあります。詳細は、打消し表示に関する留意点をご参照いただければと思いますが、表示をする媒体（紙面・Web・動画等）に応じて個別具体的な検討が必要となる点には留意が必要です。

近時では、消費者庁の処分件数も増加しているところですので、慎重な対応が必要となります。

質問 101

景表法の表示規制に違反した場合、どのような不利益が生じますか。教えてください。

❶措置命令・罰金等

小売事業者等が景表法の表示規制に違反した場合、消費者庁長官は、違反行為の差止め若しくはその行為が再び行われることを防止するために必要な事項又はこれらの実施に関連する公示その他必要な事項を命じることができる、とされており措置命令の対象となります（景表法第7条、第33条第1項、景表法施行令第14条）。

措置命令に違反した場合、その違反者に対しては、2年以下の懲役又は300万円以下の罰金が科され、又はこれが併科されることとなります（景表法第36条）。法人である小売事業者等については、その役員や従業員が措置命令に違反した場合は、3億円以下の罰金刑が科されます（景表法第38条第1項）。また、法人の代表者が措置命令に違反する計画を知り、その防止に必要な措置を講じなかった場合や、その違反行為を知り、その是正に必要な措置を講じなかった場合、その法人の代表者も3億円以下の罰金刑が科されます（景表法第40条第1項）。

以上に加え、表示規制のうち、優良誤認表示又は有利誤認表示を行った場合、原則として売上の3%に相当する額の課徴金納付命令の対象にもなる点は、留意が必要です（景表法第8条）。

❷適格消費者団体による差止請求

優良誤認表示及び有利誤認表示に関しては、適格消費者団体による差止請求が認められています。具体的には、不特定かつ多数の一般消費者に対して、優良誤認表示及び有利誤認表示を現に行い又は行う恐れがあるときは、その行為の停止、予防又はその行為が優良誤認表示又は有利誤認表示である旨の周知その他の当該行為の停止若しくは予防に必要な措置を採ることを適格消費者団体が裁判所に請求することができることとされています(景表法第30条第1項)。

質問102

売上げを伸ばす目的で景品を付けて消費者に電力・ガスを販売しようと思うのですが、景表法上留意すべき点を教えてください。

❶総付景品と懸賞景品

消費者に対する景品類の提供については、景表法の適用があります（景表法第4条）。

景表法の規制対象となる景品類とは、①顧客を誘引するための手段として、②事業者が自己の供給する商品・サービスの取引に付随して提供する③物品、金銭その他の経済上の利益をいいます（景表法第2条第3項）。

景品類については、全ての申込者に対して景品類を付与する場合（以下、このような景品を「総付景品」といいます）と、「抽選で●名」などの懸賞により景品類を付与する場合（以下、このような景品を「懸賞景品」といいます）

の２つに分けることができます。

総付景品の場合は、提供する景品類の額が「取引の価額」の 2/10 の金額（200 円未満の場合は 200 円）の範囲内であって、「正常な商慣習に照らして適当と認められる限度」に限るとされています（総付制限告示）。

また、懸賞景品の場合は、提供する景品類の最高額が「取引の価額」の 20 倍の金額（10 万円を超える場合は 10 万円）とされ、総額は懸賞に係る取引予定総額の 2/100 を超えてはならないとされています（懸賞運用基準）。

電気・ガス料金の場合、この「取引の価額」がいくらとなるかが実務上問題となります。この「取引の価額」については、通常行われる取引のうち最低のもの（特異なものは除きます）であって、通常行われる取引の平均ではない点には留意が必要となります。従って、「取引の価額」の算定にあたっては、電気・ガス料金の平均額を基準とするのではなく、特異なものを除いた、一番安い需要家の料金を基準とすることとなります。また、何カ月（何年）分の電気・ガス料金を「取引の価額」と考えるかについても問題となりますが、通常継続される期間（実績）を踏まえて判断することが必要となります。

❷例外

景品類に関する規制が適用されない場合として、以下の場合が定められています（定義告示運用基準 6 ～ 8）。

(a) 値引き

(b) アフターサービス

(c) 付随する経済上の利益

これらは、商品又は役務の価格、品質、内容等に極めて密接に関係しており、その性質上取引の本来の内容をなすべきものであることを理由として、景品類に該当しないことを確認的に規定しているものとされています（景品表示法の解説（第３章２（2）カ（182 頁））。

電力・ガスに関連するものとしては、(a) 値引きが考えられますが、キャッシュバックやポイントサービスなども含むとされています。但し、減額・キャッシュバックした金銭の使途を制限する場合は含まれません。また、例えば、期間限定の値引きを実施する場合などは、別途有利誤認表示に該当しないように留意が必要です（質問 100、3 をご参照ください。）。

なお、(a) ～ (c) いずれの場合も、正常な商慣習の範囲内であることが必要となることは留意が必要です。

質問 103

景表法の景品類の規制に違反した場合、どのような不利益が生じますか。教えてください。

小売事業者等が景表法の景品類の規制に違反した場合、消費者庁長官は、違反行為の差止め若しくはその行為が再び行われることを防止するために必要な事項又はこれらの実施に関連する公示その他必要な事項を命じることができる、とされており措置命令の対象となります（景表法第 7 条、第 33 条第 1 項、景表法施行令第 14 条）。

措置命令に違反した場合、その違反者に対しては、2 年以下の懲役又は 300 万円以下の罰金が科され、又はこれが併科されることとなります（景表法第 36 条）。法人である小売事業者等については、その役員や従業員が措置命令に違反した場合は、3 億円以下の罰金刑が科されます（景表法第 38 条第 1 項）。また、法人の代表者が措置命令に違反する計画を知り、その防止に必要な措置を講じなかった場合や、その違反行為を知り、その是正に必要な措置を講じなかった場合、その法人の代表者も 3 億円以下の罰金刑が科されます（景表法第 40 条第 1 項）。

なお、優良誤認表示及び有利誤認表示と異なり、課徴金の納付命令の対象や適格消費者団体による差止請求の対象とはなっていません。

質問 104

景表法に違反しない体制はどのように整備したらいいのでしょうか。教えてください。

❶求められる管理上の措置

景表法においては、事業者が自己の供給する商品又は役務の取引について、景品類の提供又は表示により、不当に顧客を誘引し、一般消費者による自主的かつ合理的な選択を阻害することがないよう、必要な体制の整備その他の必要な措置を講じることが義務付けられています（景表法第26条第1項）。

具体的な措置に関する基本的な考え方については、管理措置指針において、その規模や業態、取り扱う商品又は役務の内容等に応じ、必要かつ適切な範囲内で、以下に示す事項に沿うような具体的な措置を講じることが求められています。

① 景表法の考え方の周知・啓発
② 法令順守の方針等の明確化
③ 表示等に関する情報の確認
④ 表示等に関する情報の共有
⑤ 表示等を管理するための担当者等を定めること
⑥ 表示等の根拠となる情報を事後的に確認するために必要な措置をとること
⑦ 不当な表示等が明らかになった場合における迅速かつ適切な対応

基本的には、一般的な法令遵守体制と異なることはありませんが、上記を踏まえた形での社内体制の整備を行うことが必要となります。必要な管理措置の詳細は、管理措置指針をご参照ください。

❷行政指導・勧告及び公表

上記の措置に関して、不十分と認められる場合は、以下のとおり、消費者庁長官から指導や勧告、公表が行われる場合があるため、留意が必要です。

まず、上記の措置に関して、適切かつ有効な実施を図るため必要があると認めるときは、消費者庁長官が必要な指導及び助言をすることができるとされています（景表法第27条、第33条第1項、景表法施行令第14条）。

また、正当な理由なく、管理上の措置を講じていないと認められるときは、消費者庁長官が管理上必要な措置を講ずべき旨の勧告をすることができるとされています（景表法第28条第1項、第33条第1項、景表法施行令第14条）。更に、その勧告に従わないときは、その旨を公表することができるとされています（景表法第28条第2項、第33条第1項、景表法施行令第14条）。

質問 105

法人向け販売に係る広告の場合、景表法の適用がないと聞きましたが、その他留意すべき法律等はありますか。教えてください。

法人向け販売に係る広告について、留意すべき主な法律としては、独占禁止法と不正競争防止法があげられます。以下、その概要を説明します。

❶独占禁止法（ぎまん的顧客誘引・不当な利益による顧客誘引の禁止）

独占禁止法第19条においては、「不公正な取引方法」が禁止されています。不公正な取引方法の具体的な内容は、公正取引委員会による告示によってその内容が指定されていますが、全ての業種に適用される「一般指定」と、特定の事業者・業界を対象とする「特殊指定」があります。

その一般指定で挙げられた不公正な取引方法の一つとして、ぎまん的顧客誘引が挙げられています。すなわち、自己の役務の内容又は取引条件その他これらの取引に関する事項について、実際のもの又は競争者に係るものよりも著しく優良又は有利であると顧客に誤認させることにより、競争者の顧客を自己と取引するように不当に誘引することが禁止されています（一般指定第8項）。

また、不当な利益による顧客誘引、すなわち、正常な商慣習に照らして不当な利益をもって、競争者の顧客を自己と取引するよう誘引することも禁止されています。（一般指定第9項）。なお、これらの禁止行為のうち、特に消費者との関係で、問題が大きいと考えられる不要な表示と過大な景品類の提供を取り上げて具体化したのが景表法の規制となっています。

❷不正競争防止法

不正競争防止法は、事業者間の公正な競争を促進することで国民経済の健全な発展を実現することを目的とした法律ですが、法律上保護される営業秘密について規定すると共に、表示に関しては、原産地、品質内容等について、誤認させるような表示をする行為等が禁止されています（不正競争防止法第2条第1項第20号）。また、競争関係にある他人の営業上の信用を害する虚偽の事実を告知し、又は流布する行為なども禁止されています（同条第21号）。

ウ　消費者契約法

質問106

電力・ガスの販売にあたって、消費者契約法上留意すべき点を教えてください。

消費者契約法においては、以下のとおり、消費者との間の小売供給契約をはじめとする消費者契約の申込み又はその承諾の意思表示の取消しが可能な場合、及び消費者契約の個別の条項が無効となる場合等が定められています。なお、注意事項例においては、小売供給契約（ガス）及び需要家代理契約にあたり消費者契約法との関係で注意すべき事項の例が挙げられていますので、そちらもご参照ください(※)。

※小売供給契約（ガス）やガスに関する需要家代理契約のみが言及されていますが、電力においても同様に当てはまるものと考えられます。

❶申込み又はその承諾の意思表示の取消しが可能な場合（消費者契約法第４条）

以下のいずれかに該当する場合、消費者は、小売供給契約又は需要家代理契約の申込み若しくは承諾の意思表示についての取消しが認められます。この取消しが行われた場合、消費者としては、給付を受けた当時、その意思表示が取消すことができることを知らなかった場合、現に利益を受けている限度の返還で足りるとされています（消費者契約法第６条の2)。このため、小売事業者又は取次業者や需要家代理を行う事業者としては、以下に該当する行為を行わないことが必要となります。なお、小売供給契約との関係では、媒介業者、代理業者が行った行為についても、各規定が適用されます（消費者契約法第５条）(※)。

※この消費者による取消権は、追認をすることができる時から１年間、契約締結の時から５年間を経過したときは時効によって消滅します（消費者契約法第７条第１項）。また、この取消権は、善意無過失の第三者に対しては、対抗することができないとされています（消費者契約法第４条第６項）。

（1）不実告知（第１項第１号）

重要事項について、事実と異なることを告げることにより、その告げられた内容が事実であると誤認した場合。

なお、重要事項とは、電力・ガスや需要家の代理行為の質、用途その他の内容又は対価その他の供給条件であって、消費者が小売供給契約や需要家代理契約を締結することについての判断に通常影響を及ぼすべきもの等をいうとされています（第４条第５項）。(3)においても同様です。

(2) 断定的判断の提供（第１項第２号）

電力・ガスの供給や需要家の代理行為に関して、将来における価額その他の将来における変動が不確実な事項について断定的な判断を提供し、その内容が確実であると誤認をした場合。

断定的判断の提供については、例えば、小売供給契約（電力）の場合において、スポット市場連動の電気料金を設定しているにも関わらず、直近のトレンドのみを提供し、そのトレンドが続くと誤認させて、小売供給契約（電力）を締結させた場合等が該当すると思われます。

(3) 不利益事実の不告知（第２項）

小売供給契約や需要家代理契約の勧誘にあたって、重要事項又は重要事項に関連する事項についてその消費者に利益となる旨を告げ、かつ、その告知により消費者が通常存在しないと考えるその重要事項の不利益となる事実を故意又は重大な過失によって告げなかったことにより、その不利益となる事実が存在しないと誤認をした場合。

注意事項例においては、需要家代理を行う事業者が需要家代理契約の締結の勧誘をするにあたり、消費者に対して、その需要家代理契約の締結によって小売供給契約（ガス）に割引が適用される旨を告げ、かつ、その小売供給契約（ガス）の割引が適用されなくなる条件やその需要家代理契約に係る手数料を告げなかったことにより、消費者が、その小売供給契約（ガス）の割引が適用されなくなる条件やその需要家代理契約に係る手数料が存在しないとの誤認をし、それによって需要家代理契約の申込み又はその承諾の意思表示をしたときは、不利益事実の不告知として、取り消すことができる可能性があるとされています（注意事項例２(2)（３頁））。

また、改正消費者契約法（施行済）前は、事業者が故意に不利益事実を告げない場合のみが取り消し可能とされていましたが、現在では、事業者が重過失によって不利益事実を告げない場合にも取り消しが可能となっています。

(4) 不退去・退去不能（第３項第１号、第２号）

小売供給契約や需要家代理契約の勧誘にあたって、消費者が消費者の住居又はその業務を行っている場所から退去すべき旨の意思を示したにもかかわらず、それらの場所から退去しない場合（不退去）。又は、勧誘をしている場所から消費者が退去する旨の意思を示したにもかかわらず、その場所から消費者を退去させない場合（退去不能）。

(5) その他（第３項第３号～第８号）

小売供給契約や需要家代理契約の勧誘にあたって、以下のいずれかの行為をした場合。

① 社会生活上の経験不足を利用した不安をあおる告知（例えば、就職活動中の学生の不安を知りつつ「このままでは一生成功しない。この就職セミナーが必要」と告げて勧誘する行為など）

② 社会生活上の経験不足を利用した人間関係の濫用（例えば、消費者の恋愛感情を知りつつ「契約してくれないと関係を続けない」と告げて勧誘する行為、いわゆるデート商法など）

③ 加齢など等による判断力の低下の不当な利用（例えば、認知症で判断力が著しく低下した消費者の不安を知りつつ「この食品を買って食べなければ、今の健康は維持できない」と告げて勧誘する行為など）

④ 霊感などによる知見を用いた告知（例えば、「私は霊が見える。あなたには悪霊が憑いておりそのままでは状況が悪化する。これを買えば悪霊が去る」と告げて勧誘する行為など）

⑤ 契約締結前の債務の内容の実施（例えば、注文を受ける前に消費者に提供すべき機器を設置し、原状回復を著しく困難にしたうえで代金を請求する行為など）

⑥ 消費者契約の締結を目指した事業活動を実施した上で、その事業活動により生じた費用や労力等の損失の補償を請求する旨を告げる行為（例えば、勧誘を受けて会ってほしいといわれて会ったところ、事業者が他の都市から来ており、「あなたのためにここまで来た。断るなら交通費を払え」と告げて勧誘する行為など）

なお、①～⑥については、改正消費者契約法（施行済）により手当てされた内容となります。

(6) 過量の場合（第４項）

小売供給契約や需要家代理契約の勧誘にあたって、その消費者の生活状況や認識に照らして、電力･ガスや需要家の代理行為に関する通常想定される分量、回数、期間を著しく超えることを知っていた場合等。

但し、電力・ガスの場合、通常は想定し難いと思われます。

❷消費者契約の個別の条項が無効となる場合(消費者契約法第8条～第10条)

個別の条項が無効となる場合は、以下のとおり、条項全体が無効となる場合と、その条項のうち一部が無効となる場合があります。

(1) 条項全体が無効となる場合

以下のいずれかに該当する小売供給契約の条項等は、無効となります（消費者契約法第８条第１項)。なお、以下のうち、小売事業者又は取次業者が自身の損害賠償責任の有無・限度を自ら決める条項については、改正消費者契約法（施行済）により、追加されたものです。

① 小売事業者又は取次業者の債務不履行又は不法行為により消費者に生じた損害賠償責任の全部を免除し、又はその責任の有無を決定する権限を当該事業者に付与する条項

② 小売事業者又は取次事業者の債務不履行又は不法行為により消費者に生じた損害賠償責任の一部を免除し、又はその責任の限度を決定する権限を当該事業者に付与する条項。但し、無効となる損害賠償責任の一部を免除する旨の条項は、小売事業者又は取次事業者に故意又は重大な過失がある場合に限ります。すなわち、消費者との小売供給契約において、損害賠償責任の一部の免除を規定する場合は、小売事業者又は取次事業者が軽過失の場合に限ることを規定しないと、その規定自体が無効となるため、注意が必要となります。

そのほか、改正消費者契約法（施行済）により、①消費者が後見・保佐・補助開始の審判を受けたことのみを理由とする解除権を事業者に付与する条項、②小売事業者又は取次業者の債務不履行により生じた消費者の解除権を放棄させ、又は当該事業者に消費者の解除権の有無を決定する権限を付与するといった条項についても、無効となる不当な契約条項として追加されています（消費者契約法第８条の２、第８条の３)。

また、消費者の不作為をもって消費者が新たな小売供給契約の申込み又はそ

の承諾の意思表示をしたものとみなす条項その他の法令中の公の秩序に関しない規定の適用による場合と比較して消費者の権利を制限し、又は義務を加重する小売供給契約の条項であって、消費者の利益を一方的に害するものは無効となります（消費者契約法第 10 条）。

注意事項例においては、需要家代理契約に関して、以下の場合が、消費者契約法第 10 条に基づき無効となる可能性があるとされています（注意事項例 2（2）（3 頁））。

① 需要家代理を行う事業者を通さず、ガス小売事業者と直接契約を締結・変更・解約することを禁じる条項が代理契約に含まれている場合

② 契約期間を設定する際に、いわゆる顧客の囲い込みを目的として、長期間にわたり消費者を拘束する条項が代理契約に含まれている場合

（2）条項のうち一部が無効となる場合

平均的な損害の額を超える損害賠償額の予定・違約金に関しては、その超える部分について、無効となります（消費者契約法第 9 条第 1 号）。詳細については、質問 73、2（1）をご参照ください。

また、消費者が電気・ガス料金や需要家代理の手数料を支払期日までに支払わない場合の損害賠償額の予定・違約金については、年 14.6% を超える部分については、無効となります（消費者契約法第 9 条第 2 号）。

❸適格消費者団体による差し止め請求権の行使（消費者契約法第 12 条）

以上の点については、不特定かつ多数の一般消費者との関係で問題となる場合、適格消費者団体がそれらの行為の停止又は予防に必要な措置をとることを裁判所に請求することができることとされています。

❹事業者の努力義務（消費者契約法第 3 条第 1 項）

改正消費者契約法（施行済）は、事業者に対し、①消費者契約の条項を定めるにあたり、解釈に疑義が生じない明確なもので平易なものになるよう配慮するよう努めなければならないこと、②消費者契約締結の勧誘に際して、個々の消費者の知識及び経験を考慮したうえで必要な情報を提供するよう努めなけれ

ばならないことを新たに定めています。

消費者に電力・ガスを販売する際の勧誘行為や約款などの作成においては、この改正を契機として、消費者への広告を含む勧誘行為や消費者との契約における条項が、消費者契約法を含む消費者保護法に抵触しないかを改めてチェックすることが重要となると思われます。

エ　その他法令

質問 107

その他、電力・ガスの販売にあたって、留意すべき法令について教えてください。

これまで取り上げてきた法令のほか、留意すべき法令としては、特に消費者向けに電力･ガスを販売する場合においては、個人情報保護法が挙げられます。

具体的な内容については、個人情報保護委員会が出している個人情報保護法ガイドラインをご参照いただければと思いますが、電力・ガスに特有の事項としては、スイッチング支援システムを利用する場合の共同利用の規定が挙げられます。

すなわち、個人情報保護法上、個人の同意を得ることなく、個人データを特定の者と共同して利用することが認められていますが、そのためには、以下の事項について、事前に本人に通知をするか、本人が容易に知り得る状態に置くことが必要となります（個人情報保護法第 23 条第 5 項第 3 号)。

① 共同利用する旨
② 共同利用される個人データの項目
③ 共同利用する者の範囲
④ 共同利用する者の利用目的
⑤ 個人データの管理責任者の氏名又は名称

質問 16、1 のとおり、電力のスイッチング支援システムにおいては、需要家の個人情報を広域機関、一般送配電事業者及び小売電気事業者等との間でやり取りをします。これは、ガスのスイッチング支援システムにおいても同様のことがいえますが、これらの機動的なやり取りを実現する観点から、各小売事業者のプライバシーポリシーにおいて、システムの運営主体（電力では広域機関、ガスでは各スイッチングシステムを運営する一般ガス導管事業者となります。以下同様とします）が求める内容に従い、共同利用に関する規定を設けることが求められているものです。

なお､本人が容易に知り得る状態におくため､共同利用を含めたプライバシーポリシーについて、自社のホームページへ掲載することが一般的に行われているところです。

8

契約後の問い合わせ対応、供給停止・契約解除にも注意が必要

（1） 問い合わせ対応の内容

質問 108

電気事業・ガス事業法上求められる問い合わせ対応について教えてください。

❶苦情・問合せに応じる義務

電気事業法・ガス事業法上、小売事業者に対しては、小売供給の業務の方法、料金その他の供給条件について需要家から苦情や問い合わせがあった場合、適切かつ迅速に処理することが求められています（電気第2条の15、ガス第16条)。また、これらの苦情や問い合わせに応じるための連絡先については、小売供給契約を締結する際の供給条件の説明や需要家に交付する契約締結前書面及び契約締結後書面に記載するほか、小売事業者等の苦情や問い合わせ対応をする事業者のホームページ等においても確認できるようにすることが必要となります（電力小売 GL4（1）（40頁)、ガス小売 GL4（1）（23頁))。

苦情や問い合わせは、自らの業務フローを見直す契機になりますし、これらに適切に対処しないと、需要家との間でトラブルになる可能性が高まることから、媒介等業者を含めてきちんとした体制を整備することが重要となります。

❷ 供給支障時の対応

（1）問題となる行為・望ましい行為

供給条件そのものではなく託送供給に関するものであっても、停電に関する問い合わせや災害等により電力やガスの供給に支障が生じた場合の問い合わせに不当に応じない場合（需要家の相談に一切応じない、一般送配電事業者又はガス導管事業者の連絡先を伝えないなど)、苦情や問い合わせ対応義務違反と

して、問題となる行為になるとされています（電力小売GL4（2）ア（40頁）、ガス小売GL4（2）ア（23頁））。

なお、小売事業者が上記の苦情及び問い合わせ対応義務を負うのは、現に契約を締結して供給を行っている需要家のみならず、その申込みを検討している需要家からのものも含まれますが、電気事業者・ガス事業者からのものは含まれません（電気第2条の15、ガス第16条）。

その他、電力・ガスについて、それぞれ以下の行為が望ましい行為とされていますので（電力小売GL4（2）イ（40・41頁）、ガス小売GL4（2）イ（23・24頁））、苦情・問い合わせ対応にあたっては、以下の点も踏まえた対応が必要となります。

＜電力＞

① 送電線の切断など、送配電要因で停電していることが明らかな場合には、一般送配電事業者がホームページ等を通じて提供する情報を用いて、小売電気事業者が需要家への問い合わせに対応すること。

② 原因が不明な停電に対しては、小売電気事業者が停電の状況に応じて適切な助言を行うとともに（ブレーカーの操作方法の案内等）、それでも解決しない場合には、一般送配電事業者や電気工事店等の適切な連絡先を紹介すること。

＜ガス＞

① 導管の破損など、導管要因で停電していることが明らかな場合、導管事業者がホームページ等を通じて提供する情報を用いて、ガス小売事業者が需要家への問い合わせに対応すること。

② 原因が不明なガス供給支障への対応に対しては、ガス小売事業者が供給支障の状況に応じて適切な助言を行うとともに（ガスメーターの操作方法の案内等）、それでも解決しない場合には、導管事業者やガス工事店等の適切な連絡先を紹介すること。

（2） 小売事業者としてあるべき対応

近年では、従来の想定を超えた災害が頻発しています。特に電力の分野では、2018年9月に発生した北海道胆振東部地震を契機にレジリエンスの強化が叫ばれているところであり、小売事業者の役割の重要性も増してくるところです(※)。

その観点からすれば、災害時においては、小売事業者としても、必要最低限の対応に留まらず、一般送配電事業者やガス導管事業者が公表する情報を用いて積極的に対応をすることが望まれるところです。

※電力の分野において、災害時の停電情報については、一般送配電事業者がホームページ等で提供するだけではなく、各小売電気事業者に対して個別に配信するといったプッシュ型の対応を行う方向性がレジリエンス小委員会で示されているところです。

質問 109

停電や供給支障に備えて、24 時間問い合わせに応じる体制を整備する必要がありますか。

停電や供給支障に備えて、24 時間問い合わせに応じる体制を整備することができれば需要家対応という観点から望ましいといえますが、電気事業法・ガス事業法は小売事業者に対してそこまでの体制を求めているものではありません。契約締結の際に説明すべき事項及び交付する契約締結前書面と契約締結後書面に記載すべき事項として、苦情及び問い合わせに応じる時間帯が求められているとおり（電気省令第 3 条の 12 第 1 項第 3 号・第 4 号、ガス省令第 13 条第 1 項第 3 号・第 4 号）、必要な対応としては、一般的な営業時間帯において苦情及び問い合わせに応じる体制を整備することといえます。

なお、需要家に対する丁寧な対応という観点からは、停電や供給支障が生じた場合を考慮して、小売事業者として、一般送配電事業者やガス導管事業者の停電や供給支障が生じた場合の問い合わせ先をあらかじめ契約締結前書面及び契約締結後書面に記載したり、ホームページ等で伝えておくなどといった対応も考えられるところです。

（2） 苦情及び問い合わせ対応を誰が実施するか

質問 110

苦情及び問い合わせ対応業務を、コールセンター業務を行っている会社や媒介等業者などの第三者に委託することは可能でしょうか。

小売事業者による苦情及び問い合わせ対応業務は、質問 37 で記載のとおり、「小売事業者の責任において」第三者に委託することが認められています。

なお、媒介等業者の業務の方法に関する苦情及び問合せについては、原則として媒介等業者が対応をすることになりますが、小売事業者が行うこととしている場合、媒介等業者については、苦情及び問い合わせに応じる時間帯の説明、契約締結前書面及び契約締結後書面への記載は求められません（説明義務につき、電気第2条の13第1項、同省令第3条の12第1項本文、第4号及びガス第14条第1項、同省令第13条第1項本文、第4号、契約締結前書面につき、電気第2条の13第2項、同省令第3条の12第8項・第1項本文、第4号及びガス第14条第2項、同省令第13条第7項・第1項本文、第4号、並びに、契約締結後書面につき、電気第2条の14第1項第3号、同省令第3条の13第2項第3号及びガス第15条第1項第3号、同省令第14条第2項第3号）。

質問111

苦情及び問い合わせ義務に違反した場合の行政処分や罰則等について教えてください。媒介等業者がこれらの義務に違反した場合、小売事業者も責任を問われることはありますか。

まず、監視等委員会による監査、報告徴収又は立入検査の結果、小売事業者が、苦情及び問い合わせに対して適切かつ迅速に処理をしておらず、「電力・ガスの適正な取引を図るため必要がある」場合、監視等委員会は、小売事業者に対して必要な勧告をすることができます（電気第66条の12第1項、ガス第178条第1項）。

また、小売事業者が、苦情及び問い合わせに対して適切かつ迅速に処理をしなかった場合は、その違反者は、措置命令、すなわち、苦情及び問い合わせ対応業務の方法の改善に必要な措置をとることを求める命令の対象となります（電気第2条の17第3項、ガス第20条第3項）。そして、この命令に違反した場合は、300万円以下の罰金の対象となります（電気第118条第1号、ガス第199条第1号）。

なお、苦情及び問い合わせに対して適切かつ迅速に処理する義務を負っているのは、小売事業者ですので、媒介等業者や委託を受けた事業者がこれらの苦情及び問い合わせに対して適切かつ迅速に処理しなかった場合であっても小売事業者が電気事業法・ガス事業法上の責任を免れることにはならず、監督責任を問われることになります。

(3) 供給停止権限の有無について

質問 112

需要家が電気料金やガス料金を支払わないので、電力・ガスの供給を停止したいと思いますが、可能でしょうか。

需要家が電気・ガス料金を支払わない等の契約違反があった場合において、小売事業者が供給停止をすることができるかについては、電力・ガスそれぞれの分野において結論が異なります。

すなわち、電力の場合は、小売電気事業者による供給停止を認めていない一方、ガスの場合は、ガス小売事業者による供給停止が認められています。

そのため、供給約款や契約書の記載もこの点の差異を意識して記載することが必要となります。電力の供給約款において、しばしば小売電気事業者に供給停止権限があるかのようか記載がされている場合がありますので、注意が必要です。また、電力の供給約款において、一般送配電事業者が供給停止することを前提としつつも、需要家による電気料金の不払いがあった場合、一般送配電事業者に供給停止を依頼し、電力の供給が停止される可能性があるような記載がされている場合もあります。しかしながら、一般送配電事業者が金銭の不払いを理由として供給停止をするのは、あくまでも託送料金等の小売電気事業者が一般送配電事業者に対して支払義務を負う債務の未払いがあった場合に限られます。電気料金の不払があったとしてもそのことを理由として供給停止がされることはないため、この点も踏まえた規定とすることが必要となります。

(4) 小売事業者による供給停止・契約解除時に行うべきこと

質問 113

需要家が電気料金を支払わないことから、小売供給契約(電力)の解除等の対応をしたいと思いますが、必要な手続きについて教えてください。

電力の場合、小売電気事業者による供給停止が認められていない以上、電気料金の未払いに対する対抗策としては、小売供給契約(電力)を速やかに解除するほかないところですが、電気料金の未払いがあった場合であっても直ちにその解除ができるわけではありません。すなわち、電力小売GLにおいては、小売電気事業者から、需要家の料金未払い等を理由に小売供給契約（電力）を解除するにあたっては、以下の対応が必要とされています（電力小売GL5（2）(45頁))。

① 小売供給契約（電力）解除を行う15日程度前までに需要家に解除日を明示して解除予告通知を行うこと

② 解除予告通知の際に、無契約となった場合には電気の供給が止まることや、最終保障供給（経過措置料金規制期間中は特定小売供給）を申し込む方法があることを説明すること

これは、電力が生活に不可欠なものであることを踏まえ、例え電気料金の不払い等需要家の義務違反があったとしても、需要家に対して電気料金を支払うなどの義務違反状態を是正させたり、他から供給を受ける機会を確保することを求めているものといえます。また、説明の方法としては、訪問、電話、郵便等による書面送付、電子メールの送信などが適当とされています。

但し、需要家が小売電気事業者に対し、事前に通知等をせずに需要場所から移転し、電気を使用していないことが明らかな場合には、このような機会の確保を図る必要がないため、上記①及び②の措置をとらなくても問題ありません。

なお、小売電気事業者が需要家との小売供給契約（電力）を解除する場合、それに対応する一般送配電事業者との間の接続供給契約の解除を行うことになりますが、解除の10日程度前までに、小売供給契約（電力）の解除を理由とすることを明示したうえで、一般送配電事業者に接続供給契約の解除の連絡を行うことが必要となります。

質問114

需要家がガス料金を支払わないことから、小売供給契約（ガス）の解除等の対応をしたいと思いますが、必要な手続きについて教えてください。

❶供給停止

ガスの場合、ガス小売事業者としては、まずは供給停止を行うことにより料金の支払い等を促すことが考えられるところです。この場合であっても、ガス料金の未払いがあったとしても直ちに供給停止ができるわけではなく、以下の対応をとることが必要となります（ガス小売GL5（3）（28頁））。

① 供給停止（閉栓）を行う15日程度前及び5日程度前までに需要家に供給停止日を明示して供給停止の予告通知を行うこと

② 託送供給契約を締結している場合、供給停止（閉栓）後速やかに、ガス導管事業者に対して供給停止（閉栓）を行った旨の通知を行うこと

これは、電力と同様にガスが生活に不可欠なものであることを踏まえたものといえます。

❷契約の解除

小売供給契約（ガス）を解除する場合、電力の場合と基本的には同様に、以下の対応を取ることが必要となりますが、①の解除予告通知は、15日程度前だけではなく、5日程度前にも行うことが必要な点は、押さえておく必要があります（ガス小売GL5（2）（27頁））。

① 小売供給契約（ガス）解除を行う15日程度前までと5日程度前に需要家に解除日を明示して解除予告通知を行うこと

② これらの解除予告通知の際に、無契約となった場合にはガスの供給が止まることや、最終保障供給（経過措置料金規制期間中は指定旧供給区域等小売供給又は指定旧供給地点小売供給）を申し込む方法があることを説明すること

但し、旧簡易ガスに相当する事業を行う者は、最終保障供給や託送供給契約が存在しないことから、原則として、②のうち最終保障供給に関する説明や託

送供給契約の解除に係る連絡を行う必要はありません。もっとも、経過措置料金規制の対象地点群である場合は、指定旧供給地点小売供給を申し込む方法があることの説明は必要となります。

また、電力の場合と同様に、説明の方法としては、訪問、電話、郵便等による書面送付、電子メールの送信などが適当とされており、需要家がガス小売事業者に対し、事前に通知等をせずに需要場所から移転し、ガスを使用していないことが明らかな場合には、このような機会の確保を図る必要がないため、解除の際の上記①及び②の措置を取らなくても問題ありません。

なお、上記の事項とは別途、ガス小売事業者は、小売供給契約（ガス）解除に伴う託送供給契約の解除を行う10日程度前までに、小売供給契約（ガス）の解除を理由とすることを明示したうえで、ガス導管事業者に託送供給契約の解除の連絡を行うことが必要となります。また、ガス小売事業者が解除に伴い供給停止（閉栓）をした場合、速やかにガス導管事業者に対して小売供給の停止（閉栓）を行った旨の通知を行うことが必要となります。

（5）需要家が小売事業者を切り替えること、小売供給契約の終了を希望する場合

質問 115

需要家から契約終了の申出があった場合、どのように対応すべきでしょうか。やってはいけないことについても教えてください。

❶電力

需要家から小売供給契約（電力）終了の申し出があった場合、以下のとおり、①本人確認を行うこと、②解約に速やかに対応すること、及び③スイッチング期間において取戻し営業を行わないことが必要となります（電力小売 GL5（1）ア i）～ iii）（42、43 頁））。

（1）①本人確認の方法

スイッチング支援システムにおけるスイッチング廃止取次においては、質問

16、1（2）のとおり、以下の各事項が一致することの確認を通じて本人確認を行うとされています。

(a) 現小売供給契約（電力）に係る契約番号

(b) 現小売供給契約（電力）に係る契約名義

(c) 需要家の住所

スイッチング支援システムを使用しない場合（500kW以上の需要家）であっても、基本的にはこれに準じた形での対応が求められるところです。

(2) ②解約に速やかに対応すること

需要家の意向に反して過度に引き留めを行う「引き留め営業」や本人確認を過度に行う「引き伸ばし営業」などは、問題のある行為となります。

また、解除を著しく制約する以下のような行為を行うことも問題のある行為とされています（電力小売GL3（2）ア ii）（38、39頁））。

(a) 需要家からの小売供給契約（電力）の解除の申出や、契約期間終了時の小売供給契約（電力）の自動的な更新を拒否する申出に応じないこと（コールセンターに電話しても担当者につながないなど速やかに対応しないことを含みます）

(b) 需要家からの小売供給契約（電力）の解除手続又は自動的な更新を拒否する手続の方法を明示しないこと

なお、質問16、1（1）のとおり、低圧及び500kW未満の高圧の需要家の場合、基本的には、現小売電気事業者は、需要家から直接契約終了の申し出がくることはなく、スイッチング支援システム上で速やかに本人確認をして、問題がなければ、解約の申し出に同意することが求められています。

(3) ③スイッチング期間における取戻し営業

平成30年12月の電力小売GLの改正により、新たに規定されたもので、特定の地域において、スイッチング期間中に取戻し営業を行い、需要家にスイッチングを取りやめさせることが行われていたことから、円滑なスイッチングを阻害する行為として、禁止されたものです。

すなわち、需要家が新小売電気事業者に電力の供給先の切り替えを申し込んでから、その切り替えが完了し、新小売電気事業者による小売供給が開始されるまでの間（以下「スイッチング期間」といいます。）において、現小売電気事業者が、新小売電気事業者への切り替えに関する情報（以下「スイッチング情報」といいます）を知りながら（※1）、その切り替えを撤回させる目的で営業活動（※2）を行うことが問題となる行為とされています。

※1 制度設計専門会合においては、スイッチング情報を知っているか否かは、法人単位で判断するとされています。そのため、営業担当者が知らない場合でも、会社としてスイッチング情報を得ていれば、その営業担当者の営業行為は、「知りながら」行っていると評価される可能性がある点には、留意が必要となります。
※2 需要家のスイッチングの申込を知った後に行う、新たな契約内容の提案、金銭その他の経済上の利益の提示及び取引関係又は資本関係を理由とする要請などが該当するとされています。

もっとも、需要家の要請がある場合は除かれます。

また、現小売電気事業者が需要家に対してスイッチングに伴って生じる違約金等の情報（金額、それに至る算定及びその根拠条項）を説明することは認められています。但し、違約金等の説明を名目に需要家へ接触する場合であっても、違約金等の説明を正当な理由なく繰り返す行為などは、実態としては取戻し営業と変わらないことから、問題となりますので、この点にも留意が必要です。

小売電気事業者においては、取戻し営業行為の防止に関する適切な社内管理体制（※）を整備することが、望ましいとされています（電力小売 GL5（1）イ（44頁））。上記のとおり、スイッチング情報を知っているか否かは、法人単位で判断するとされていることから、営業担当者の行為が、結果的にスイッチング期間における取戻し営業となることがないよう、社内におけるスイッチング情報の管理・共有体制の在り方などの検討が重要といえます。

※スイッチング情報についての社内の情報管理体制の構築、営業活動に関わる役職員に対する社内教育、取戻し営業行為に関し問題となる行為等についての周知徹底などが考えられます。

(4) 旧一般電気事業者がやってはいけないこと

旧一般電気事業者については、小売供給契約（電力）を締結している需要家が他の小売電気事業者との契約に切替えを希望する場合において、必ず自己との交渉を義務付け、自らがその需要家の希望する取引条件を提示することができなかったときのみ解除が可能となる契約を締結することは、その需要家が当該旧一般電気事業者との取引を断念せざるを得なくさせるおそれがあることから、独占禁止法上違法となるおそれがあるとされています（私的独占、拘束条件付取引、排他条件付取引、取引妨害等、電力適取 GL 第二部 I 2(1) ①イ viii（11頁））。また、旧一般電気事業者は、需要家が新小売電気事業者との小売供給契約（電力）に切り替える場合において、需要家から契約解除の申出を受けたにもかかわらず、契約解除を拒否し又は契約解除の手続を遅延させることにより、新小売電気事業者への契約の切替えを不当に妨害する場合、私的独占、取引妨害等、独占禁止法上も違法となる恐れがあります（電力適取 GL 第二部Ｉ 2(1)②イｉ（13 頁））。

更に、旧一般電気事業者は、電力適取 GL 上、物品・役務について継続的な取引関係にある需要家（例えば、小売電気事業に不可欠な顧客管理システムの開発保守事業者等）に対して、他の小売電気事業者から電気の小売供給を受けるならば、その物品の購入や役務の取引を打ち切る若しくは打切りを示唆すること又は購入数量等を削減する若しくはそのような削減を示唆することは、その需要家が他の小売電気事業者との取引を断念せざるを得なくさせるおそれがあることから、独占禁止法上違法となるおそれがある（私的独占、排他条件付取引等）とされている点には、留意が必要となります（電力適取 GL 第二部Ｉ 2（1）①イ ix（12 頁））。

❷ガス

ガス小売 GL 上、需要家から小売供給契約（ガス）終了の申し出があった場合、①本人確認を行うこと、②解約に速やかに対応することとされており、③スイッチング期間において取戻し営業を行わないことまで求められていません（ガス小売 GL5（1）アｉ)、ii)（25 頁））。

もっとも、取戻し営業に関する議論についても、基本的には同様の趣旨が妥当することから、この点も踏まえた対応を行うことが適切と思われます。

そのため、①～③の点は同様にガスにおいてもあてはまるため、その点を踏まえた実務フローの構築が必要となります。

また、解除を著しく制約する行為をする以下のような行為を行うことが問題のある行為とされる点は電力と同様です（ガス小売 GL3(2) ア ii)（22 頁））。

(a) 需要家からの小売供給契約（ガス）の解除の申出や、契約期間終了時の小売供給契約（ガス）の自動的な更新を拒否する申出に応じないこと（コールセンターに電話しても担当者につながないなど速やかに対応しないことを含みます）

(b) 需要家からの小売供給契約（ガス）の解除手続又は自動的な更新を拒否する手続の方法を明示しないこと

その他、ガス適取GLにおいては、ガス小売事業者が、新ガス小売事業者との小売供給契約（ガス）に切り替える場合において、当該需要家から解約の申出を受けたにもかかわらず、解約を拒絶し又は解約の手続を遅延させることにより、新ガス小売事業者への契約の切替えを不当に妨害することは、私的独占、取引妨害等として、独占禁止法上違法となるおそれがあるとされており（ガス適取GL第二部Ⅰ 2(1) イ⑨（11頁））、以下の行為が、ガス事業法上問題となり、又は独占禁止法上違法となるおそれがあるとされている点には、留意が必要となります。

(a) ガス小売事業者が、小売供給契約（ガス）を他者に切り替えようとする需要家に対して、自ら又は子会社等を通じて、合理的な理由なく当該需要家が継続を希望する付随サービス（例：汎用品でない消費機器に係るリースやメンテナンス）に関する契約の打切りやそのガス料金を従来よりも不当に値上げすること等を示唆する等の行為により、ガスの小売供給に係る需要家の選択肢を不当に狭めることは、ガス事業法上問題となる行為となる（ガス適取GL第二部Ⅰ 2(1) イ⑤（10頁））。

(b) ガス小売事業者が、物品・役務について継続的な取引関係にある需要家（例えば、ガス小売事業に不可欠な顧客管理システムの開発保守事業者等）に対して、他のガス小売事業者からガスの供給を受けるならば、当該物品の購入や役務の取引を打ち切る若しくは打切りを示唆すること、又は購入数量等を削減する若しくはそのような削減を示唆することは、その需要家が他のガス小売事業者との取引を断念せざるを得なくさせるものであることから、独占禁止法上違法となるおそれがある（私的独占、排他条件付取引等）（ガス適取GL第二部Ⅰ 2 (1) イ⑦（10頁））。

質問116

需要家が小売事業者を変更する場合、変更後の小売事業者は、小売供給契約を新たに締結するにあたって、どのような点に注意すべきでしょうか。

需要家が小売事業者を変更する場合、契約済みの小売供給契約を解除することが必要となります。そして、契約済みの小売供給契約において違約金等が設定されている場合、その違約金等を支払うと切り替えのメリットが享受できない場合があります。

本来は、この点も含めて需要家が確認し、判断をすべき事項ではありますが、需要家とのトラブルを回避する観点から、小売GLにおいて、切り替え後の小売事業者は当該需要家に対し、供給条件の説明の際、以下の事項を説明することが望ましいとされています（電力小売GL1（2）イ iii)（9頁)、ガス小売GL1（2）イ i)（8頁))。そのため、実務的には、当該の事項を契約締結前書面に記載するといった対応も行われているところです。なお、電力においては、質問16、1（2）のとおり、送配電等業務指針上当該事項の説明が求められています。

① 旧小売供給契約の解除が必要となること

② 当該解除の条件によっては、解除により違約金等の発生等の需要家の負担が生じる可能性があること

なお、電力小売GLにおいては、オール電化等の選択により他のエネルギーから電力へエネルギー源を切替える場合などには、既存設備の撤去等が必要になる可能性があり、切替手続が円滑に進むことを確保する観点から、切替え前の事業者との間の他のエネルギーの供給契約上の解除の条件によっては、一定期間前に当該切替え前の事業者に対して解除を通知する必要が生じる可能性がある旨を説明することが望ましいとされています。

同様の観点から、ガス小売GLにおいては、他のエネルギーから都市ガスへエネルギー源を切り替える場合には、既存設備の撤去等の対応が必要となる可能性があることから、切り替え前の事業者との間の契約に関する解除の条件次第では、一定期間前に切り替え前の事業者に対して解除を通知する必要が生じる可能性がある旨を説明することが望ましいとされています。

別紙1-1　説明事項・契約締結前書面記載事項（電力）

①	当該小売電気事業者の氏名又は名称及び登録番号	
②	当該契約媒介業者等が当該小売供給契約の締結の媒介等を行う場合にあっては、その旨及び当該契約媒介業者等の氏名又は名称	
③	当該小売電気事業者の電話番号、電子メールアドレスその他の連絡先並びに苦情及び問合せに応じることができる時間帯	
④	当該契約媒介業者等が当該小売供給契約の締結の媒介等を行う場合にあっては、当該契約媒介業者等の電話番号、電子メールアドレスその他の連絡先並びに苦情及び問合せに応じることができる時間帯	
⑤	当該小売供給契約の申込みの方法	
⑥	当該小売供給開始の予定年月日	
⑦	当該小売供給に係る料金（当該料金の額の算出方法を含む。）	
⑧	電気計器その他の用品及び配線工事その他の工事に関する費用の負担に関する事項	
⑨	⑦・⑧に掲げるもののほか、当該小売供給を受けようとする者の負担となるものがある場合にあっては、その内容	
⑩	⑦～⑨に掲げる当該小売供給を受けようとする者の負担となるものの全部又は一部を期間を限定して減免する場合にあっては、その内容	
⑪	当該小売供給契約に契約電力又は契約電流容量の定めがある場合にあっては、これらの値又は決定方法	
⑫	供給電圧及び周波数	
⑬	供給電力及び供給電力量の計測方法並びに料金調定の方法	
⑭	当該小売供給に係る料金その他の当該小売供給を受けようとする者の負担となるものの支払方法	
⑮	一般送配電事業者から接続供給を受けて当該小売供給を行う場合にあっては、託送供給等約款に定められた小売供給の相手方の責任に関する事項	
⑯	当該小売供給契約に期間の定めがある場合にあっては、当該期間	
⑰	当該小売供給契約に期間の定めがある場合にあっては、当該小売供給契約の更新に関する事項	

⑱	当該小売供給の相手方が当該小売供給契約の変更又は解除の申出を行おうとする場合における当該小売電気事業者（当該契約媒介業者等が当該小売供給契約の締結の媒介等を行う場合にあっては、当該契約媒介業者等を含む。）の連絡先及びこれらの方法	
⑲	当該小売供給の相手方からの申出による当該小売供給契約の変更又は解除に期間の制限がある場合にあっては、その内容	
⑳	当該小売供給の相手方からの申出による当該小売供給契約の変更又は解除に伴う違約金その他の当該小売供給の相手方の負担となるものがある場合にあっては、その内容	
㉑	⑲・⑳に掲げるもののほか、当該小売供給の相手方からの申出による当該小売供給契約の変更又は解除に係る条件等がある場合にあっては、その内容	
㉒	当該小売電気事業者からの申出による当該小売供給契約の変更又は解除に関する事項	
㉓	その小売電気事業の用に供する発電用の電気工作物の原動力の種類その他の事項をその行う小売供給の特性とする場合又は当該契約媒介業者等が小売電気事業者が行う小売供給（その小売電気事業の用に供する発電用の電気工作物の原動力の種類その他の事項をその行う小売供給の特性とするものに限る。）に関する契約の締結の媒介等を行う場合にあっては、その内容及び根拠	
㉔	当該小売供給の相手方の電気の使用方法、器具、機械その他の用品の使用等に制限がある場合にあっては、その内容	
㉕	①～㉔に掲げるもののほか、当該小売供給に係る重要な供給条件がある場合にあっては、その内容	

別紙1-2　契約締結後書面記載事項（電力）

①	当該小売電気事業者の氏名又は名称及び住所並びに登録番号	
②	供給地点特定番号	
③	契約年月日	
④	当該契約媒介業者等が当該小売供給契約の締結の媒介等を行う場合にあっては、その旨及び当該契約媒介業者等の氏名又は名称及び住所	
⑤	当該小売電気事業者の電話番号、電子メールアドレスその他の連絡先並びに苦情及び問合せに応じることができる時間帯	
⑥	当該契約媒介業者等が当該小売供給契約の締結の媒介等を行う場合にあっては、当該契約媒介業者等の電話番号、電子メールアドレスその他の連絡先並びに苦情及び問合せに応じることができる時間帯（小売り電気事業者が媒介事業者等の業務の方法についての苦情及び問合せを処理することとしている場合にあっては、苦情及び問合せに応じることができる時間帯を除く。）	
⑦	当該小売供給開始の予定年月日	
⑧	当該小売供給に係る料金（当該料金の額の算出方法を含む。）	
⑨	電気計器その他の用品及び配線工事その他の工事に関する費用の負担に関する事項	
⑩	⑧・⑨に掲げるもののほか、当該小売供給を受けようとする者の負担となるものがある場合にあっては、その内容	
⑪	⑧～⑩に掲げる当該小売供給を受けようとする者の負担となるものの全部又は一部を期間を限定して減免する場合にあっては、その内容	
⑫	当該小売供給契約に契約電力又は契約電流容量の定めがある場合にあっては、これらの値又は決定方法	
⑬	供給電圧及び周波数	
⑭	供給電力及び供給電力量の計測方法並びに料金調定の方法	
⑮	当該小売供給に係る料金その他の当該小売供給を受けようとする者の負担となるものの支払方法	
⑯	一般送配電事業者から接続供給を受けて当該小売供給を行う場合にあっては、託送供給等約款に定められた小売供給の相手方の責任に関する事項	
⑰	当該小売供給契約に期間の定めがある場合にあっては、当該期間	
⑱	当該小売供給契約に期間の定めがある場合にあっては、当該小売供給契約の更新に関する事項	

⑲	当該小売供給の相手方が当該小売供給契約の変更又は解除の申出を行おうとする場合における当該小売電気事業者（当該契約媒介業者等が当該小売供給契約の締結の媒介等を行う場合にあっては、当該契約媒介業者等を含む。）の連絡先及びこれらの方法	
⑳	当該小売供給の相手方からの申出による当該小売供給契約の変更又は解除に期間の制限がある場合にあっては、その内容	
㉑	当該小売供給の相手方からの申出による当該小売供給契約の変更又は解除に伴う違約金その他の当該小売供給の相手方の負担となるものがある場合にあっては、その内容	
㉒	⑳・㉑に掲げるもののほか、当該小売供給の相手方からの申出による当該小売供給契約の変更又は解除に係る条件等がある場合にあっては、その内容	
㉓	当該小売電気事業者からの申出による当該小売供給契約の変更又は解除に関する事項	
㉔	その小売電気事業の用に供する発電用の電気工作物の原動力の種類その他の事項をその行う小売供給の特性とする場合又は当該契約媒介業者等が小売電気事業者が行う小売供給（その小売電気事業の用に供する発電用の電気工作物の原動力の種類その他の事項をその行う小売供給の特性とするものに限る。）に関する契約の締結の媒介等を行う場合にあっては、その内容及び根拠	
㉕	当該小売供給の相手方の電気の使用方法、器具、機械その他の用品の使用等に制限がある場合にあっては、その内容	
㉖	①〜㉕に掲げるもののほか、当該小売供給に係る重要な供給条件がある場合にあっては、その内容	

別紙1-3　説明事項・契約締結前書面記載事項（ガス）

①	当該ガス小売事業者の氏名又は名称及び登録番号	
②	当該契約媒介業者等が当該小売供給契約の締結の媒介等を行う場合にあっては、その旨及び当該契約媒介業者等の氏名又は名称	
③	当該ガス小売事業者の電話番号、電子メールアドレスその他の連絡先並びに苦情及び問合せに応じることができる時間帯	
④	当該契約媒介業者等が当該小売供給契約の締結の媒介等を行う場合にあっては、当該契約媒介業者等の電話番号、電子メールアドレスその他の連絡先並びに苦情及び問合せに応じることができる時間帯	
⑤	当該小売供給契約の申込みの方法及び当該申込みの取扱いに関する事項	
⑥	当該小売供給開始の予定年月日	
⑦	当該小売供給に係る料金（当該料金の額の算出方法を含む。）	
⑧	導管、ガスメーターその他の設備に関する費用の負担に関する事項	
⑨	⑦・⑧に掲げるもののほか、当該小売供給を受けようとする者の負担となるものがある場合にあっては、その内容	
⑩	⑦～⑨に掲げる当該小売供給を受けようとする者の負担となるものの全部又は一部を期間を限定して減免する場合にあっては、その内容	
⑪	ガス使用量の計測方法及び料金調定の方法	
⑫	当該小売供給に係る料金その他の当該小売供給を受けようとする者の負担となるものの支払方法	
⑬	供給するガスの熱量の最低値及び標準値その他のガスの成分に関する事項	
⑭	ガス栓の出口におけるガスの圧力の最高値及び最低値	
⑮	供給するガスの属するガスグループ並びに当該小売供給を受けようとする者からの求めがある場合にあっては、燃焼速度及びウォッベ指数	
⑯	一般ガス導管事業者又は特定ガス導管事業者から託送供給を受けて当該小売供給を行う場合にあっては、託送供給約款に定められた小売供給の相手方の責任に関する事項（㉕に掲げる事項を除く。）	
⑰	当該小売供給契約に期間の定めがある場合にあっては、当該期間	
⑱	当該小売供給契約に期間の定めがある場合にあっては、当該小売供給契約の更新に関する事項	
⑲	当該小売供給の相手方が当該小売供給契約の変更又は解除の申出を行おうとする場合における当該ガス小売事業者（当該契約媒介業者等が当該小売供給契約の締結の媒介等を行う場合にあっては、当該契約媒介業者等を含む。）の連絡先及びこれらの方法	

⑳	当該小売供給の相手方からの申出による当該小売供給契約の変更又は解除に期間の制限がある場合にあっては、その内容	
㉑	当該小売供給の相手方からの申出による当該小売供給契約の変更又は解除に伴う違約金その他の当該小売供給の相手方の負担となるものがある場合にあっては、その内容	
㉒	⑳・㉑に掲げるもののほか、当該小売供給の相手方からの申出による当該小売供給契約の変更又は解除に係る条件等がある場合にあっては、その内容	
㉓	当該ガス小売事業者からの申出による当該小売供給契約の変更又は解除に関する事項	
㉔	災害その他非常の場合における当該小売供給の制限又は中止に関する事項	
㉕	導管、器具、機械その他の設備に関する一般ガス導管事業者、特定ガス導管事業者、当該ガス小売事業者及び当該小売供給の相手方の保安上の責任に関する事項	
㉖	当該小売供給の相手方のガスの使用方法、器具、機械その他の用品の使用等に制限がある場合にあっては、その内容	
㉗	①～㉖に掲げるもののほか、当該小売供給に係る重要な供給条件がある場合にあっては、その内容	

別紙1-4　契約締結後書面記載事項（ガス）

①	当該ガス小売事業者の氏名又は名称及び住所並びに登録番号	
②	供給地点特定番号	
③	契約年月日	
④	当該契約媒介業者等が当該小売供給契約の締結の媒介等を行う場合にあっては、その旨及び当該契約媒介業者等の氏名又は名称及び住所	
⑤	当該ガス小売事業者の電話番号、電子メールアドレスその他の連絡先並びに苦情及び問合せに応じることができる時間帯	
⑥	当該契約媒介業者等が当該小売供給契約の締結の媒介等を行う場合にあっては、当該契約媒介業者等の電話番号、電子メールアドレスその他の連絡先並びに苦情及び問合せに応じることができる時間帯	
⑦	当該小売供給開始の予定年月日	
⑧	当該小売供給に係る料金（当該料金の額の算出方法を含む。）	
⑨	導管、ガスメーターその他の設備に関する費用の負担に関する事項	
⑩	⑧・⑨に掲げるもののほか、当該小売供給を受けようとする者の負担となるものがある場合にあっては、その内容	
⑪	⑧～⑩に掲げる当該小売供給を受けようとする者の負担となるものの全部又は一部を期間を限定して減免する場合にあっては、その内容	
⑫	ガス使用量の計測方法及び料金調定の方法	
⑬	当該小売供給に係る料金その他の当該小売供給を受けようとする者の負担となるものの支払方法	
⑭	供給するガスの熱量の最低値及び標準値その他のガスの成分に関する事項	
⑮	ガス栓の出口におけるガスの圧力の最高値及び最低値	
⑯	供給するガスの属するガスグループ並びに当該小売供給を受けようとする者からの求めがある場合にあっては、燃焼速度及びウォッベ指数	
⑰	一般ガス導管事業者又は特定ガス導管事業者から託送供給を受けて当該小売供給を行う場合にあっては、託送供給約款に定められた小売供給の相手方の責任に関する事項（㉖に掲げる事項を除く。）	
⑱	当該小売供給契約に期間の定めがある場合にあっては、当該期間	
⑲	当該小売供給契約に期間の定めがある場合にあっては、当該小売供給契約の更新に関する事項	

⑳	当該小売供給の相手方が当該小売供給契約の変更又は解除の申出を行おうとする場合における当該ガス小売事業者（当該契約媒介業者等が当該小売供給契約の締結の媒介等を行う場合にあっては、当該契約媒介業者等を含む。）の連絡先及びこれらの方法	
㉑	当該小売供給の相手方からの申出による当該小売供給契約の変更又は解除に期間の制限がある場合にあっては、その内容	
㉒	当該小売供給の相手方からの申出による当該小売供給契約の変更又は解除に伴う違約金その他の当該小売供給の相手方の負担となるものがある場合にあっては、その内容	
㉓	㉑・㉒に掲げるもののほか、当該小売供給の相手方からの申出による当該小売供給契約の変更又は解除に係る条件等がある場合にあっては、その内容	
㉔	当該ガス小売事業者からの申出による当該小売供給契約の変更又は解除に関する事項	
㉕	災害その他非常の場合における当該小売供給の制限又は中止に関する事項	
㉖	導管、器具、機械その他の設備に関する一般ガス導管事業者、特定ガス導管事業者、当該ガス小売事業者及び当該小売供給の相手方の保安上の責任に関する事項	
㉗	当該小売供給の相手方のガスの使用方法、器具、機械その他の用品の使用等に制限がある場合にあっては、その内容	
㉘	①～㉗に掲げるもののほか、当該小売供給に係る重要な供給条件がある場合にあっては、その内容	

別紙2　電源構成開示の具体例

①電源特定メニューによる電気の販売を行わない場合

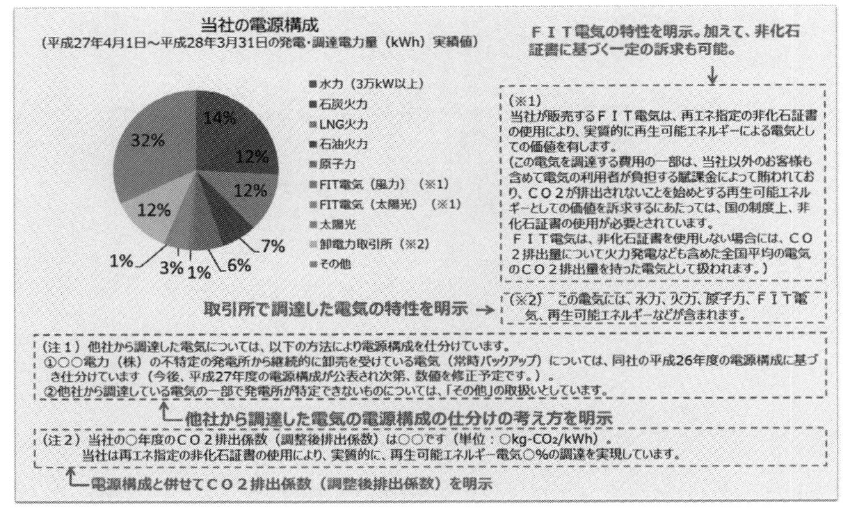

電力小売 GL1(3) イ ii) (13 頁) より抜粋

②電源特定メニューを提供する場合（電源構成として、電源特定メニューに係る販売電力量を控除して表示する場合）

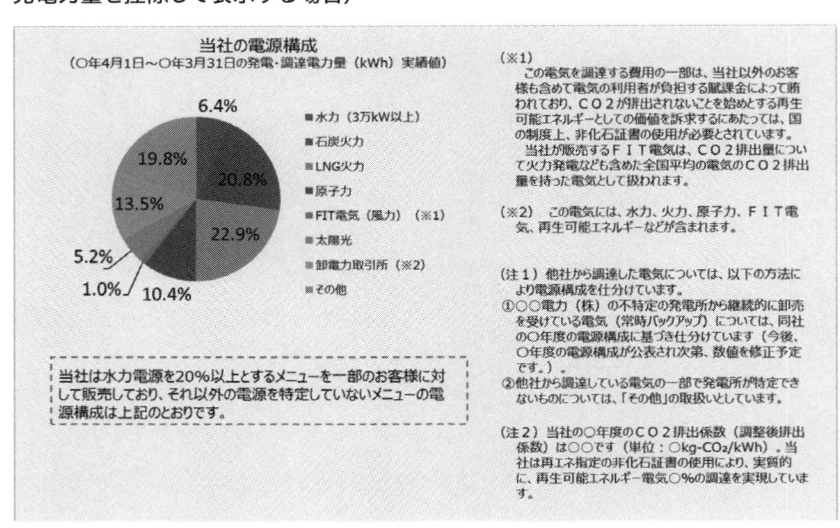

電力小売 GL1(3) イ ii) (13 頁) より抜粋

③電源特定メニューを提供する場合（電源構成として、電源特定メニューに係る販売電力量を控除せずに表示する場合）

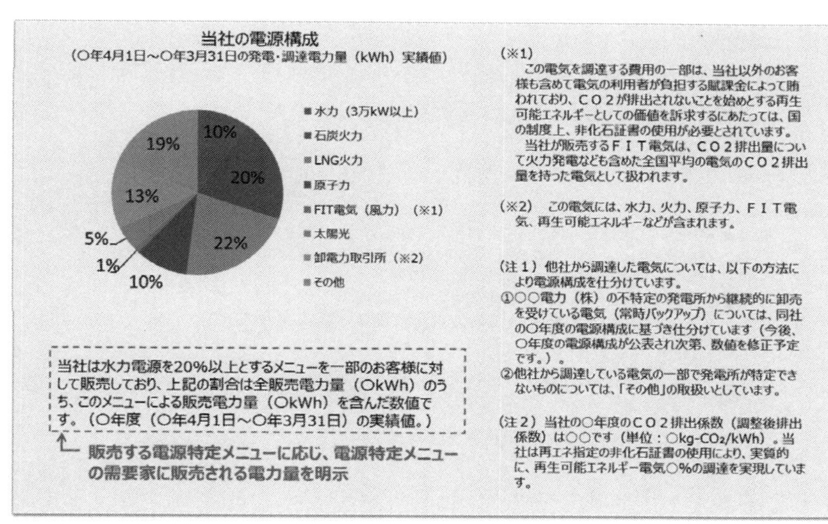

電力小売 GL1(3) イ ii)（14 頁）より抜粋

別紙3-1　特商法4条書面チェックリスト【電力·ガス】

必要的記載事項

番号	記載事項	条文番号	該当性
①	商品若しくは権利又は役務の種類	法4条1号	
②	商品若しくは権利の販売価格又は役務の対価	法4条2号	
③	商品若しくは権利の代金又は役務の対価の支払の時期及び方法	法4条3号	
④	商品の引渡時期若しくは権利の移転時期又は役務の提供時期	法4条4号	
⑤	第九条第一項の規定による売買契約若しくは役務提供契約の申込みの撤回又は売買契約若しくは役務提供契約の解除に関する事項（同条第二項から第七項までの規定に関する事項（第二十六条第三項又は第四項の規定の適用がある場合にあっては、同条第三項又は第四項の規定に関する事項を含む。）を含む。）	法4条5号	
⑥	販売業者又は役務提供事業者の氏名又は名称、住所及び電話番号並びに法人にあっては代表者の氏名	施行規則3条1号	
⑦	売買契約又は役務提供契約の申込み又は締結を担当した者の氏名	施行規則3条2号	
⑧	売買契約又は役務提供契約の申込み又は締結の年月日	施行規則3条3号	
⑨	商品名及び商品の商標又は製造者名	施行規則3条4号	―
⑩	商品に型式があるときは、当該型式	施行規則3条5号	―
⑪	商品の数量	施行規則3条6号	―
⑫	商品に隠れた瑕疵がある場合の販売業者の責任についての定めがあるときは、その内容	施行規則3条7号	―
⑬	契約の解除に関する定めがあるときは、その内容	施行規則3条8号	
⑭	⑫及び⑬に掲げるもののほか特約があるときは、その内容	施行規則3条9号	
⑮	書面の内容を十分に読むべき旨を赤枠の中に赤字で記載すること	施行規則5条2項	
⑯	日本工業規格Ｚ八三〇五に規定する八ポイント以上の大きさの文字及び数字を用いていること。	施行規則5条3項	
⑰	⑤について、赤枠の中に赤字で記載すること。	施行規則6条6項	

⑤に記載する事項の詳細

イ	法第五条の書面を受領した日（その日前に法第四条の書面を受領した場合にあっては、その書面を受領した日）から起算して八日を経過するまでは、申込者等は、書面により役務提供契約の申込みの撤回又は役務提供契約の解除を行うことができること。	施行規則 6条1項3号	

ロ	イに記載した事項にかかわらず、申込者等が、役務提供事業者が法第六条第一項の規定に違反して役務提供契約の申込みの撤回又は役務提供契約の解除に関する事項につき不実のことを告げる行為をしたことにより誤認をし、又は役務提供事業者が同条第三項の規定に違反して威迫したことにより困惑し、これらによつて当該契約の申込みの撤回又は契約の解除を行わなかつた場合には、当該役務提供事業者が交付した法第九条第一項ただし書の書面を当該申込者等が受領した日から起算して八日を経過するまでは、当該申込者等は、書面により当該契約の申込みの撤回又は契約の解除を行うことができること。	施行規則 6条1項3号	
ハ	イ又はロの契約の申込みの撤回又は契約の解除は、申込者等が、当該契約の申込みの撤回又は契約の解除に係る書面を発した時に、その効力を生ずること。	施行規則 6条1項3号	
ニ	イ又はロの契約の申込みの撤回又は契約の解除があつた場合においては、役務提供事業者は、申込者等に対し、その契約の申込みの撤回又は契約の解除に伴う損害賠償又は違約金の支払を請求することができないこと。	施行規則 6条1項3号	
ホ	イ又はロの契約の申込みの撤回又は契約の解除があつた場合には、既に当該役務提供契約に基づき役務が提供されたときにおいても、役務提供事業者は、申込者等に対し、当該役務提供契約に係る役務の対価その他の金銭の支払を請求することができないこと。	施行規則 6条1項3号	
ヘ	イ又はロの契約の申込みの撤回又は契約の解除があつた場合において、当該役務提供契約に関連して金銭を受領しているときは、役務提供事業者は、申込者等に対し、速やかに、その全額を返還すること。	施行規則 6条1項3号	
ト	イ又はロの契約の申込みの撤回又は契約の解除を行つた場合において、当該役務提供契約に係る役務の提供に伴い申込者等の土地又は建物その他の工作物の現状が変更されたときは、当該申込者等は、当該役務提供事業者に対し、その原状回復に必要な措置を無償で講ずることを請求することができること。	施行規則 6条1項3号	

基準適合要件

	事項	基準	
a	一 商品に隠れた瑕疵がある場合の責任に関する事項	商品に隠れた瑕疵がある場合に販売業者が当該瑕疵について責任を負わない旨が定められていないこと。	
b	二 契約の解除に関する事項	購入者又は役務の提供を受ける者からの契約の解除ができない旨が定められていないこと。	
c		販売業者又は役務提供事業者の責に帰すべき事由により契約が解除された場合における販売業者又は役務提供事業者の義務に関し、民法(明治二十九年法律第八十九号)に規定するものより購入者又は役務の提供を受ける者に不利な内容が定められていないこと。	
d	三 その他の特約に関する事項	法令に違反する特約が定められていないこと。	

損害賠償等の額の制限（留意事項）

	内容	概要・根拠条文	
i	販売業者又は役務提供事業者は、第五条第一項各号のいずれかに該当する売買契約又は役務提供契約の締結をした場合において、その売買契約又はその役務提供契約が解除されたときは、損害賠償額の予定又は違約金の定めがあるときにおいても、次の各号に掲げる場合に応じ当該各号に定める額にこれに対する法定利率による遅延損害金の額を加算した金額を超える額の金銭の支払を購入者又は役務の提供を受ける者に対して請求することができない。 一　当該商品又は当該権利が返還された場合 当該商品の通常の使用料の額又は当該権利の行使により通常得られる利益に相当する額（当該商品又は当該権利の販売価格に相当する額から当該商品又は当該権利の返還された時における価額を控除した額が通常の使用料の額又は当該権利の行使により通常得られる利益に相当する額を超えるときは、その額） 二　当該商品又は当該権利が返還されない場合 当該商品又は当該権利の販売価格に相当する額 三　当該役務提供契約の解除が当該役務の提供の開始後である場合 提供された当該役務の対価に相当する額 四　当該契約の解除が当該商品の引渡し若しくは当該権利の移転又は当該役務の提供の開始前である場合 契約の締結及び履行のために通常要する費用の額	解除の際の、損害賠償・違約金の請求については、各号に掲げる額に法定利率による遅延損害金の額を加算した額を超える額の支払いを請求できない・第10条第1項	
ii	販売業者又は役務提供事業者は、第五条第一項各号のいずれかに該当する売買契約又は役務提供契約の締結をした場合において、その売買契約についての代金又はその役務提供契約についての対価の全部又は一部の支払の義務が履行されない場合（売買契約又は役務提供契約が解除された場合を除く。）には、損害賠償額の予定又は違約金の定めがあるときにおいても、当該商品若しくは当該権利の販売価格又は当該役務の対価に相当する額から既に支払われた当該商品若しくは当該権利の代金又は当該役務の対価の額を控除した額にこれに対する法定利率による遅延損害金の額を加算した金額を超える額の金銭の支払を購入者又は役務の提供を受ける者に対して請求することができない。	代金・役務提供の対価を支払わない場合においては、法定利率による遅延損害金の額の支払いを請求できない・第10条第2項	

別紙3-2　特商法5条書面チェックリスト【電力·ガス】

必要的記載事項

番号	記載事項	条文番号	該当性
①	商品若しくは権利又は役務の種類	法5条1項・法4条1号	
②	商品若しくは権利の販売価格又は役務の対価	法5条1項・法4条2号	
③	商品若しくは権利の代金又は役務の対価の支払の時期及び方法	法5条1項・法4条3号	
④	商品の引渡時期若しくは権利の移転時期又は役務の提供時期	法5条1項・法4条4号	
⑤	第九条第一項の規定による売買契約若しくは役務提供契約の解除に関する事項（同条第二項から第七項までの規定に関する事項（第二十六条第三項又は第四項の規定の適用がある場合にあっては、同条第三項又は第四項の規定に関する事項を含む。）を含む。）	法5条1項・法4条5号	
⑥	販売業者又は役務提供事業者の氏名又は名称、住所及び電話番号並びに法人にあっては代表者の氏名	施行規則3条1号	
⑦	売買契約又は役務提供契約の申込み又は締結を担当した者の氏名	施行規則3条2号	
⑧	売買契約又は役務提供契約の申込み又は締結の年月日	施行規則3条3号	
⑨	商品名及び商品の商標又は製造者名	施行規則3条4号	
⑩	商品に型式があるときは、当該型式	施行規則3条5号	
⑪	商品の数量	施行規則3条6号	
⑫	商品に隠れた瑕疵がある場合の販売業者の責任についての定めがあるときは、その内容	施行規則3条7号	
⑬	契約の解除に関する定めがあるときは、その内容	施行規則3条8号	
⑭	⑫及び⑬に掲げるもののほか特約があるときは、その内容	施行規則3条9号	
⑮	書面の内容を十分に読むべき旨を赤枠の中に赤字で記載すること。	施行規則5条2項	
⑯	日本工業規格Z八三〇五に規定する八ポイント以上の大きさの文字及び数字を用いていること。	施行規則5条3項	
⑰	⑤について、赤枠の中に赤字で記載すること。	施行規則6条6項	

⑤に記載する事項の詳細

イ	法第五条の書面を受領した日（その日前に法第四条の書面を受領した場合にあっては、その書面を受領した日）から起算して八日を経過するまでは、申込者等は、書面により役務提供契約の申込みの撤回又は役務提供契約の解除を行うことができること。	施行規則6条1項3号	

ロ	イに記載した事項にかかわらず、申込者等が、役務提供事業者が法第六条第一項の規定に違反して役務提供契約の申込みの撤回又は役務提供契約の解除に関する事項につき不実のことを告げる行為をしたことにより誤認をし、又は役務提供事業者が同条第三項の規定に違反して威迫したことにより困惑し、これらによつて当該契約の申込みの撤回又は契約の解除を行わなかつた場合には、当該役務提供事業者が交付した法第九条第一項ただし書の書面を当該申込者等が受領した日から起算して八日を経過するまでは、当該申込者等は、書面により当該契約の申込みの撤回又は契約の解除を行うことができること。	施行規則 6条1項3号	
ハ	イ又はロの契約の申込みの撤回又は契約の解除は、申込者等が、当該契約の申込みの撤回又は契約の解除に係る書面を発した時に、その効力を生ずること。	施行規則 6条1項3号	
ニ	イ又はロの契約の申込みの撤回又は契約の解除があつた場合においては、役務提供事業者は、申込者等に対し、その契約の申込みの撤回又は契約の解除に伴う損害賠償又は違約金の支払を請求することができないこと。	施行規則 6条1項3号	
ホ	イ又はロの契約の申込みの撤回又は契約の解除があつた場合には、既に当該役務提供契約に基づき役務が提供されたときにおいても、役務提供事業者は、申込者等に対し、当該役務提供契約に係る役務の対価その他の金銭の支払を請求することができないこと。	施行規則 6条1項3号	
ヘ	イ又はロの契約の申込みの撤回又は契約の解除があつた場合において、当該役務提供契約に関連して金銭を受領しているときは、役務提供事業者は、申込者等に対し、速やかに、その全額を返還すること。	施行規則 6条1項3号	
ト	イ又はロの契約の申込みの撤回又は契約の解除を行つた場合において、当該役務提供契約に係る役務の提供に伴い申込者等の土地又は建物その他の工作物の現状が変更されたときは、当該申込者等は、当該役務提供事業者に対し、その原状回復に必要な措置を無償で講ずることを請求することができること。	施行規則 6条1項3号	

基準適合要件

	事項	基準	
a	一　商品に隠れた瑕疵がある場合の責任に関する事項	商品に隠れた瑕疵がある場合に販売業者が当該瑕疵について責任を負わない旨が定められていないこと。	
b	二　契約の解除に関する事項	購入者又は役務の提供を受ける者からの契約の解除ができない旨が定められていないこと。	
c		販売業者又は役務提供事業者の責に帰すべき事由により契約が解除された場合における販売業者又は役務提供事業者の義務に関し、民法（明治二十九年法律第八十九号）に規定するものより購入者又は役務の提供を受ける者に不利な内容が定められていないこと。	
e	三　その他の特約に関する事項	法令に違反する特約が定められていないこと。	

損害賠償等の額の制限（留意事項）

	内容	概要・根拠条文	該当性
i	販売業者又は役務提供事業者は、第五条第一項各号のいずれかに該当する売買契約又は役務提供契約の締結をした場合において、その売買契約又はその役務提供契約が解除されたときは、損害賠償額の予定又は違約金の定めがあるときにおいても、次の各号に掲げる場合に応じ当該各号に定める額にこれに対する法定利率による遅延損害金の額を加算した金額を超える額の金銭の支払を購入者又は役務の提供を受ける者に対して請求することができない。 一　当該商品又は当該権利が返還された場合　当該商品の通常の使用料の額又は当該権利の行使により通常得られる利益に相当する額（当該商品又は当該権利の販売価格に相当する額から当該商品又は当該権利の返還された時における価額を控除した額が通常の使用料の額又は当該権利の行使により通常得られる利益に相当する額を超えるときは、その額） 二　当該商品又は当該権利が返還されない場合当該商品又は当該権利の販売価格に相当する額 三　当該役務提供契約の解除が当該役務の提供の開始後である場合　提供された当該役務の対価に相当する額 四　当該契約の解除が当該商品の引渡し若しくは当該権利の移転又は当該役務の提供の開始前である場合　契約の締結及び履行のために通常要する費用の額	解除の際の、損害賠償・違約金の請求については、各号に掲げる額に法定利率による遅延損害金の額を加算した額を超える額の支払いを請求できない・第10条第1項	
ii	販売業者又は役務提供事業者は、第五条第一項各号のいずれかに該当する売買契約又は役務提供契約の締結をした場合において、その売買契約についての代金又はその役務提供契約についての対価の全部又は一部の支払の義務が履行されない場合（売買契約又は役務提供契約が解除された場合を除く。）には、損害賠償額の予定又は違約金の定めがあるときにおいても、当該商品若しくは当該権利の販売価格又は当該役務の対価に相当する額から既に支払われた当該商品若しくは当該権利の代金又は当該役務の対価の額を控除した額にこれに対する法定利率による遅延損害金の額を加算した金額を超える額の金銭の支払を購入者又は役務の提供を受ける者に対して請求することができない。	代金・役務提供の対価を支払わない場合においては、法定利率による遅延損害金の額の支払いを請求できない・第10条第2項	

別紙4-1　特商法18条書面チェックリスト【電力・ガス】

必要的記載事項

番号	記載事項	条文番号	該当性
①	商品若しくは権利又は役務の種類	法18条1号	
②	商品若しくは権利の販売価格又は役務の対価	法18条2号	
③	商品若しくは権利の代金又は役務の対価の支払の時期及び方法	法18条3号	
④	商品の引渡時期若しくは権利の移転時期又は役務の提供時期	法18条4号	
⑤	第二十四条第一項の規定による売買契約若しくは役務提供契約の申込みの撤回又は売買契約若しくは役務提供契約の解除に関する事項（同条第二項から第七項までの規定に関する事項（第二十六条第二項、第四項又は第五項の規定の適用がある場合にあっては、当該各項の規定に関する事項を含む。）を含む。）	法18条5号	
⑥	販売業者又は役務提供事業者の氏名又は名称、住所及び電話番号並びに法人にあっては代表者の氏名	施行規則17条1号	
⑦	売買契約又は役務提供契約の申込み又は締結を担当した者の氏名	施行規則17条2号	
⑧	売買契約又は役務提供契約の申込み又は締結の年月日	施行規則17条3号	
⑨	商品名及び商品の商標又は製造者名	施行規則17条4号	
⑩	商品に型式があるときは、当該型式	施行規則17条5号	
⑪	商品の数量	施行規則17条6号	
⑫	商品に隠れた瑕疵がある場合の販売業者の責任についての定めがあるときは、その内容	施行規則17条7号	
⑬	契約の解除に関する定めがあるときは、その内容	施行規則17条8号	
⑭	⑫及び⑬に掲げるもののほか特約があるときは、その内容	施行規則17条9号	
⑮	書面の内容を十分に読むべき旨を赤枠の中に赤字で記載すること	施行規則19条2項	
⑯	日本工業規格Ｚ八三〇五に規定する八ポイント以上の大きさの文字及び数字を用いていること。	施行規則19条3項	
⑰	⑤について、赤枠の中に赤字で記載すること。	施行規則20条6項	

⑤に記載する事項の詳細

イ	法第十九条の書面を受領した日（その日前に法第十八条の書面を受領した場合にあっては、その書面を受領した日）から起算して八日を経過するまでは、申込者等は、書面により役務提供契約の申込みの撤回又は役務提供契約の解除を行うことができること	施行規則20条1項3号	

ロ	イに記載した事項にかかわらず、申込者等が、役務提供事業者が法第二十一条第一項の規定に違反して役務提供契約の申込みの撤回又は役務提供契約の契約の解除に関する事項につき不実のことを告げる行為をしたことにより誤認をし、又は役務提供事業者が同条第三項の規定に違反して威迫したことにより困惑し、これらによつて当該契約の申込みの撤回又は契約の解除を行わなかつた場合には、当該役務提供事業者が交付した法第二十四条第一項ただし書の書面を当該申込者等が受領した日から起算して八日を経過するまでは、当該申込者等は、書面により当該契約の申込みの撤回又は契約の解除を行うことができること。	施行規則 20条1項3号	
ハ	イ又はロの契約の申込みの撤回又は契約の解除は、申込者等が、当該契約の申込みの撤回又は契約の解除に係る書面を発した時に、その効力を生ずること。	施行規則 20条1項3号	
ニ	イ又はロの契約の申込みの撤回又は契約の解除があつた場合においては、役務提供事業者は、申込者等に対し、その契約の申込みの撤回又は契約の解除に伴う損害賠償又は違約金の支払を請求することができないこと。	施行規則 20条1項3号	
ホ	イ又はロの契約の申込みの撤回又は契約の解除があつた場合には、既に当該役務提供契約に基づき役務が提供されたときにおいても、役務提供事業者は、申込者等に対し、当該役務提供契約に係る役務の対価その他の金銭の支払を請求することができないこと。	施行規則 20条1項3号	
ヘ	イ又はロの契約の申込みの撤回又は契約の解除があつた場合において、当該役務提供契約に関連して金銭を受領しているときは、役務提供事業者は、申込者等に対し、速やかに、その全額を返還すること。	施行規則 20条1項3号	
ト	イ又はロの契約の申込みの撤回又は契約の解除を行つた場合において、当該役務提供契約に係る役務の提供に伴い申込者等の土地又は建物その他の工作物の現状が変更されたときは、当該申込者等は、当該役務提供事業者に対し、その原状回復に必要な措置を無償で講ずることを請求することができること。	施行規則 20条1項3号	

基準適合要件

	事項	基準	
a	一　商品に隠れた瑕疵がある場合の責任に関する事項	商品に隠れた瑕疵がある場合に販売業者が当該瑕疵について責任を負わない旨が定められていないこと。	
b	二　契約の解除に関する事項	購入者又は役務の提供を受ける者からの契約の解除ができない旨が定められていないこと。	
c		販売業者又は役務提供事業者の責に帰すべき事由により契約が解除された場合における販売業者又は役務提供事業者の義務に関し、民法（明治二十九年法律第八十九号）に規定するものより購入者又は役務の提供を受ける者に不利な内容が定められていないこと。	
d	三　その他の特約に関する事項	法令に違反する特約が定められていないこと。	

損害賠償等の額の制限（留意事項）

	内容	概要・根拠条文	該当性
i	販売業者又は役務提供事業者は、第十九条第一項各号のいずれかに該当する売買契約又は役務提供契約の締結をした場合において、その売買契約又はその役務提供契約が解除されたときは、損害賠償額の予定又は違約金の定めがあるときにおいても、次の各号に掲げる場合に応じ当該各号に定める額にこれに対する法定利率による遅延損害金の額を加算した金額を超える額の金銭の支払を購入者又は役務の提供を受ける者に対して請求することができない。 一　当該商品又は当該権利が返還された場合当該商品の通常の使用料の額又は当該権利の行使により通常得られる利益に相当する額(当該商品又は当該権利の販売価格に相当する額から当該商品又は当該権利の返還された時における価額を控除した額が通常の使用料の額又は当該権利の行使により通常得られる利益に相当する額を超えるときは、その額) 二　当該商品又は当該権利が返還されない場合当該商品又は当該権利の販売価格に相当する額 三　当該役務提供契約の解除が当該役務の提供の開始後である場合　提供された当該役務の対価に相当する額 四　当該契約の解除が当該商品の引渡し若しくは当該権利の移転又は当該役務の提供の開始前である場合契約の締結及び履行のために通常要する費用の額	解除の際の、損害賠償・違約金の請求については、各号に掲げる額に法定利率による遅延損害金の額を加算した額を超える額の支払いを請求できない・第25条第1項	
ii	販売業者又は役務提供事業者は、第十九条第一項各号のいずれかに該当する売買契約又は役務提供契約の締結をした場合において、その売買契約についての代金又はその役務提供契約についての対価の全部又は一部の支払の義務が履行されない場合（売買契約又は役務提供契約が解除された場合を除く。）には、損害賠償額の予定又は違約金の定めがあるときにおいても、当該商品若しくは当該権利の販売価格又は当該役務の対価に相当する額から既に支払われた当該商品若しくは当該権利の代金又は当該役務の対価の額を控除した額にこれに対する法定利率による遅延損害金の額を加算した金額を超える額の金銭の支払を購入者又は役務の提供を受ける者に対して請求することができない。	代金・役務提供の対価を支払わない場合においては、法定利率による遅延損害金の額の支払いを請求できない・第25条第2項	

別紙4-2　特商法19条書面チェックリスト【電力・ガス】

必要的記載事項

番号	記載事項	条文番号	該当性
①	商品若しくは権利又は役務の種類	法19条1項・法18条1号	
②	商品若しくは権利の販売価格又は役務の対価	法19条1項・法18条2号	
③	商品若しくは権利の代金又は役務の対価の支払の時期及び方法	法19条1項・法18条3号	
④	商品の引渡時期若しくは権利の移転時期又は役務の提供時期	法19条1項・法18条4号	
⑤	第二十四条第一項の規定による売買契約若しくは役務提供契約の解除に関する事項（同条第二項から第七項までの規定に関する事項（第二十六条第二項、第四項又は第五項の規定の適用がある場合にあっては、当該各項の規定に関する事項を含む。）を含む。）	法19条1項・法18条5号	
⑥	販売業者又は役務提供事業者の氏名又は名称、住所及び電話番号並びに法人にあっては代表者の氏名	施行規則17条1号	
⑦	売買契約又は役務提供契約の申込み又は締結を担当した者の氏名	施行規則17条2号	
⑧	売買契約又は役務提供契約の申込み又は締結の年月日	施行規則17条3号	
⑨	商品名及び商品の商標又は製造者名	施行規則17条4号	＼
⑩	商品に型式があるときは、当該型式	施行規則17条5号	＼
⑪	商品の数量	施行規則17条6号	＼
⑫	商品に隠れた瑕疵がある場合の販売業者の責任についての定めがあるときは、その内容	施行規則17条7号	＼
⑬	契約の解除に関する定めがあるときは、その内容	施行規則17条8号	
⑭	⑫及び⑬に掲げるもののほか特約があるときは、その内容	施行規則17条9号	
⑮	書面の内容を十分に読むべき旨を赤枠の中に赤字で記載すること	施行規則19条2項	
⑯	日本工業規格Z八三〇五に規定する八ポイント以上の大きさの文字及び数字を用いていること。	施行規則19条3項	
⑰	⑤について、赤枠の中に赤字で記載すること。	施行規則20条6項	

⑤に記載する事項の詳細

イ	法第十九条の書面を受領した日（その日前に法第十八条の書面を受領した場合にあっては、その書面を受領した日）から起算して八日を経過するまでは、申込者等は、書面により役務提供契約の申込みの撤回又は役務提供契約の解除を行うことができること	施行規則20条1項3号	

ロ	イに記載した事項にかかわらず、申込者等が、役務提供事業者が法第二十一条第一項の規定に違反して役務提供契約の申込みの撤回又は役務提供契約の契約の解除に関する事項につき不実のことを告げる行為をしたことにより誤認をし、又は役務提供事業者が同条第三項の規定に違反して威迫したことにより困惑し、これらによつて当該契約の申込みの撤回又は契約の解除を行わなかつた場合には、当該役務提供事業者が交付した法第二十四条第一項ただし書の書面を当該申込者等が受領した日から起算して八日を経過するまでは、当該申込者等は、書面により当該契約の申込みの撤回又は契約の解除を行うことができること。	施行規則 20条1項3号	
ハ	イ又はロの契約の申込みの撤回又は契約の解除は、申込者等が、当該契約の申込みの撤回又は契約の解除に係る書面を発した時に、その効力を生ずること。	施行規則 20条1項3号	
ニ	イ又はロの契約の申込みの撤回又は契約の解除があつた場合においては、役務提供事業者は、申込者等に対し、その契約の申込みの撤回又は契約の解除に伴う損害賠償又は違約金の支払を請求することができないこと。	施行規則 20条1項3号	
ホ	イ又はロの契約の申込みの撤回又は契約の解除があつた場合には、既に当該役務提供契約に基づき役務が提供されたときにおいても、役務提供事業者は、申込者等に対し、当該役務提供契約に係る役務の対価その他の金銭の支払を請求することができないこと。	施行規則 20条1項3号	
ヘ	イ又はロの契約の申込みの撤回又は契約の解除があつた場合において、当該役務提供契約に関連して金銭を受領しているときは、役務提供事業者は、申込者等に対し、速やかに、その全額を返還すること。	施行規則 20条1項3号	
ト	イ又はロの契約の申込みの撤回又は契約の解除を行つた場合において、当該役務提供契約に係る役務の提供に伴い申込者等の土地又は建物その他の工作物の現状が変更されたときは、当該申込者等は、当該役務提供事業者に対し、その原状回復に必要な措置を無償で講ずることを請求することができること。	施行規則 20条1項3号	

基準適合要件

	事項	基準	
a	一　商品に隠れた瑕疵がある場合の責任に関する事項	商品に隠れた瑕疵がある場合に販売業者が当該瑕疵について責任を負わない旨が定められていないこと。	
b	二　契約の解除に関する事項	購入者又は役務の提供を受ける者からの契約の解除ができない旨が定められていないこと。	
c		販売業者又は役務提供事業者の責に帰すべき事由により契約が解除された場合における販売業者又は役務提供事業者の義務に関し、民法（明治二十九年法律第八十九号）に規定するものより購入者又は役務の提供を受ける者に不利な内容が定められていないこと。	
d	三　その他の特約に関する事項	法令に違反する特約が定められていないこと。	

損害賠償等の額の制限（留意事項）

	内容	概要・根拠条文	該当性
i	販売業者又は役務提供事業者は、第十九条第一項各号のいずれかに該当する売買契約又は役務提供契約の締結をした場合において、その売買契約又はその役務提供契約が解除されたときは、損害賠償額の予定又は違約金の定めがあるときにおいても、次の各号に掲げる場合に応じ当該各号に定める額にこれに対する法定利率による遅延損害金の額を加算した金額を超える額の金銭の支払を購入者又は役務の提供を受ける者に対して請求することができない。 一　当該商品又は当該権利が返還された場合　当該商品の通常の使用料の額又は当該権利の行使により通常得られる利益に相当する額（当該商品又は当該権利の販売価格に相当する額から当該商品又は当該権利の返還された時における価額を控除した額が通常の使用料の額又は当該権利の行使により通常得られる利益に相当する額を超えるときは、その額） 二　当該商品又は当該権利が返還されない場合　当該商品又は当該権利の販売価格に相当する額 三　当該役務提供契約の解除が当該役務の提供の開始後である場合　提供された当該役務の対価に相当する額 四　当該契約の解除が当該商品の引渡し若しくは当該権利の移転又は当該役務の提供の開始前である場合　契約の締結及び履行のために通常要する費用の額	解除の際の、損害賠償・違約金の請求については、各号に掲げる額に法定利率による遅延損害金の額を加算した額を超える額の支払いを請求できない・第25条第1項	
ii	販売業者又は役務提供事業者は、第十九条第一項各号のいずれかに該当する売買契約又は役務提供契約の締結をした場合において、その売買契約についての代金又はその役務提供契約についての対価の全部又は一部の支払の義務が履行されない場合（売買契約又は役務提供契約が解除された場合を除く。）には、損害賠償額の予定又は違約金の定めがあるときにおいても、当該商品若しくは当該権利の販売価格又は当該役務の対価に相当する額から既に支払われた当該商品若しくは当該権利の代金又は当該役務の対価の額を控除した額にこれに対する法定利率による遅延損害金の額を加算した金額を超える額の金銭の支払を購入者又は役務の提供を受ける者に対して請求することができない。	代金・役務提供の対価を支払わない場合においては、法定利率による遅延損害金の額の支払いを請求できない・第25条第2項	

別紙5　通信販売記載事項チェックリスト（電力・ガス）

必要的記載事項

番号	記載事項
①	商品若しくは権利の代金又は役務の対価の支払の時期
②	上記の支払方法
③	商品の引渡時期若しくは権利の移転時期又は役務の提供時期
④	商品若しくは特定権利の売買契約の申込みの撤回又は売買契約の解除に関する事項（第十五条の三第一項ただし書に規定する特約がある場合にはその内容を、第二十六条第二項の規定の適用がある場合には同項の規定に関する事項を含む。）
⑤	販売業者又は役務提供事業者の氏名又は名称、住所及び電話番号
⑥	販売業者又は役務提供事業者が法人であつて、電子情報処理組織を使用する方法により広告をする場合には、当該販売業者又は役務提供事業者の代表者又は通信販売に関する業務の責任者の氏名
⑦	申込みの有効期限があるときは、その期限
⑧	商品に隠れた瑕疵がある場合の販売業者の責任についての定めがあるときは、その内容
⑨	磁気的方法又は光学的方法によりプログラム（電子計算機に対する指令であって、一の結果を得ることができるように組み合わされたものをいう。以下同じ。）を記録した物を販売する場合、又は電子計算機を使用する方法により映画、演劇、音楽、スポーツ、写真若しくは絵画、彫刻その他の美術工芸品を鑑賞させ、若しくは観覧させる役務を提供する場合、若しくはプログラムを電子計算機に備えられたファイルに記録し、若しくは記録させる役務を提供する場合には、当該商品又は役務を利用するために必要な電子計算機の仕様及び性能その他の必要な条件
⑩	商品の売買契約を二回以上継続して締結する必要があるときは、その旨及び金額、契約期間その他の販売条件
⑪	⑦～⑩に掲げるもののほか商品の販売数量の制限その他の特別の商品若しくは特定権利の販売条件又は役務の提供条件があるときは、その内容
⑫	広告の表示事項の一部を表示しない場合であつて、法第十一条ただし書の書面を請求した者に当該書面に係る金銭を負担させるときは、その額
⑬	通信販売電子メール広告（法第十二条の三第一項第一号の通信販売電子メール広告をいう。以下同じ。）をするときは、販売業者又は役務提供事業者の電子メールアドレス

留意事項

イ	商品の送料を表示するときは、金額をもつて表示すること。
ロ	商品の引渡時期若しくは権利の移転時期又は役務の提供時期は期間又は期限をもつて表示すること。
ハ	商品若しくは特定権利の売買契約の申込みの撤回又は売買契約の解除に関する事項（法第十五条の三第一項ただし書に規定する特約がある場合には、その内容を含む。）については、顧客にとつて見やすい箇所において明瞭に判読できるように表示する方法その他顧客にとつて容易に認識することができるよう表示すること。

	条文番号	商品若しくは権利の販売価格又は役務の対価（販売価格に商品の送料が含まれない場合は、販売価格及び商品の送料）その他消費者が負担する金銭（法11条1号、施行規則8条4号）		該当性
		全部表示する	全部表示しない	
前払いのとき	法11条2号	省略×	省略○	
前払い以外のとき		省略○		
	法11条2号	省略○	省略○	
遅滞なく商品送付	法11条3号	省略○	省略○	
それ以外		省略×		
	法11条4号	省略×	省略×	
	施行規則8条1号	省略○	省略○	
	施行規則8条2号	省略○	省略○	
	施行規則8条3号	省略×	省略×	
負わない	施行規則8条5号	省略×	省略○	
それ以外		省略○		
	施行規則8条6号	省略×	省略×	
	施行規則8条7号	省略×	省略×	
	施行規則8条8号	省略×	省略×	
	施行規則8条9号	省略×	省略×	
	施行規則8条10号	省略×	省略×	

	条文番号			
	施行規則9条1号			
	施行規則9条2号			
	施行規則9条3号			

あとがき

本書を、辛抱強く待っていただいたエネルギーフォーラムの鈴木廉也様に心より感謝します。鈴木さんの辛抱強さがなければ本書が世に出ることはありませんでした。

また、文章の校正にご協力をいただいた、大西徹也様、最初から最後まで丁寧にご確認いただき、ありがとうございます。そして、独禁法の専門家である伊藤憲二弁護士にも多大なる協力をいただきました。この場を借りて改めて御礼申し上げます。

最後に、平日も帰りが遅いにも関わらず、休日に執筆を許してくれ、全面的に協力をしてくれた妻と三人の子供にも心から感謝します。本当にありがとう。

市村拓斗

＜編著者紹介＞

〈編著・担当箇所：全体〉

市村拓斗 いちむら・たくと

森・濱田松本法律事務所　パートナー
弁護士

経済産業省資源エネルギー庁省エネルギー・新エネルギー部新エネルギー対策課出向（2011 ～ 2013）
経済産業省資源エネルギー庁電力・ガス事業部電力・ガス改革推進室出向（2013 ～ 2015）
早稲田大学法科大学院終了（2008）

電力・ガス事業分野に関する豊富な知見を基に、電力・ガス小売をはじめとして、上流から下流に至るまでエネルギー分野全般に関する業務を幅広く取り扱っている。経済産業省、広域機関等の電力・ガス事業分野等における各種委員も務める。

〈担当箇所：69、73、76〉

伊藤憲二 いとう・けんじ

森・濱田松本法律事務所　パートナー
弁護士・ニューヨーク州弁護士

公正取引委員会事務総局官房勤務（2003 ～ 2005）
ジョージタウン大学ロースクール（LL.M.）卒（2002）
京都大学法学部卒（1995）

競争法関連分野を幅広く取り扱う。競争上の企業戦略に関わる法的助言に従事するほか、エネルギー分野など規制産業への競争法の適用など他領域との交錯分野にも積極的に取り組んでいる。

知らなかったでは済まされない！
電力・ガス小売りビジネス116のポイント

2020年8月29日　第一刷発行

編・著者　市村 拓斗
発 行 者　志賀 正利
発　　行　株式会社エネルギーフォーラム
〒104-0061　東京都中央区銀座5-13-3　電話 03-5565-3500

印刷・製本所　中央精版印刷株式会社
ブックデザイン　エネルギーフォーラムデザイン室

定価はカバーに表示してあります。落丁・乱丁の場合は送料小社負担でお取替えいたします。

ISBN978-4-88555-511-4